多模式多尺度数据融合理论及其应用

柯熙政　丁德强　著

U0348824

科学出版社

北京

内 容 简 介

本书首先针对一类不可重复测量的物理量，如时间、飞行器的位置、姿态及惯性参数等，建立多模式多尺度数据融合模型。该模型既考虑随机变量的长期特性和中期特性，也顾及随机变量的短期特性。然后，将多模式多尺度数据融合模型用于时间尺度的建立、精密定时、组合导航及飞行器姿态的测量，详细介绍相应的工程案例及实验结果。最后，从数学上证明多模式多尺度数据融合的原理，表明多模式多尺度数据融合结果优于经典的方法，可以抑制测量噪声，提高测量精度。

本书适合电子信息类专业本科生、研究生及工程技术人员参考。

图书在版编目(CIP)数据

多模式多尺度数据融合理论及其应用/柯熙政，丁德强著. —北京：科学出版社，2020.4

ISBN 978-7-03-064092-5

Ⅰ.①多… Ⅱ.①柯… ②丁… Ⅲ.①导航系统-数据融合-研究 Ⅳ.①TN966

中国版本图书馆 CIP 数据核字(2020) 第 014894 号

责任编辑：宋无汗 李 萍／责任校对：邹慧卿
责任印制：张 伟／封面设计：迷底书装

科学出版社 出版
北京东黄城根北街 16 号
邮政编码：100717
http://www.sciencep.com

北京中石油彩色印刷有限责任公司 印刷
科学出版社发行 各地新华书店经销
*
2020 年 4 月第 一 版 开本：720 × 1000 B5
2020 年 4 月第一次印刷 印张：15 3/4
字数：318 000
定价：108.00 元
(如有印装质量问题，我社负责调换)

前　　言

物理现象大致可以分为两类：一类现象具有非线性、非平稳性，或伴有非线性、非平稳性的过程；另一类现象具有多尺度特征。人们对现象的观察、测量往往是在不同尺度上进行的，许多重要问题的本质表现为多尺度现象。物理量也可以分为可重复测量的物理量与不可重复测量的物理量，如物体的几何形状可以重复测量，而时间是不可重复测量的。本书首先针对不可重复测量的物理量，提出一种多模式多尺度数据融合的理论。然后，系统论述多模式多尺度数据融合理论，既考虑物理量的长期特性和中期特性，又顾及其短期特性，可以最大限度地抑制测量中的噪声，并说明该理论的应用。最后，从数学上证明该理论，为其推广应用奠定了基础。

本书共 6 章。第 1 章为绪论，介绍多模式多尺度数据融合理论的发展，对多模式多尺度数据融合模型进行分析和总结。第 2 章介绍小波分解原子时算法的理论与实践。建立一个均匀、稳定的时间尺度需要先进的算法和合理的加权方法，为了保持时间尺度的准确、连续，并使时间单位尽可能接近国际单位制秒，提出小波分解原子时算法并进行了实验研究。第 3 章介绍多模式多尺度组合定时的方法。时间同步设备是时间同步系统的核心设备，其特性直接决定整个时间同步网络的精度、可靠性和安全性。从安全性和可靠性考虑，时间同步设备需要具备跟踪多种时间系统并获取时间同步信号的能力。第 4 章介绍多模式多尺度组合导航方法。对北斗/GPS/罗兰 C 系统的导航原理进行介绍，推导各系统的定位原理，对比各系统的时间和坐标系统，给出组合导航系统的时间同步和坐标系统一的方案。第 5 章介绍的组合 MEMS 陀螺技术，可提高组合陀螺的测量精度。第 6 章对多模式多尺度数据融合理论进行分析与证明，奠定其数学基础。

本书是陕西省智能协同网络军民共建重点实验室、西安理工大学光电工程技术研究中心长期研究成果的总结。研究工作受到了军队预研演示验证重大课题、广东省科技部教育部 "企业科技特派员行动计划" 课题 "多模式多尺度组合定时设备" 及西安市科技局课题 "多模式多尺度组合定时技术及设备" 的资助。感谢李建勋博士、任亚飞博士、刘娟花博士、王宇建硕士、张伟志硕士、房宏才硕士等为课题研究所付出的青春与热情。

本书是作者在多模式多尺度数据融合领域所做工作的总结，限于学识水平，书中难免存在不足之处，敬请读者批评指正。

目　　录

第 1 章 绪 论

本章对多模式多尺度数据融合模型进行分析和总结，对相关领域研究进行评述，并简述该模型发展的基本情况。

1.1 多模式多尺度数据融合理论及应用

1. 数据融合

在数据融合估计的研究中，数据融合的多尺度估计理论 (multiscale estimation theory，MSET) 吸收了小波分析和 Kalman 滤波器的特点，能够对信号进行任意尺度上的重构或分解，将传统的基于模型的动态系统分析方法与基于统计特性的信号多尺度变换和分析方法融为一体，提高了融合的效率和性能。

数据融合就是指利用现代计算机高速数据处理技术，对多个传感器采集到的原始观测数据或者是经过初步处理的数据，采用一定的算法准则进行分析和处理，根据分析的结果完成需要的决策任务而进行的数据处理过程。数据融合涉及多个学科，如数字信号处理、通信、神经网络等学科，经过数据融合处理后的数据可以得到单一传感器所不能得到的信息，目的是获取更精确的状态和估计，从而可以更加准确和及时地做出态势的预估和评价。

2. 多模式多尺度估计

多尺度分析 (multiscale analysis，MSA) 是 Mallat 于 1988 年在研究图像处理问题时提出的。所谓多尺度分析，就是在观察和分析事物的时候需要在不同的尺度上进行，这样才能将事物的整体面貌和细节信息尽可能全部掌握，而不至于只观其全貌而不察其细节，或者只看到其细节而不识其整体 [1]。在大尺度上观察事物，只能看到整体面貌；在小尺度上观察事物，则只能看到细节部分，只有多尺度综合起来才能全面认识事物。

1990 年，麻省理工学院 (Massachusetts Institute of Technology，MIT) Willsky 等提出多尺度估计理论，对随机过程的多尺度建模、系统动态模型多尺度变换 (multi-scale transform) 等开展了广泛的研究 [2-5]。美国莱特州立大学 Hong 等将多尺度思想应用于目标跟踪、目标状态估计、多速率交互式多模型融合等领域，但在构建动态微分方程约束的多分辨多传感器融合估计算法时，损失掉了部分信息，未能得到最优估计方案 [6]。

国内学者也在进行多尺度估计方面的研究，赵巍等 [7] 研究了用于目标识别的数据融合技术中的分层融合算法并讨论了其性质，杨志等 [8] 在用于状态估计的多传感器信息融合算法方面做了许多工作，潘泉等 [6,7] 在用于状态估计、目标跟踪的多传感器信息融合方面做了大量的工作。

3. 多尺度数据融合

多尺度分析技术得到了迅速的发展，人们已将该技术应用到地球物理、生物医学、振动工程、机械工程、故障检测、图像处理等领域。

国外对数据融合的研究已经形成较完整的体系 [9,10]，有些学者在数据融合领域也提出了新的见解和方案 [11-14]。国内对多尺度数据融合的研究是在 20 世纪 80 年代初才开始的，目前已经出现了一批带有一定综合能力的多元数据融合系统和多目标跟踪系统。文成林等 [1,15,16] 针对建立多尺度估计理论框架、多尺度模型的滤波及平滑和估计算法、多尺度随机建模及其应用进行研究。

20 世纪 70 年代初，美国国防部组织人员尝试对多个声呐信号进行了融合处理 [17]，期望实现在战时可以对敌方水下目标进行声呐自动探测。1979 年，Daliy 把雷达采集到的图像数据和美国宇航局的陆地卫星多光谱扫描仪 (multi spectral scanner，MSS) 传感器数据进行复合，复合后的图像用来进行地质研究，该过程就是较为简单的数据融合 [18]。20 世纪 80 年代后，有很多学者进入图像数据融合领域。这一时期使用的方法主要包括色彩空间变换、求平均或者加权平均、主成分分析及高通滤波等。这些都属于早期的融合方法，其共同的特点是不进行分解变换，整个融合过程始终在同一层上。1991 年，在海湾战争的推动下，美军开始大力推行多传感器的数据融合技术，以期获得在军事应用中更为精确的定点打击能力。相关学术专著的出版，推动了多传感器数据融合的发展 [19,20]。

自然界中的信号绝大多数是随机信号，而在随机信号处理方法的研究上，经历了从最初的最大似然估计法，到 1960 年由 Kalman 提出实用递推估计算法 —— Kalman 滤波算法 [21]，这些方法都为后期的基础理论研究奠定了理论基础。

数据融合处理中面对的大多是非平稳信号，针对这类信号，人们希望处理后在滤除噪声的前提下，尽可能地保持信号的突变部分。Mallat 将多分辨思想、滤波器组合设计和完全重构条件紧密结合在一起，同时把图像处理方面已经发展较为成熟的多尺度分析理论同小波理论联系到一起，定义了小波变换 (wavelet transform，WT)，并提出了 Mallat 算法，也就是快速小波变换算法 [4]。

进入 21 世纪后，数据融合技术逐渐开始广泛应用于民用领域的各个行业。2004 年，Gonzalo 等 [22] 基于小波多分辨率融合方法，提出了普遍适用的图像融合处理方法，可以处理具有相同或者不同分辨率级别的图像，如电荷耦合器件 (charge-coupled device，CCD) 图像、红外图像等。

2007 年，Amolins 等 [23] 针对传统的图像融合方法会导致图像颜色失真的问题，给出了基于小波变换的图像融合方案，通过对比传统的图像融合方法，说明了小波融合方法效果要优于传统的融合方案。尤其在最小化颜色失真方面，小波融合方法表现要明显小于传统方法。

2014 年，Bashari 等 [24] 采用 Kalman 融合算法预测西班牙电力市场的电价走势，首先选取自适应神经模糊推理系统、人工神经网络和自回归移动平均等流行的时间序列模型对电力市场的电价数据进行预处理，然后将上述模型的输出结果通过 Kalman 融合算法进行融合。该方法同时利用了上述经典的预测模型的优势，通过数据融合又进一步弥补了各个模型的不足，进一步提高了预测的精准度。

2015 年，Niaki 等 [25] 将基于小波包分解的数据融合方法用于机床刀具的状态监测，实现了基于小波包分解的数据融合算法在机械制造自动控制中的应用，实践表明通过融合算法估计的误差最大不超过 13%。

20 世纪 90 年代初，我国一批高校和科研单位开始广泛从事数据融合方面的研究，也出版了一些理论专著 [26,27]。

2003 年，Klein [28] 用数学方法证明了多个传感器融合之后的效果总是要优于单个传感器的测量值，且当去掉多个传感器中的任何一个或者几个后，融合效果比使用全部传感器的融合结果相对较差，最后用仿真结果证明了该结果的正确性。2004 年，吕锋等 [29] 针对不同尺度上各个独立的多传感器单模型动态系统，利用小波变换对最细尺度的状态方程进行分解，建立以尺度为变量的动态多尺度随机模型，然后利用该模型对各个尺度上的局部信息进行统一和整合，在最细尺度上获得目标的最优估计。2006 年，彭冬亮等 [30] 针对多源信息融合的研究成果和现状做了回顾和展望，并指出了该技术后期可能的发展方向。2008 年，文成林等 [31] 首先以小波包变换为基础，利用多尺度小波分解得到各个尺度上的每个图像像素的概率模型，然后利用最小二乘法对多尺度概率模型中的参数进行估计，最后采用贝叶斯算法对某一个像素点处的像素值进行融合估计，通过小波包逆变换得到目标的最优估计值。仿真结果表明该方法与传统图像处理方法比较，可以得到更完整的图像信息。

2004 年，Jiang 等 [32] 立足于显微镜图像的深度图像融合原理，通过和不同的空间融合方法进行对比，提出一种基于小波变换的多聚焦图像融合算法，该算法可以看成是对现有算法的改进。通过实验分析了该算法的性能，总结出了其特点和适用范围。

2004 年，Xu 等 [33] 提出一种用于多传感器系统的小波数据融合算法，该算法采用最小均方误差来获得被测量信息的最佳估计，最终得到的最优估计值的方差值不仅小于每个传感器的观测值，而且小于所有传感器测量值的算术平均。该算法属于自适应算法范畴，适用于包括非时变和时变过程在内的静态和动态系统。

2007 年，杨志等 [34] 根据人类视觉系统特征和边缘信息目标识别原理，对图像进行视觉域融合处理，最终结果可以达到自适应抑制噪声的目的，有效增强视觉图像的特征信息。

2007 年，邓自立 [35] 对滤波理论做了较为详细的介绍，重点分析了自校正理论及其应用、Kalman 滤波与现代时间序列分析方法等。

2010 年，Fan 等 [36] 报道了一种基于小波变换和边缘保持的图像融合处理算法，该算法根据小波系数的自身特性处理低频和高频系数，通过逆小波变换获得最终融合图像。通过多焦点图像实验可以证明，该算法不仅考虑到了小波变换的完整特性，还兼顾了人类视觉系统的特点，同时提高了计算效率。

2015 年，Song 等 [37] 报道了一种新的特征融合策略，主要用于处理重叠尖峰的分类问题。该方法以小波变换为基础，保留了小波变换的投影思想，提取小波系数特征和峰值特征，针对不同特征构建包含数据集的邻域信息图。该方法的关键是导出一个融合图以反映不同特征的相对重要性，一般可以通过加权方法来实现。对比单一的特征分类方法，该方法的准确率提高了 9%。

2016 年，Wang[38] 以小波变换为基础，通过对时间序列进行建模，利用多尺度小波融合算法进行时间序列信号分析，从仿真分析的角度阐述了算法的优点和有效性。

柯熙政等 [39,40] 自 1990 年开始从事小波多尺度分解和融合方面的理论和工程应用方面的研究，其思想简单来说就是首先利用小波变换对多传感器的原始采样值进行小波分解，然后用小波变换系数进行加权平均，平均综合后得到一个整个测量过程的新的小波变换系数，在上述步骤的基础上进行逆小波变换，最后得到的实际上是一个估计值，但是这个估计值比原始的测量数据更加准确。1997 年，柯熙政用小波多尺度分析的方法结合分形理论对原子钟噪声进行了分析，给出了不同尺度上的原子钟噪声的变换特征。1998 年，柯熙政等 [41] 以小波变换为基础，设计了一种新的时频域滤波器用以分析原子钟的噪声特性，这种滤波器有两个明显的优势：第一，在时频域上该滤波器可以按照不同的噪声特性进行滤波；第二，相比传统滤波器，该滤波器保证了在信号域上的相互正交和滤波结果唯一。同年，柯熙政等建立了分域递推模型。该模型主要思想就是结合多尺度分析方法，对信号首先进行多尺度频率正交分解，然后对分解后的信号在不同的尺度上进行小波变换系数建模，最后验证了这种方法的预测精度要优于传统方法，同时比较简单可行。2000 年，李孝辉等 [42] 提出以小波分解的方法建立小波分解原子时，将原子钟信号在小波域按照频率进行多尺度分解，在不同频率范围内加权，通过对实验数据的验证，证明了小波分解原子时算法可以提取各个原子钟的优良特性，对原子钟的突然变化给出及时反映，在不同频率范围内取得最优权值，提高了综合时间的稳定度。2006 年，任亚飞等 [43] 在前期研究的基础上提出了一种基于小波熵的数据融合方案, 该方案首先将信号在频率上进行多尺度分解, 然后利用小波熵判别法来进行后期的噪声消除和数据融合, 最后以北斗和罗兰 C 这两个子系统的实测数据为基础, 证明了这种基于小波熵的融合方法的优越性。2009 年, 柯熙政等 [44] 将多尺度融合算法应用于多个微机电系统 (micro electronic mechanical system, MEMS) 陀螺仪的数据处理中, 首先对每个陀螺仪原始采集数据 Kalman 滤波; 接着利用小波变换对滤波后的多路信号进行处理, 在不同的分辨率 (尺度) 上进行小波多尺度融合处理, 得到多个 MEMS 陀螺所组成的组合系统在不同尺度上的小波变换系数; 最后, 通过小波逆变换得到多个 MEMS 陀螺仪融合处理后的估计值。2015 年, 文献 [45] 基于小波分析的基础理论, 从数学原理上证明了小波分解融合算法的有效性, 从而在理论上肯定了该方法不是一种偶然现象, 为该算法的推广奠定了数学基础。

2001 年, 王毅等 [46] 针对多分辨率图像融合算法分解与重构过程的特点, 将该算法移植到 TMS320C6201 数字信号处理器 (digital signal processing, DSP) 中, 采用图像融合算法中常用的灰度调制法、对比度调制法和拉普拉斯金字塔算法进行测试。结果表明, 对于灰度调制法、对比度调制法可以实现全实时融合处理, 而对于分解层数为 3 层的拉普拉斯金字塔算法, 每帧数据的处理时间接近 70ms, 实现了准实时融合处理。

2002 年, 严居斌等 [47] 选取 TMS320C3X 系列的 DSP 芯片为核心处理器, 充分利用 DSP 的汇编指令进行编程, 提高了算法在芯片中的运行效率, 通过 DSP 仿真器对系统进行了仿真验证, 结果表明系统可以满足一般实时性场合。

2006 年, 卢蓉等 [48] 为了验证多分辨率像素级图像融合算法的实时处理性能, 选取计算量相对较少且只涉及乘法运算和加法运算的拉普拉斯金字塔融合算法作为研究对象, 以 TMS320C64X 型的 DSP 为硬件平台进行算法实现。结果表明, 在 DSP 平台上的融合算法可以得到较好的融合结果, 同时满足像素级多分辨率图像处理系统的实时性要求。

2007 年, 王勇等 [49] 采用 TMS320F2812 为核心处理芯片, 设计了基于 DSP 实时操作系统的 MEMS 陀螺信号实时采集和处理系统, 实现了数据采集、提升小波信号降噪和补偿算法实时处理与传输等多项功能。实验验证该系统的处理时延约为 7.6ms, 可以满足对实时性要求不是特别高的处理任务。

2013 年, 张春林等 [50] 基于现场可编程门阵列 (field programmable gate array, FPGA) 设计了一种图像融合处理系统, 实现了图像信息的 A/D (analog/digital, 模拟/数字) 采集及数据的存储和输出等功能, 具备一定的实用价值。

2015 年, 王培利等 [51] 将双路图像融合实时处理系统用于多成像的研究。该系统利用 3 片 DSP 芯片, 其中 2 片用作预处理, 1 片用作算法实时处理。通过对两路图像融合处理测试, 表明该系统能够满足实时处理要求。

2016 年,王嘉成等 [52] 设计了一款用于目标跟踪的多传感器图像融合处理系统,可以实现高分辨率多源传感器数据采集和目标跟踪等功能。该系统以 FPGA+DSP 为核心,针对两种工作于不同波段的红外相机和两种可见光相机,实现了图像的实时融合处理计算。

1.2　多尺度数据融合概念的演变

1.2.1　多尺度数据融合模型的若干应用

对可重复测量的物理量,能通过多次重复测量逼近该物理量的真值,但实际中存在的另一类物理量,如时间测量、飞行器位置、姿态的测量等,则不能重复测量。本书在总结前人工作经验的基础上,探讨一种多尺度数据融合模型,将多个传感器的测量数据用小波变换展开,在多个尺度对不同传感器进行数据融合,能解决不可重复测量物理量的真值估计问题。

1. 小波变换在时间测量中的应用

时间测量在导航定位、大地测绘等领域有着广泛的应用,是导航定位、大地测绘的基础。自原子时出现以来,人们发展了多种用于原子时计算的方法,在工程实践中发挥了重要的作用。在小波分析理论的基础上,柯熙政等把小波变换引入原子时计算领域,文献 [53]~[56] 对小波分解原子时计算理论和方法进行了有益的探讨,并把这种方法应用于实际工程中,同时对该方法得到的时间尺度的频率稳定度进行了分析。

由原子钟保持的时间尺度就是原子时,每一台原子钟都可以保持一个时间尺度。但每一个物理装置都有出现故障的可能,为了保持时间尺度的准确、连续并且使时间单位尽可能接近国际单位制秒,这就需要由参加守时的各个原子钟的时间计算出标准时间,即小波分解原子时算法 [57-59]。

2. 导航定位中的多尺度数据融合模型

柯熙政等进行了多模式多尺度数据融合的实验研究,在北纬为 23.××°、东经为 113.××° 处放置了罗兰 C 接收机和北斗三星的接收机,分别对两个接收机做长时间的定位测量,选取了其中一段时间内的 1763 个定位点进行分析,对定位点的经纬度相继应用熵值判别和线性均方估计的方法进行数据融合。先对数据进行预处理,再利用每个实测数据的离散熵信息量来判断该数据是否含有粗大误差。该方法可同时完成对病态子系统的监控,并剔除掉病态系统的野值,保证组合导航系统的正常工作。实验结果表明:北斗三星的定位误差在纬度和经度上分别是 100m 和 10m,罗兰 C 的定位误差在纬度和经度上分别是 100m 和 12m,而组合定位误差在纬度和经度上分别是 50m 和 5m。这和实际情况相符。北斗的三颗同步静止卫星在赤道上的几何分布呈现东西走向,纬度和经度方向上的定位精度有很大的差别。罗兰 C 接收机的定位与它选择台链的主副台地理位置有关。该实验考虑接收机所在的地方,基于接收信号的强弱并避免包周差的影响,选择的 6780 台链引起在纬度和经度上的定位精度差异是合理的。因此,组合后的定位精度仍然存在纬度和经度方向上的差异,误差明显降低了,总体提高了定位的精度,组合系统的定位精度优于任意子系统 [60,61]。

3. 微机械陀螺中的多模式多尺度模型

为了提高陀螺仪的在线测量精度,文献 [61] 对不同精度的两组陀螺仪数据进行融合,每组各取三个精度接近的陀螺仪用于实验研究,其参数见表 1.1 和表 1.2。

1) 低精度陀螺仪实验结果

从表 1.1 可以看出,低精度的陀螺仪数据经过多尺度数据融合处理后,其零偏稳定性在 Kalman 滤波的基础上可提高一个数量级左右。

表 1.1　低精度陀螺仪零偏稳定性的变化

零偏稳定性	陀螺仪 1	陀螺仪 2	陀螺仪 3
原始输出	0.30635	0.36217	0.46003
Kalman 滤波后	0.065862	0.07713	0.10121
数据融合后		0.0065245	

2) 高精度陀螺仪实验结果

从表 1.2 可以看出,经数据融合处理后,高精度陀螺仪的零偏稳定性可提高一个数量级左右。

表 1.2　高精度陀螺仪零偏稳定性的变化

零偏稳定性	陀螺仪 1	陀螺仪 2	陀螺仪 3
原始输出	0.059587	0.067933	0.094825
Kalman 滤波后	0.052016	0.050581	0.072264
数据融合后		0.003817	

1.2.2　国内相关研究

有关多尺度多传感器数据融合方法的研究,许多文献都有相关的报道。文献 [25] 不仅介绍了常用的利用小波变换对多传感器测量数据进行融合方法的步骤及结果等,还介绍了与文献 [62] 类似的方法。文献 [63]、[64] 给出将 Kalman 滤波和小波变换相结合的适合于动态数据的一种多尺度多传感器数据融合方法。此外，文献 [65]~[70] 提到了一种采用多个输出数据速率不同的传感器数据融合的方法，使不同输出数据率的传感器具有相同的数据输出率。文献 [71] 提出了一种图像多尺度融合的方法，文献 [72] 讨论了不同数据融合结果的方差变化，文献 [73] 把小波包变换引入数据融合。

1.2.3 多尺度数据融合算法

多尺度多传感器数据融合方案的基本步骤 [73] 如下：首先，选择合适的小波基函数对每一个传感器的观测数据分别进行小波分解，得到各个传感器在不同尺度上小波系数和最粗尺度上的尺度系数；然后，采用相同或不同的融合规则对得到的这些系数进行融合处理；最后，对融合处理后的小波系数进行小波逆变换，在最小尺度上得到的重构数据即为融合后的结果。

1.3 亟待解决的核心理论问题

多模式多尺度数据融合方法已经在若干工程中获得了应用，但仍有一些核心的理论问题有待解决，如系统解释多尺度数据融合的数学原理及分析小波基、函数的正交性、多小波基变换、小波分解层数、小波变换的端部效应等因素对多尺度数据融合结果的影响。

1. 小波基函数的正交性

不同小波基对信号的描述不同，因此只能根据具体要求选择合适的小波基，而小波基函数的选取直接影响数据的融合质量。文献 [74] 中指出小波基具有 5 个重要的指标：正交性、紧支性、消失矩、正则性、对称性，在实际应用中可依据这些指标并采用实验来确定最佳小波基。例如，在 MEMS 陀螺仪数据融合中要想取得相对最优的数据融合结果，可选择支撑长度和消失矩较大、对称性较好的小波基 [75]。

根据文献 [76] 的介绍，小波包适用于细小边缘或纹理较多的图像，多小波对信号滤波时可避免将一些信号特征模糊化。该文献中还指出若能按信号特征自适应选择小波基，即通过从给定的小波基中选择最优的使之最有效地表示信号的小波基，则对信号描述的效果将会得到较大改善。小波基函数的选择对数据融合的结果也有影响。

2. 小波分解层数和加权值

一般根据主观经验事先选择一个固定的分解层数，但这样确定的分解层数难以使算法在不同情形下都获得最优的降噪效果 [77]。因此，自适应选择分解层数的方法值得重视。

含噪信号经过小波变换以后,有用信号和噪声在各层小波空间里分别具有不同的特性:信号的主要特征由分布在较大尺度上的少数幅值较大的系数来表征,而噪声则表现在各层小波空间里,对应着个数较多、幅值较小的小波系数。也就是说,白噪声经过正交小波变换后仍然是白噪声;有用信号经过小波变换后的小波系数将表现出与白噪声不同的特性,即主要由少数大尺度小波空间上数值较大的小波系数来表征[78,79]。因此,可以依据各层小波空间系数是否具有白噪声特性来确定合理的分解层次。大量的实验表明,当小波高频系数表现出非白噪声特性时,对应的分解层数即为要选择的分解层数。

在多模式多尺度数据融合中,各层的数据采用分层加权平均,可采用小波方差[80]或小波熵[43,61,79]进行加权。由于小波的多分辨率特性,这样加权既考虑各个传感器的长期稳定性、中期稳定性,也顾及各个传感器的短期稳定性。在某一个尺度范围,比较稳定的传感器占的权值大,作用显著,权值小的传感器作用小。如何自动地匹配不同的传感器是一个必须面对的问题。

1.4　多模式多尺度数据融合模型

多模式多尺度数据融合模型的基本出发点,就是在多模式多尺度进行数据融合后的测量结果优于单一在时域对测量数据进行融合的结果。

1.4.1　多尺度数据融合定理

对多尺度数据融合的数学原理进行深入分析和推导,首先由小波变换中的一些性质得出关于小波分解系数之间的相关性的定理及推论。然后,通过小波变换后相邻项之间的相关性做定性和定量分析,得到几个定理并给出结论:经小波变换后,同一尺度上的平滑信号之间、细节信号之间互不相关,自相关性均减半,平滑信号与细节信号之间互不相关。最后,基于实际中总能得到不同尺度上的多传感器数据,这类数据可以视为被测量信息及干扰信息迭代的结果,并基于传感器系统的相关假设和定义,给出了多尺度数据融合定理的推导过程及证明[81]。下面介绍其中一些较为重要的推导及结论。

首先,推导并给出时域加权融合的最小均方误差为

$$\sigma_{\min}^2 = 1 \left/ \sum_{i=1}^{m} \frac{1}{\sigma_i^2} \right. \tag{1.1}$$

此时所对应的加权因子为

$$W_i^* = 1 \left/ \left(\sigma_i^2 \sum_{i=1}^{m} \frac{1}{\sigma_i^2} \right) \right., i = 1, 2, \cdots, m \tag{1.2}$$

由式 (1.1) 可得到如下的推论和性质: 时域融合后的方差小于各传感器的方差, 时域融合后的估计是各传感器测量值的线性函数。这可视为经典的数据融合。

根据式 (1.3) 和经过 J 层分解后重构回去的融合结果 $\hat{X}$ 的定义 [式 (1.4)], 并根据小波分解系数之间的相关性结论 (h_n, g_n 是独立且不相关的), 经推导可得多尺度数据融合重构序列的方差 σ_{wt}^2 [式 (1.6)]。

$$X_J = \sum_k h_n(J,k)\varphi_{J,k} + \sum_j \sum_k g_n(j,k)\psi_{j,k} = X_V + X_D \tag{1.3}$$

$$\hat{X}_J = \sum_{i=1}^m W_{h_i} \sum_k h_{i,n}(J,k)\phi_{J,k} + \sum_{i=1}^m W_{g_i} \sum_j \sum_k g_{i,n}(j,k)\psi_{j,k}$$
$$= \sum_{i=1}^m W_{h_i} X_{V,i} + \sum_{i=1}^m W_{g_i} X_{D,i} \tag{1.4}$$

在式 (1.4) 中, 各传感器相应近似信号和细节信号的加权因子分别为 W_{h_i} 和 W_{g_i}, W_{h_i} 权值和 W_{g_i} 的归一化条件为

$$\begin{cases} \sum_{i=1}^m W_{h_i} = 1, 0 \leqslant W_{h_i} \leqslant 1 \\ \sum_{i=1}^m W_{g_i} = 1, 0 \leqslant W_{g_i} \leqslant 1 \end{cases} \tag{1.5}$$

$$\sigma_{wt}^2 = \sigma_h^2 + \sigma_g^2$$
$$= E\left[\left(X_V - \sum_{i=1}^m W_{h_i} \sum_k h_{i,n}(J,k)\varphi_{J,k}\right)^2\right]$$
$$+ E\left[\left(X_D - \sum_{i=1}^m W_{g_i} \sum_j \sum_k g_{i,n}(j,k)\psi_{j,k}\right)^2\right]$$
$$= \sum_{i=1}^m W_{h_i}^2 \sigma_{h_i}^2 + \sum_{i=1}^m W_{g_i}^2 \sigma_{g_i}^2 \tag{1.6}$$

式中,

$$\sigma_{hi}^2 = E(X_V - \hat{X}_{V,i})^2 = \frac{1}{2}\phi_{J,k}^2\left(1 - \sum_{i=1}^m W_{h_i}^2\right)$$
$$\sigma_{gi}^2 = E(X_D - \hat{X}_{D,i})^2 = \sum_j \frac{j}{2}\psi_{j,k}^2\left(1 - \sum_{i=1}^m W_{g_i}^2\right)$$

根据相关函数和方差之间的关系可知,相关函数值等于均方差与均值之和,在这里均值取为相应变量的无偏估计。式 (1.6) 具有下面两条性质。

性质 1 根据拉格朗日乘数法,求取多元函数的极值,即求拉格朗日函数的无条件极值,极值的必要条件可表示为若干个方程组,求解方程组即可得函数的驻点,也就可解出总均方误差最小时所对应的加权因子为 [42]

$$
\begin{cases}
W_{h_i}^* = 1 \Big/ \left(\sigma_{h_i}^2 \sum_{i=1}^m \dfrac{1}{\sigma_{h_i}^2} \right), i = 1, 2, \cdots, m \\
W_{g_i}^* = 1 \Big/ \left(\sigma_{g_i}^2 \sum_{i=1}^m \dfrac{1}{\sigma_{g_i}^2} \right), i = 1, 2, \cdots, m
\end{cases}
\tag{1.7}
$$

性质 2 当各加权因子按式 (1.7) 取值时,所对应的最小均方误差为

$$
\sigma_{wt\,\min}^2 = \sigma_{h\,\min}^2 + \sigma_{g\,\min}^2
$$
$$
= 1 \Big/ \sum_{i=1}^m \frac{1}{\sigma_{h_i}^2} + 1 \Big/ \sum_{i=1}^m \frac{1}{\sigma_{g_i}^2} \leqslant 1 \Big/ \sum_{i=1}^m \frac{1}{\sigma_{h_i}^2 + \sigma_{g_i}^2} = 1 \Big/ \sum_{i=1}^m \frac{1}{\sigma_i^2} = \sigma_{\min}^2 \tag{1.8}
$$

$$
\sigma_{wt\,\min}^2 = \sigma_{h\,\min}^2 + \sigma_{g\,\min}^2 = 1 \Big/ \sum_{i=1}^m \frac{1}{\sigma_{h_i}^2} + 1 \Big/ \sum_{i=1}^m \frac{1}{\sigma_{g_i}^2} \leqslant \frac{1}{2m} + \frac{J(J+1)}{4m}
$$

式 (1.8) 说明,小波域数据融合方案的加权结果均方差要小于时域上最优加权的均方差,证明过程详见文献 [41]。结果发现,将时间序列分解到各个尺度后计算方差,可有效解决因非平稳性而带来不确定性及相关性大所造成的计算量大、误差大等问题。经过多尺度融合后,数据的均方差将随尺度的分解而有效地减小。因此有多尺度数据融合定理:多模式多尺度数据融合后的测量方差不大于时域上最优加权的均方差,即 $\sigma_{wt\,\min}^2 \leqslant \sigma_{\min}^2$。

1.4.2 多尺度数据融合模型推论

以白噪声为例,在原子钟的噪声模型 [17] 中,把传感器的测量噪声分为 5 类,其中 $h_0 f^0$ 就是常说的白噪声。假定白噪声 $n(t)$ 是一个实数范围、均值为 0 且方差为 σ^2 的宽平稳白噪声,而 σ^2 是白噪声过程的方差。该白噪声过程的小波变换可以表示为

$$
|W_{2^J} n(x)|^2 = 2^J \iint_{\mathbf{R}} n(i) n(j) \psi(2^J(i-x)) \psi(2^J(j-x)) \mathrm{d}i \mathrm{d}j \tag{1.9}
$$

在不同小波变换尺度下白噪声的方差可以表示为

$$
E\,|W_{2^J} n(x)|^2 = 2^J \iint_{\mathbf{R}} \sigma^2 \delta(i-j) \psi(2^J(i-x)) \psi(2^J(j-x)) \mathrm{d}i \mathrm{d}j
$$

$$= 2^J \sigma^2 \int \left| \psi(2^J(i-x)) \right|^2 \mathrm{d}i = \sigma^2 \left\| \psi \right\|^2 \tag{1.10}$$

考虑到式 (1.8)，有

$$\sigma^2_{wt\,\min} = 1 \Big/ \sum_{i=1}^m \frac{1}{\sigma_i^2 \left\| \psi \right\|^2} \leqslant 1 \Big/ \sum_{i=1}^m \frac{1}{\sigma_i^2} \tag{1.11}$$

引理 1   平稳随机过程的平均功率 (方差) 与小波变换的尺度 J 无关。

考虑到所研究的白噪声是一个平稳随机过程，由式 (1.8) 可以得到

$$\sigma^2_{wt\,\min} = 1 \Big/ \sum_{i=1}^m \frac{1}{\sigma_i^2 \left\| \psi \right\|^2} \tag{1.12}$$

讨论:

(1) 当小波基为规范正交小波基时，有 $\left\| \psi \right\|^2 = 1$，此时

$$\sigma^2_{wt\,\min} = 1 \Big/ \sum_{i=1}^m \frac{1}{\sigma_i^2 \left\| \psi \right\|^2} = 1 \Big/ \sum_{i=1}^m \frac{1}{\sigma_i^2} \tag{1.13}$$

(2) 一般情况下，$\left\| \psi \right\|^2 < 1$，故有

$$\sigma^2_{wt\,\min} = 1 \Big/ \sum_{i=1}^m \frac{1}{\sigma_i^2 \left\| \psi \right\|^2} < 1 \Big/ \sum_{i=1}^m \frac{1}{\sigma_i^2} \tag{1.14}$$

由式 (1.10) 可以得出如下结论:

推论 1   对于白噪声而言，多尺度数据融合后的最小方差 $\sigma^2_{wt\,\min}$ 在不同的小波基函数下趋向于一个极限，而这个极限与小波基函数有关。

1.5   多模式多尺度数据融合有待解决的问题

多模式多尺度数据融合模型可以解决不可重复测量的物理量的真值估计问题，仍有以下问题尚需解决 [82-84]:

(1) 选用什么条件的小波基是最好的?

(2) 小波分解到几层就可以保障达到数据融合的效果?

(3) 小波变换的端部效应对数据融合结果的影响?

(4) 多尺度数据融合时加权系数怎么选取?

(5) 不通用精度的传感器进行数据融合时怎么处理?

(6) 多尺度数据融合已经在若干工程中获得了应用，这是一个偶然现象还是必然规律?

以上问题都需要在数学上进行严格证明。本书系统介绍多模式多尺度数据融合模型，给出数据融合定理及其中一些重要的推导及结论，但将该模型应用于非平稳过程 (如 $1/f$ 噪声 [39]) 还有待于进一步研究。

参 考 文 献

[1] 文成林, 周东华. 多尺度估计理论及其应用 [M]. 北京：清华大学出版社, 2002.

[2] Benveniste A, Nikoukhah R, Willsky A S. Multiscale system theory[J]. IEEE Transactions on Circuits & Systems I: Fundamental Theory and Applications, 1994, 41(1): 2-15.

[3] Chou K, Willsky A S, Benveniste A. Multiscale recursive estimation, data fusion, and regularization [J]. IEEE Transactions on Automatic Control, 1994, 39(3): 464-478.

[4] Chou K, Golden S A, Willsky A S. Multiresolution stochastic models, data fusion, and wavelet transform [J]. Signal Processing, 1993, 34(3): 257-282.

[5] Chou K, Willsky A S, Nikoukhah R. Multiscale systems, Kalman filters and Riccati equations[J]. IEEE Transactions on Automatic Control, 1994, 39(3): 179-192.

[6] 潘泉, 张磊, 崔培玲. 动态多尺度系统估计理论与应用 [M]. 北京：科学出版社, 2007.

[7] 赵巍, 潘泉, 戴冠中, 等. 多尺度数据融合算法概述 [J]. 系统工程与电子技术, 2001, 23(6): 66-69.

[8] 杨志, 毛士艺, 陈炜. 基于人工视觉对比度掩模的鲁棒图像融合系统 [J]. 电路与系统学报, 2007, 12(5): 1-6.

[9] 郭振坤. GPS 高精度时间/频率同步设备设计和实现 [J]. 全球定位系统, 2009, 32(2): 31-35.

[10] 何友, 王国宏, 彭应宁. 多传感器信息融合及应用 [M]. 北京：电子工业出版社, 2000.

[11] Ross A, Jain A. Information fusion in biometrics[J]. Pattern Recognition Letters, 2003, 24(13): 2115-2125.

[12] Mahler Ronald P S. Statistical Multisource-multitarget Information Fusion [M]. Norwood: Artech House, 2007.

[13] Liggins M E, Hall D L, Llinas J. Handbook of Multi-sensor Data Fusion: Theory and Practice[M]. 2nd Edition. New York: CRC Press Inc, 2008.

[14] Mitchell H B. Multi-sensor Data Fusion: An Introduction[M]. New York: Springer Publishing Company, 2007.

[15] 文成林. 多尺度动态建模理论及其应用 [M]. 北京：科学出版社, 2008.

[16] 文成林, 周东华, 潘泉, 等. 多尺度动态模型单传感器动态系统分布式信息融合 [J]. 自动化学报, 2001, 27(02): 158-165.

[17] 翟久刚. 信息融合理论在搜救决策中的运用 [J]. 中国水运, 2006, 10(5): 6-8.

[18] 孙洪泉, 窦闻, 易文斌. 遥感图像融合的研究现状、困境及发展趋势探讨 [J]. 遥感信息, 2011, 1(7): 104-108.

[19] Waltz E, Llinas J. Multisensor Data Fusion[M]. Boston: Artech House, 1990.

[20] Hall D L, McMullen S A H. Mathematical Techniques in Multisensor Data Fusion[M]. Norwood: Artech House, 2004.

[21] Kalman R E, Bucy R S. New results in linear filtering and prediction theory[J]. Transactions of the ASME, Journal Basic Engineering, 1961, 83(1): 95-107.

[22] Gonzalo P, Cruz J M D L. A wavelet-based image fusion tutorial[J]. Pattern Recognition, 2004, 37(9): 1855-1872.

[23]   Amolins K, Zhang Y, Dare P. Wavelet based image fusion techniques—an introduction, review and comparison[J]. ISPRS Journal of Photogrammetry and Remote Sensing, 2007, 62(4): 249-263.

[24]   Bashari M, Darudi A, Raeyatdoost N. Kalman fusion algorithm in electricity price forecasting[C]. 2014 14th International Conference on Environment and Electrical Engineering, Krakow, Poland, 2014: 313-317.

[25]   Niaki F A, Ulutan D, Mears L. Wavelet based sensor fusion for tool condition monitoring of hard to machine materials[C]. 2015 IEEE International Conference on Multisensor Fusion and Integration for Intelligent Systems, San Diego, USA, 2015: 271-276.

[26]   杨静宇. 战场数据融合技术 [M]. 北京: 兵器工业出版社, 1994.

[27]   敬忠良. 神经网络跟踪理论及应用 [M]. 北京: 国防工业出版社, 1995.

[28]   Klein L A. 多传感器数据融合理论及应用 [M]. 戴亚平, 刘征, 郁光辉, 译. 北京: 北京理工大学出版社, 2004.

[29]   吕锋, 于红, 文成林, 等. 多尺度随机建模与分布式多传感器数据融合估计 [J]. 自动化仪表, 2004, 25(2): 7-10.

[30]   彭冬亮, 文成林, 徐晓滨, 等. 随机集理论及其在信息融合中的应用 [J]. 电子与信息学报, 2006, 28(11): 2199-2204.

[31]   文成林, 郭超, 高敬礼. 多传感器多尺度图像信息融合算法 [J]. 电子学报, 2008, 36(5): 840-847.

[32]   Jiang Z G, Han D B, Chen J, et al. A wavelet based algorithm for multi-focus micro-image fusion[C]. Third International Conference on Image and Graphics, Hong Kong, China, 2004: 176-179.

[33]   Xu L J, Zhang J Q, Yan Y. A wavelet-based multisensor data fusion algorithm[J]. IEEE Transactions on Instrumentation and Measurement, 2004, 53(6): 1539-1545.

[34]   杨志, 毛士艺, 陈炜. 基于人工视觉对比度掩模的鲁棒图像融合系统 [J]. 电路与系统学报, 2007, 12(5): 1-6.

[35]   邓自立. 信息融合滤波理论及其应用 [M]. 哈尔滨: 哈尔滨工业大学出版社, 2007.

[36]   Fan L, Zhang Y, Zhou Z, et al. An improved image fusion algorithm based on wavelet decomposition[J]. Journal of Convergence Information Technology, 2010, 5(10): 15-21.

[37]   Song R Q, Li H G. Overlapping spikes sorting using feature fusion[C]. 2015 12th International Computer Conference on Wavelet Active Media Technology and Information Processing, Chengdu, China, 2015: 391-394.

[38]   Wang C. The design of the multi-scale data fusion algorithm based on time series analysis[J]. International Journal of Database Theory and Application, 2016, 9(12): 89-100.

[39]   柯熙政, 郭立新. 原子钟噪声的多尺度分形特征 [J]. 电波科学学报, 1997, (4): 396-400.

[40]   柯熙政, 高卫. 原子钟的闪变噪声及其小波分析 [J]. 电波科学学报, 1997, 12(3): 285-292.

[41]   柯熙政, 吴振森. 振荡器噪声的时–频域滤波 [J]. 电子学报, 1998, 26(12): 126-128.

[42]   李孝辉, 柯熙政, 焦李成. 原子时的小波分解算法 [J]. 时间频率学报, 2000, 23(1): 26-33.

[43]   任亚飞, 柯熙政, 李树州. 基于小波熵的组合定位系统数据融合 [J]. 仪器仪表学报, 2006, 27(1): 1323-1325.

[44]   柯熙政, 任亚飞. 多尺度多传感器融合算法在微机电陀螺数据处理中的应用 [J]. 兵工学报, 2009, 30(7): 994-998.

[45]   刘娟花, 柯熙政. 关于小波分解原子时算法的有效性 [J]. 仪器仪表学报, 2015, 36(12): 2857-2866.

[46] 王毅, 倪国强, 李勇量. 多分辨图像融合算法在 DSP 系统中的实现 [J]. 北京理工大学学报, 2001, 21(6): 765-769.

[47] 严居斌, 刘晓川, 张斌. 基于 DSP 的小波算法的实现 [J]. 四川大学学报: 工程科学版, 2002, 34(2): 92-95.

[48] 卢蓉, 高昆, 倪国强, 等. 图像融合系统中多分辨实时处理策略的研究 [J]. 激光与红外, 2006, 36(11): 1075-1078.

[49] 王勇, 马建仓. 基于 TMS320F2812 的陀螺信号实时采集处理系统 [J]. 计算机测量与控制, 2007, 15(9): 1253-1255.

[50] 张春林, 余黄河. 基于 FPGA 的图像融合处理系统方案设计 [J]. 信息安全与技术, 2013, 4(1): 59-61.

[51] 王培利, 陈伟. 一种双路图像融合实时处理系统的设计 [J]. 光电技术应用, 2015, 30(2): 61-65.

[52] 王嘉成, 孙海江, 刘培勋, 等. 高分辨率多传感器融合图像跟踪系统的设计与实现 [J]. 液晶与显示, 2016, 31(8): 825-830.

[53] 柯熙政, 吴振森, 杨廷高, 等. 时间尺度的多分辨率综合 [J]. 电子学报, 1999, 27(7): 135-137.

[54] Johnsen T. Time and frequency synchronization in multistatic radar consequences to usage of GPS disciplined reference with and without GPS signals [C]. Proceedings of the IEEE International Symposium on Radar Conference, Long Beach, CA, USA, 2002: 141-147.

[55] 李孝辉, 柯熙政. 原子钟信号的神经网络模型 [J]. 陕西天文台台刊, 2000, 23(2): 110-115.

[56] 李孝辉. 原子时的小波算法 [D]. 西安: 中国科学院陕西天文台, 2000.

[57] 李建勋. "×××" 时间系统的设计与实验研究 [D]. 西安: 西安理工大学, 2005.

[58] 薛菊华. 基于小波变换的原子钟数据的系统分析 [D]. 西安: 西安理工大学, 2005.

[59] 柯熙政, 李孝辉, 刘志英, 等. 一种时间尺度算法的稳定度分析 [J]. 天文学报, 2001, 42(4): 420-427.

[60] 柯熙政, 李孝辉. 关于小波分解原子时算法的频率稳定度 [J]. 计量学报, 2002, 23(3): 205-210.

[61] 任亚飞, 柯熙政. 基于小波熵的组合定位系统数据融合 [J]. 弹箭与制导学报, 2007, 27(1): 50-53.

[62] 柯熙政, 任亚飞. 多尺度多传感器融合算法在微机电陀螺数据处理中的应用 [J]. 兵工学报, 2009, 30(7): 994-998.

[63] 冯秀芳, 侯玉华, 文成林. 单模型多传感器多尺度交互式数据综合估计算法 [J]. 河南大学学报 (自然科学版), 2000, 30(2): 22-26.

[64] 李红连, 黄丁发, 熊永良. 基于离散平稳小波变换的 EKF 数据融合算法 [J]. 重庆建筑大学学报, 2006, 28(3)：43-55.

[65] 刘素一, 张海霞, 罗维平. 基于小波变换和 Kalman 滤波的多传感器数据融合 [J]. 微计算机信息, 2006, 22(16): 186-188.

[66] 陈隽永, 周先敏, 徐继麟. 多分辨数据融合技术 [J]. 系统工程与电子技术, 1999, 21(1): 25-32.

[67] 洪浪, 王俊仪. 用小波变换的多分辨力滤波 [J]. 指挥控制与仿真, 1995(2): 33-42.

[68] 刘素一, 张海霞. 基于 A'trous 小波变换的多传感器数据融合方法 [J]. 软件导刊, 2006, 11: 89-90.

[69] 沈永红, 匡建超, 蒋友欣. 基于小波包变换的图像多尺度数据融合 [J]. 计算机工程与应用, 2006, 42(33): 68-70.

[70] 李超, 胡谋法, 刘朝军, 等. 基于小波的多传感器空间目标数据融合算法 [J]. 信号处理, 2006, 22(2): 203-206.

[71] 胡战虎, 李言俊. 基于小波理论的多分辨率多传感器数据融合 [J]. 数据采集与处理, 2001, 16(1): 90-93.

[72] 任亚飞, 柯熙政. 微机电陀螺数据融合中小波基的选择 [J]. 信息与控制, 2010, 39(5): 646-650.

[73] 吉训生. 硅微陀螺漂移信号处理方法研究 [D]. 南京: 东南大学, 2008.

[74] 何立新. 多模态医学图像融合中小波分解层数的选择 [J]. 电脑知识与技术: 学术交流, 2007, (16): 1131-1132.

[75]　蔡铁, 朱杰. 小波阈值降噪算法中最优分解层数的自适应选择 [J]. 控制与决策, 2006, 21(2): 217-220.

[76]　丰彦, 高国荣. 小波阈值消噪算法中分解层数的自适应确定 [J]. 武汉大学学报 (理学版), 2005, 51 (S2): 11-15.

[77]　刘娟花, 柯熙政. 小波分解原子时算法必要性的证明 [C]. 全国时间频率学术会议, 西安, 中国, 2011: 301-306.

[78]　朱玉清, 于育民. 多元函数条件极值的解法研讨 [J]. 河南教育学院学报 (自然科版), 2008, 17(3): 28-29.

[79]　任亚飞, 柯熙政. 基于小波熵对微机电陀螺仪中噪声的研究 [J]. 西安理工大学学报, 2010, 26(2).

[80]　Ke X Z, Wu Z S. On wavelet variance[C]. International Frequency Control Symposium, Orlando, USA , 1997: 28-30.

[81]　房鸿才. 多微机电陀螺数据融合方法的切换策略研究 [D]. 西安: 西安理工大学, 2018.

[82]　张伟志. 多 MEMS 陀螺数据融合处理系统的设计和实现 [D]. 西安: 西安理工大学, 2017.

[83]　任亚飞. 北斗/GPS/罗兰 C 组合导航系统及其实验研究 [D]. 西安: 西安理工大学, 2007.

[84]　李建勋. "×××" 时间系统的设计与实验研究 [D]. 西安: 西安理工大学, 2005.

第 2 章　小波分解原子时算法

小波分解原子时算法实质是一种多传感器多尺度数据融合算法。传感器的测量数据具有多尺度特性，在单一尺度上进行数据融合难以表现信号的时频信息，而多尺度信息融合可以将目标的本质特征更好地表现出来。小波分解原子时算法既考虑参加归算的原子钟的长期稳定度和中期稳定度，也顾及各个原子钟的短期稳定度，可以使各个原子钟在不同尺度上的噪声最小。多个传感器的数据融合可实现优于单个传感器的性能。

2.1　时间基准及其变迁

科学上有两种时间计量系统，一种是基于天体运动得到的世界时 (universal time，UT)，另一种是以原子振荡周期确定的原子时 (atomic time)。计时依赖于具有规则振荡周期的自然现象，即通过对这些振荡次数计数来标记时间。人们曾经选择通过太阳或恒星在天空中的视运动记录时间，如日晷用沿着日影路径的刻度将一天划分为若干时段并以此来计时。历史上人们曾经采用过水钟、蜡烛钟和沙漏这样的计时装置。惠更斯根据伽利略发现摆的等时性原理，发明了摆钟。摆钟不仅为天文观测提供了方便，而且成为守时工具。摆钟比以前的任何计时装置都要精确得多，其振荡周期由重力加速度和摆长决定。由于这个周期比地球每天自转的时间短得多，时间可以细分成更小的间隔，能够测量秒甚至是一秒的几分之一。长期以来地球的自转仍然是 "主钟"，其他时钟需根据这个主钟定期校准和调整，这个工作就是 "时间比对"[1]。

世界时的计量是基于地球自转时间。日出日落长期以来是人们计量时间的依据，太阳在天空正中位置就是 12 时。一个恒星日是同一个恒星连续两次通过本地子午线顶点之间的时间间隔；地球绕太阳公转，一年内的真太阳时 (apparent solar time) 是不均匀的，一年内全部真太阳时平均就是平太阳时 (mean solar time)；恒星日 (sidereal day) 与平太阳日 (mean solar day) 之比为 1.00274。世界时的秒长取决于一天有多长，如果地球自转的速率不变，秒长就不会改变。将格林尼治所在子午圈 (又称本初子午线) 的平太阳时，定义为零类世界时 UT0，经过地极摆动改正后得到一类世界时 UT1，对地球自转做季节性改正后得到二类世界时 UT2[2]。

1840 年英国西部铁路公司开始采用铁路时间，随后其他铁路公司逐渐采用。1855年，时间信号用电报从格林尼治传遍英国铁路网，这是现代无线电授时的开端。直

到 1880 年，格林尼治平均时 (Greenwich mean time，GMT) 作为全英统一标准时
间在英国立法中确立。1859 年在美国华盛顿举行的国际子午线会议上，GMT 被采
纳作为全球时区的参考标准 [1]，而秒被正式定义为平太阳日的 1/86400。

1927 年，沃伦·玛丽森 (Warren Marrison) 和约瑟夫·霍顿 (Joseph Horton)
在美国贝尔电话实验室研制成功了石英钟。1929 年，经过不断改进，石英钟精度
大为提高，到 20 世纪 50 年代初期已完全代替了天文摆钟。与以前的计时装置相
比，石英钟的频率对环境扰动的敏感度较低，也更为准确。石英钟依赖于机械振动，
其频率取决于晶体的大小、形状和温度，但这些新标准的稳定度并不足以重新定
义秒 [1]。

天文学家转而使用基于地球绕太阳公转周期的历书时定义秒，这是由于他们
认为地球绕日公转比其自转更稳定，可惜的是，对于大多数实际测量目的来说，
公转周期长得太不切实际了，但国际计量委员会还是在 1956 年选择历书时秒作
为国际单位制中的时间基本单位 [1]。历书时用来测定天体位置的均匀时标，是用
地球绕太阳的公转来确定的，历书时秒定义为 1900 年 1 月 0 日回归年长度的
1/31556923.9747[2]。

1949 年，美国国家标准与技术研究院 (National Institute of Standards and Tech-
nology，NIST) 利用氨分子的吸收谱线制成了氨分子钟，这是最早出现的一种原子
钟。1955 年，路易斯·埃森 (Louis Essen) 和杰克·帕里 (Jack Parry) 研制出实用
的铯原子频率标准，从而开启了计时领域的革命。在 1967 年的国际计量大会决定，
将秒定义为 "0K 温度下铯 133 原子基态的两个超精细能级之间跃迁所对应辐射的
9192631770 个周期持续的时间"[1]，将 1958 年 1 月 1 日 0 时 0 分 0 秒作为原子时
的计时起点。尽管铯原子的跃迁已被证明是秒定义的基准，但铯原子钟现在可能正
达到其准确度的极限，进一步改进可能会开辟新的应用领域。

人们对一组原子钟相互比对，通过不同的计算方法抑制原子钟的噪声，可提
高时间尺度的稳定性。多模式多尺度数据融合理论可以用于提高时间尺度的稳
定度。

2.2   时间尺度算法的意义

现在广泛使用的是由原子频标决定的原子时尺度，使用原子钟守时，同经典的
时间基准在唯一性上有显著差异 [3-8]。世界时和历书时所依据的物理过程是地球
的自转和地球绕日公转，其唯一性是显然的，但对原子时而言情况完全不同 [2]。原
子时秒的定义是原子跃迁辐射振荡所持续的时间。①这种跃迁辐射频率与铯原子
所处的电磁场、气温、大气压等环境因素有关，在地球的不同地点，辐射频率可能
有差异，同一地点的辐射频率也可能变化，这样复现出来的秒长就可能不同。②原

子的跃迁辐射频率并不能直接被观察记录, 而是间接通过谐振得到一个与跃迁频率相近的微波信号。谐振在一定的带宽内都能实现, 这意味着最终得到的频率并不严格是原子的跃迁频率, 而只是一种近似, 对于不同的原子钟, 这种近似也不同。③由于内部噪声的影响, 不同原子钟的频率稳定度不同, 钟面读数也不同。

由于上述种种差异的存在, 每一台原子钟都是一个独立的时间基准, 代表的物理过程并不严格相同。原子钟的时间测量基本方程可以写为

$$T_i(t) = a_i + b_i \cdot t + \frac{1}{2}ct^2 + x_i(t), \quad i = 1, 2, \cdots, N \tag{2.1}$$

式中, i 表示 N 台原子钟中的第 i 台; α_i 和 b_i 是常数; $x_i(t)$ 是各种随机因素的影响, 可视为噪声。这样就有 N 个时间基准了。因此, 人们需要有一个把 N 个时间基准统一起来的原子时算法。事实上, 任何独立的原子时都是根据一组原子钟的钟面读数由统计的方法计算出来的, 这种计算方法就是原子时算法。原子时算法的意义就是尽量抑制时间尺度中的噪声。

原子时算法就是调整各个原子钟之间的相互关系。每一种相互关系都代表着不同物理过程的不同实现, 研究原子时算法的目的, 就是选择或构造一种物理过程, 使算法的不确定性最小, 稳定度最高[9]。一台原子钟和一个原子钟组计算出的时间尺度, 都是计算时间。从时间的产生过程来看, 两者之间没有任何差别。原子时算法的理论基础是原子钟的噪声模型。原子钟之间的相互关系就是它们之间的噪声关系, 通过各自的噪声系数反映到算法中。这样, 原子时算法就是原子钟噪声的某种组合。因为总噪声模型是各种噪声在数学上的体现, 所以原子时算法也可以认为是一种噪声模型, 是关于整个原子钟组的噪声模型。

将一个原子钟组及其计算得出的原子时与一台真实的原子钟在物理过程、使用功能和数学模型三个方面相比较, 可以发现, 参加原子时计算的原子钟组是一个特殊的钟, 称为钟组。钟组内的每一个钟都是组合钟的一个部件, 称为部件钟。组合钟的钟面时间代表计算出的时间尺度, 组合钟与部件钟的关系便是原子时算法。原子时算法本身也是各原子钟关系在数学上的具体表现。通过各种组合, 使组合钟的噪声达到最小, 这就是原子时算法的目的[10-12]。

有两种代表性的时间尺度算法: 一种为事后校准的滞后的时间尺度算法, 最具有代表性的是国际权度局 (BIPM) 的 ALGOS 算法, 简记为 ALGOS(BIPM); 另一种是实时原子时 (atomic time, AT) 算法, 最有代表性的是美国国家标准与技术研究院 (NIST) 的时间尺度算法, 简记为 AT1(NIST)。

国际原子时要求具有良好的准确性和极高的长期稳定度。为了达到这个目的, 计算国际原子时的数据来自世界各地的大量的原子钟, 用 ALGOS 算法把各个原子钟联系起来。这些算法都属于经典加权方法范畴。

2.3 AT1(NIST) 算法

在 NIST 的时间测量系统中，每两小时自动采集一次数据，经过平滑预处理输入 AT1(NIST) 算法，算出新的原子时标值并通过相位微跃器修正输出频率的值，得到实时原子时。

2.3.1 算法分析

对于一个钟组而言，需要测量原子钟之间的钟差。通常选定一台钟为参考钟，将钟组中的其他钟逐次与其比对，把第 k 台钟和参考钟 r 在 T 时刻的时间差记为 $t_k(T)$，这是由测量得到的值。组合钟显示的时间就是计算出的标准时间，$x_i(t)$ 和 $y_i(t)$ 分别表示第 i 台钟相对于组合钟在 t 时刻的钟差和速率。经过时间间隔 τ，这台钟相对于组合钟的钟差可估算如下：

$$\hat{x}_i(t+\tau) = x_i(t) + y_i(t) \cdot \tau \tag{2.2}$$

参考钟相对于组合钟的钟差和速率也遵循式 (2.2)。在 $t+\tau$ 时刻，测量第 i 台钟和参考钟的钟差记为 $t_I(t+\tau)$。参考钟相对于组合钟的钟差可以通过第 i 台钟相对于组合钟估算出来：

$$\hat{x}_{ri}(t+\tau) = \hat{x}_i(t+\tau) - t_i(t+\tau) \tag{2.3}$$

其中，$\hat{x}_{ri}$ 意味着利用第 i 台钟计算出的组合钟相对于参考钟的钟差。综合式 (2.2) 和式 (2.3)，得到

$$\hat{x}_{ri}(t+\tau) = x_i(t) + y_i(t) \cdot \tau - t_i(t+\tau) \tag{2.4}$$

根据时间和速率数据及当前的测量结果，每一台钟都提供参考钟相对于组合钟时差的估算。式 (2.4) 不但可以估算出参考钟与组合钟的钟差，也可以估算出钟组中的每台钟与组合钟的钟差。如果钟组有 N 台钟，可得到 $N-1$ 个与式 (2.4) 形式相同的式子，即 $N-1$ 次独立的估算。组合钟和参考钟的钟差可由加权平均得到

$$x_r(t+\tau) = \sum_{i=1}^{N} w_i \hat{x}_{ri}(t+\tau) \tag{2.5}$$

这个方程实际上是钟组时间相对参考钟在 $t+\tau$ 时刻的定义，也是计算出的时间尺度，意味着钟组时间是围绕着平均值随机起伏的。其他钟相对于组合钟的时间可以由下式算出：

$$x_i(t+\tau) = x_r(t+\tau) + t_i(t+\tau) \tag{2.6}$$

如果噪声是闪变噪声，当调频和频率随机游走时，式 (2.6) 不成立 [1-13]，解决方法之一是允许频率成为带有时间常数的缓变函数。对铯钟来说，这个时间常数的

值是几天。引入方法是利用指数滤波器，基于前次估算值和当前的频率估计值可产生一个新的平均频率估计值：

$$y_i(t+\tau) = \frac{f_i(t+\tau) + k \cdot y_i(t)}{1+k} \qquad (2.7)$$

式中，y_i 是一个长期值；k 的典型值为几天；f_i 是当前频率估计值。利用前一次差分可得

$$f_i(t+\tau) = \frac{x_i(t+\tau) - x_i(t)}{\tau} \qquad (2.8)$$

2.3.2　权重计算

AT1(NIST) 算法确定权重用的是预期钟差，即一台钟相对于组合钟的预期值和计算值之间的钟差：

$$e_i = x_i(t+\tau) - \hat{x}_i(t+\tau) \qquad (2.9)$$

在选定的 N_τ 的时间内，e_i 的标准偏差为

$$S_i = \sqrt{\frac{1}{N-1} \sum_{i=1}^{N} \left| e_i^2 - \langle e_i^2 \rangle_{N_\tau} \right|} \qquad (2.10)$$

式中，$\langle e_i^2 \rangle_{N_\tau}$ 是钟差 e_i 的平均值。权重取为标准偏差的倒数，并归一化为

$$w_i = \frac{1}{S_i \sum_{j=1}^{n} \dfrac{1}{S_i}} \qquad (2.11)$$

2.4　ALGOS(BIPM) 算法

为了确保时间尺度具有长期稳定性，国际原子时 (TAI) 采取每两个月计算一次的方法。把各个原子钟用 ALGOS 算法联系起来，得到的是一个滞后的时间尺度。1973 年开始采用 ALGOS(BIPM) 算法，经少许修改后一直沿用至今。例如，把计算间隔变为 1 个月，每 5 天计算一次，但其基本原理没有改变。

建立 TAI 的第一步是建立自由原子时尺度 (EAL)，由世界各地几百台原子钟加权平均得到，用的是 ALGOS(BIPM) 算法，该算法对钟的长期稳定性是最优的。EAL 经过频率校准获得 TAI，它的频率校准是通过 EAL 频率与频率基准相比较获得的。

这种方法考虑一个基本的时间周期 T=60d，钟本身的白噪声调频可以在 60 天的平滑中被平滑掉。对于这样一个时间综合方法，在闪变噪声[13]和频率随机游走噪声过渡的地方处理，对于时间尺度的长期稳定性是最优的。

2.4.1 TAI 的定义

计算的基本数据来自于儒略日 (julian date，JD)，计时起点为公元前 4713 年 1 月 1 日，约化儒略日 (modified julian date，MJD) 简化了数值表达，MJD 与 JD 之间的关系为 MJD=JD−2400000.5，EAL 在以下时间上更新：

$$t = t_0 + n\frac{T}{6}, \quad n = 0, 1, 2, \cdots, 6 \tag{2.12}$$

式中，T=60d；t_0 是上两个月时间间隔的最后一次归算时间。EAL 每 10 天更新一次，60 天计算一次。在时间 t 内，EAL 定义为

$$\mathrm{EAL}(t) = \frac{\sum\limits_{i=1}^{N} p_i[h_i(t) + h_i'(t)]}{\sum\limits_{i=1}^{N} p_i} \tag{2.13}$$

式中，$h_i(t)$ 代表钟在 t 时刻的读数，它的值不能通过测量直接获得；N 是原子钟数目；p_i 是钟 H_i 的权；$h_i'(t)$ 是 t 时刻钟 H_i 的时间改正，目的是为了在钟的权发生变化时或钟的数目变化时确保时间尺度的连续性。假定钟 H_i 在 t 时刻和 EAL 的钟差 $x_i(t)$ 为

$$x_i(t) = \mathrm{EAL}(t) - h_i(t) \tag{2.14}$$

在 t 时刻，钟 H_i 和钟 H_j 的钟差 $x_{i,j}(t)$ 为

$$x_{i,j}(t) = h_j(t) - h_i(t) \tag{2.15}$$

$x_i(t)$ 的值通过测量可以直接获得，在同一个实验室内部通过直接比对来获得，不同实验室之间通过时间传递来获得。$x_i(t)$ 是每个钟与组合钟的时间尺度的差，也不能由测量直接获得，它代表计算的 EAL 的结果，用户可以由此得到时间尺度。根据上面的定义，可以得到方程组：

$$\begin{cases} \sum\limits_{i=1}^{N} p_i x_i(t) = \sum\limits_{i=1}^{N} p_i h_i'(t) \\ x_{i,j}(t) = x_i(t) - x_j(t) \end{cases} \tag{2.16}$$

由 N 台钟产生 $N-1$ 个关于钟差的方程，再加上式 (2.13) 定义的平均时间尺度就得到 N 个方程的方程组，由此可以得到 $x_i(t)$，对每两个月的时间内，求出每台钟 H_i 相对于 EAL 的差值 $x_i(t_0 + nT/6), n = 0, 1, \cdots, 6$，这就是时间尺度。

2.4.2 时间改正项的选取

时间改正项 $h_i'(t)$ 是两项的和 [3]：

$$h_i'(t) = a_i(t_0) + B_{ip}(t)(t - t_0) \tag{2.17}$$

式中，$a_i(t_0)$ 是 H_i 相对于 EAL 在时刻 t_0 的时间改正：

$$a_i(t_0) = \mathrm{EAL}(t_0) - h_i(t_0) = x_i(t_0) \tag{2.18}$$

$B_{ip}(t_0)$ 是钟 H_i 相对于 EAL 在区间 $[t_0, t]$ 上的频率预测。目前，频率预测在 $[t_0, t+T]$ 上的两个月内保持定值，它是由前几个归算时间间隔内的频率值计算得到的。假设 $\{x_i(t_0 - T + nT/6), n = 0, 1, \cdots, 6\}$ 以最小方差下降 [4]。该假设有一个前提：原子钟在前一时间内的行为和这两个月的行为相似。实际上，当 $T=60$ 天时，钟的主要噪声表现为频率随机游走噪声，$B_{ip}(t_0)$ 的最好估计就是上一次归算时间的值。

2.4.3 权值的选取

权值的选取是使时间尺度的长期稳定度最好的权值，并且要求与相对频率基准的年波动最小。权是由钟在上两个月的行为决定的，具体步骤如下 [14-16]：

(1) 式 (2.16) 在 $[t_0, t+T]$ 上的解是由在上一次归算时间内的权决定的。对下一次归算，用本次归算决定的权。

(2) 频率估计值 $\mathrm{B}_{ip}(t_0 + T)$ 由式 (2.16) 所示方程组解出的 $x_i(t)$ 计算。

(3) 方差 $\sigma_i^2(6, t)$ 由 $\mathrm{B}_{ip}(t_0 + T)$ 和与前五次归算的 B_{ip} 计算。

(4) 钟 H_i 的权用下式计算出暂时值：

$$p_i' = \frac{1000}{\sigma_i^2(6, t)}$$

(5) 除了下面的两种情况，新的权值 $p_i(t)$ 等于 $p_i'(t)$：如果 $\sigma_i^2(6, \mathrm{t}) \leqslant 3.16\mathrm{ns/d}$，则取权值为 100，即最大权为 100；如果钟显示出异常行为，则该钟按零权计算。

通过 10 天一次的计算，ALGOS(BIPM) 产生一个滞后的时间尺度 TAI，这种时间尺度具有最好的长期稳定度。其他实验室也有类似的算法，如我国的 MOWA 算法 [5]。

2.5 经典加权算法分析

ALGOS(BIPM) 和 AT1(NIST) 的加权方法都属于经典的加权方法，下面进行具体分析。

1. 经典加权算法的一般形式

考虑有 N 台钟 $T(j), j = 1, 2, \cdots, N$，建立一个时间尺度 $\mathrm{TS}(t)$。当采用经典加权平均算法时，其一般形式为

$$\mathrm{TS}(t) = \sum_{i=1}^{N} p_i T_i(t) \tag{2.19}$$

如果把 $\mathrm{TS}(t)$ 看成是组合钟，则 $\mathrm{TS}(t)$ 的噪声是各个钟的噪声加权和：

$$x_s(t) = \sum_{i=1}^{N} p_i x_i(t) \tag{2.20}$$

权重的选择是能够使组合钟噪声最小的权重。

2. 经典加权算法的原理

原子时的经典加权算法，无论其具体形式如何变化，总是遵循式 (2.19) 和式 (2.20) 所示的基本原理。从组合钟的原理出发对经典加权算法的原理进行分析，考察组合钟的整体噪声特性。

不失一般性，考虑用两台钟进行综合的方法 (一般计算时间尺度时最少要三台钟，这里为了说明问题做以简化)，时间尺度的计算式为 [17-20]

$$T_s(t) = p T_1(t) + (1 - p) T_2(t) \tag{2.21}$$

式中，$T_1(t)$ 和 $T_2(t)$ 分别是钟 1 和钟 2 的读数；$T_s(t)$ 是由这两台钟建立的时间尺度，可视为组合钟的读数。不难证明，组合钟的噪声系数 $h_\alpha(s)$ ($\alpha = -2$、-1、0、1、2，分别代表 5 种噪声)：

$$h_\alpha(s) = p h_\alpha(1) + (1 - p) h_\alpha(2), \quad \alpha = -2, -1, 0, 1, 2 \tag{2.22}$$

式中，$h_\alpha(1)$ 和 $h_\alpha(2)$ 分别为钟 1 和钟 2 的噪声系数。为了使综合时间尺度的噪声达到最小，最优权值 p^* 必须按下式选取：

$$p_\alpha^* = \frac{h_\alpha(2)}{h_\alpha(1) + h_\alpha(2)} \tag{2.23}$$

可以看出：式 (2.23) 中的最优权值是 α 的函数，这意味着组合钟内的每一种噪声系数是各不相同的。对某一种噪声最优的权值，对其他噪声就未必最优。因为经典加权平均算法只有一组权，所以一般而言，在经典加权算法中无论怎样计算权重，使组合钟的噪声在整体上达到最小的权重几乎是完全不存在的。但是，也有例外的情况，就是两个钟的噪声系数对应成比例，即

$$\frac{h_\alpha(1)}{h_\alpha(2)} = \frac{h_\beta(1)}{h_\beta(2)} \quad (\alpha, \beta \in \{-2, -1, 0, 1, 2\} \text{ 且 } \alpha \neq \beta) \tag{2.24}$$

如果两台钟的噪声系数能满足式 (2.24)，那么肯定存在一个权值使组合钟的噪声达到最小，但这只是一种假设，实际中存在这种情况的概率是非常小的。

图 2.1 说明了权值变化对于组合钟的两种噪声的系数 $h_{-2}(s)$ 和 $h_0(s)$ 的影响。因为两种噪声的系数不满足式 (2.23)，两个最优权值不重合，所以组合钟的两种噪声不能同时取得最小。如果权值取为对 $\alpha=0$(白噪声调频) 最优，组合时间尺度的白噪声调频最小，其他噪声较大。对于权值取为对 $\alpha=-2$(随机游走噪声) 最优的情况类似。经典加权算法不可能使所有的噪声都达到最小。

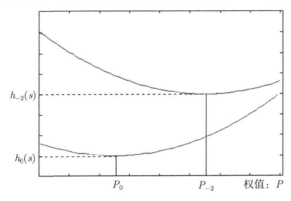

图 2.1 经典加权算法的权值与噪声的关系 [21]

3. 原子钟噪声模型

时间测量中的噪声来自许多方面，既有振荡器本身的噪声，也有时间传递过程中引入的噪声。由于原子钟之间进行相互比对的结果往往以钟差的形式出现，原子钟的噪声包含在钟差之中。无论是传统的石英钟还是现代的原子钟，它们都是一个振荡器。常用幂律谱模型来描述原子钟的噪声。不失一般性，用正弦函数来表示信号电压与噪声的关系：

$$u(t) = (u_0 + \varepsilon(t)) \sin(2\pi v_0 t + \phi(t)) \tag{2.25}$$

式中，$u(t)$ 是输出电压的瞬时值；u_0 是输出电压的标称值；$\varepsilon(t)$ 为输出电压的随机波动。在非线性元件的作用下，幅度的随机变化可以转化为信号相位的随机波动，而且一般有 $u_0 \gg \varepsilon(t)$，这样就可以假定 u_0 和 ν_0 为常数。于是正弦电压的瞬时频率为

$$\nu(t) = \nu_0 + \frac{1}{2\pi} \frac{\mathrm{d}\phi}{\mathrm{d}t} \tag{2.26}$$

在对不同的振荡器进行一般性的讨论时，为了便于进行比较研究，对振荡器进行归一化是十分有效的。用 $y(t)$ 表示振荡器的相对频率偏差，其定义为

$$y\left(t\right) = \frac{1}{2\pi\,\nu_0}\frac{\mathrm{d}\varphi}{\mathrm{d}t} \tag{2.27}$$

式 (2.27) 有时也称为分数频偏, 其积分具有时间的量纲:

$$x\left(t\right) = \int_0^t y\left(t\right)dt = \frac{\varphi\left(t\right)}{2\pi\,\nu_0} \tag{2.28}$$

一般称 $x\left(t\right)$ 为 "相位–时间", 它具有时间的量纲, 有明显的物理意义。$x\left(t\right)$ 的单位可以是秒、毫秒或者纳秒。在时间比对中, 它可以看作是钟面的时间差。$x\left(t\right)$ 和 t 都是一个随机过程, 而且一般是非平稳的随机过程。实际的振荡器往往表现出在标称频率附近的随机变化, 而且有一个时变的系统差:

$$y\left(t\right) = y_r\left(t\right) + at + y_0 \tag{2.29}$$

$$x\left(t\right) = x_r\left(t\right) + \frac{a}{2}t^2 + y_0 t \tag{2.30}$$

式中, a 是振荡器的老化系数; y_0 是标称频率; x_r 和 y_r 是 "实际" 的随机过程。在实际的数据处理中, 可以拟合系统的漂移和初始频偏, 因此假定 x_r 和 y_r 是一个零均值的随机过程。对任何一个频率源不可能测量到瞬时值, 只可能测量到它的平均值, 这个平均时间也可能极其短暂。于是, 有

$$\bar{y}_k\left(t_k, \tau\right) = \frac{1}{\tau}\int_{t_k}^{t_k+\tau} y\left(t\right)\mathrm{d}t = \frac{1}{\tau}\left(x\left(t_k + \tau\right) - x\left(t_k\right)\right) \tag{2.31}$$

通常称 τ 为平均时间, 根据数据处理中的一般约定, 用 $\bar{y}_k\left(t_k, \tau\right)$ 表示在时间间隔 τ 内频率的平均值。为了分析 $\bar{y}_k\left(t_k, \tau\right)$, 可以认为 $\bar{y}_k\left(t_k, \tau\right)$ 是一个平稳的随机过程, $\bar{y}_k\left(t_k, \tau\right)$ 的频域特性用其相关函数对应的 Fourier 变换表示:

$$R_y\left(\tau\right) = \lim_{\tau\to\infty}\frac{1}{T}\int_0^T y\left(t'\right)y\left(t' + \tau\right)\mathrm{d}t' \tag{2.32}$$

$$S_y\left(f\right) = 4\int_0^\infty R_y\left(\tau\right)\cos 2\pi f\tau\mathrm{d}\tau \tag{2.33}$$

自相关函数 $R_y\left(\tau\right)$ 和频谱密度 $S_y\left(f\right)$ 由 Winer Khintchine 定理联系起来。根据 $S_y\left(f\right)$ 的不同形态, 可以将振荡器的噪声分为五类, 如表 2.1 所示。振荡器产生的噪声, 可由如下的经验公式描述:

$$S_y\left(f\right) = \sum_{\alpha=-2}^{2} h_\alpha f\alpha \tag{2.34}$$

表 2.1 幂律谱模型及其物理意义[21]

频谱	谱指数	物理意义
$S_y(f) = h_2 f^2$	2	白噪声 x
$S_y(f) = h_1 f$	1	闪变噪声 x
$S_y(f) = h_0 f$	0	白噪声 y(随机游走 x)
$S_y(f) = h_{-1} f^{-1}$	-1	闪变噪声 y
$S_y(f) = h_{-2} f^{-2}$	-2	随机游走 y

在一般情况下,并不是所有噪声都很明显,而是在某一频率范围内,某种噪声占优势。人们研究频率源的历史就是探索各种噪声的来源,力图将其减小到最小的过程。

从表 2.1 中可以看出 [22,23]:

(1) 在经典加权算法中,无论取权方法如何,对原子钟取权都是依据原子钟的历史特性,它不能反映原子钟在归算时间内的真实行为。

(2) 如果原子钟受某些不确定因素的影响,钟面读数发生异常的变化,用历史特性取权不能消除这些变化,也不能消除原子钟信号的突变点。经典加权方法虽然对有特殊变化的原子钟做零权计算,但还有些变化没有超出此限制的情况就不得不考虑 [24,25]。

(3) 在经典加权算法中,由于对原子钟只能取一个权值,因而组合钟的噪声不可能使所有种类的噪声都是最小,这种算法只能有选择的使某一种噪声达到最小。这个缺点是非常不利的,这对有大量原子钟的 BIPM 实验室尤为明显,有许多有着很好的短期稳定度的原子钟由于其长期稳定度差而只能得到很小的权,造成了大量的资源浪费 [26,27]。

鉴于经典加权算法有以上缺点,需要寻找另外的方法来对原子钟加权,既要考虑到原子钟的长期稳定性,又要照顾到原子钟的短期稳定性。这就是小波分解原子时算法的基本思想。

2.6 原子时的小波分解算法

1. 小波变换

对于函数 $\Psi(x)$,如果其满足容许性条件 [28,29]:

$$c_\Psi = 2\pi \int_{-\infty}^{\infty} \frac{\left|\hat{\Psi}(\omega)\right|^2}{|\omega|^2} d\omega < \infty \tag{2.35}$$

式中,$\wedge$ 表示 Fourier 变换;$\Psi(x)$ 可称为小波母函数。对于母函数 $\Psi(x)$,平方可积函数 $f(x)$ 的小波变换为

$$Wf(a,b) = \frac{1}{c_\Psi} \frac{1}{\sqrt{|a|}} \int_{-\infty}^{\infty} f(x)\bar{\Psi}_{a,b}(x)\mathrm{d}x \qquad (2.36)$$

式中，$\bar{\Psi}_{a,b}(x) = \frac{1}{a}\overline{\Psi\left(\frac{x-b}{a}\right)}$；$a$ 是尺度因子；b 是平移因子。小波变换可以看成是镜像滤波器与信号的卷积，它同经典滤波器不同的是：经典滤波器的频率响应固定不变，而小波变换的母函数具有有限支撑的特点且支撑区间可变，随着尺度的变大，支撑区间相应变大。小波变换提供的局部化格式是变化的，表现在高频处时间分辨率高，低频处时间分辨率低，即具有 "变焦" 特性，这一特性决定了它在突变信号处理上的特殊地位及功能。因此，小波变换在大尺度的情况下提取的是信号的低频成分，小尺度的情况下提取的是信号的高频成分，这样就可以依据具体情况选择适当的尺度 [30-37]。

2. 小波变换在时间尺度算法中的应用

原子钟噪声主要是五种不同噪声的线性叠加，总噪声是这五种噪声分量的和：

$$y(t) = z_{-2}(t) + z_{-1}(t) + z_0(t) + z_1(t) + z_2(t) \qquad (2.37)$$

而它们的统计模型是由功率谱密度函数确定的：

$$S_y(f) = h_{-2}f^{-2} + h_{-1}f^{-1} + h_0 f^0 + h_1 f + h_2 f^2 \qquad (2.38)$$

式中，$h_\alpha(\alpha = -2, -1, 0, 1, 2)$ 是表征各种噪声强弱的常数，对不同的原子钟取不同的值。这就是原子钟噪声的幂率谱模型，也就是原子钟稳定度的频域表征。

由式 (2.38) 可以看出，原子钟的噪声在每一个频率分量都不相同，经典的加权方法不能考虑原子钟的噪声在不同频率分量的不同稳定度 [32]，而要考虑的这个因素，只能用小波分解的方法。把信号在不同的尺度分解，在不同的尺度提取出不同的频率分量，用小波方差来表征原子钟在不同频率分量的不同频率稳定度，借此对原子钟加权。用这种方法既能考虑到不同原子钟在同一个频率分量的不同稳定度，又能考虑到原子钟在不同频率范围稳定度的不同，因而有着极大的优越性。用小波分解算法 (wavelet decomposition algorithm，WDA) 建立了小波分解原子时 (wavelet decomposition atomic time，WDAT)。为了便于理解，从 TAI 的定义引入了 WDAT。

3. 小波分解原子时的建立

设参加归算的原子钟总数为 C，在某一时刻，第 c 个原子钟的钟面读数为 $T(c)$，加上修正项 $A(c)$ 和 $B(c)$。在归算的时间间隔 i 内，修正后的钟面读数 $\mathrm{TM}(c,t)$ 可写为 [35-37]

$$\mathrm{TM}(c,t) = T(c,t) + A(c) + B(c)[t-t_0], \quad c = 1,2,3,\cdots,C \qquad (2.39)$$

取钟 c 的权为 $\mathrm{pt}(c)$(时域加权), 可把小波分解原子时写为

$$\mathrm{WDAT}(t) = \frac{\displaystyle\sum_{c=1}^{C} \mathrm{pt}(c)\mathrm{TM}(c,t)}{\displaystyle\sum_{c=1}^{C} \mathrm{pt}(c)} = \frac{\displaystyle\sum_{c=1}^{C} \mathrm{pt}(c)[T(c,t) + A(c) + B(c)(t - t_0)]}{\displaystyle\sum_{c=1}^{C} \mathrm{pt}(c)} \tag{2.40}$$

定义钟 c 与小波分解原子时的差为

$$D_c(t) = \mathrm{WDAT}(t) - T(c,t) \tag{2.41}$$

实际中, 测量的是第 c 台原子钟与第 e 台钟的钟差:

$$D_{c,e}(t) = T(e,t) - T(c,t) \tag{2.42}$$

在同一实验室, 钟差 $D_{c,e}(t)$ 可以由原子钟间的直接比对测得; 在不同实验室, 可以通过卫星共视等方法比对来测得。取参加归算的原子钟中性能比较好的原子钟作为主钟 (master clock), 不妨把它设为第 C 台原子钟。DMC(t) 代表主钟相对于小波分解原子时的差, 它是计算值, 不能通过测量得到, 与主钟的钟面值相联系即可给出用户计算的时间尺度。根据上面的定义, 有

$$\left\{ \begin{array}{l} \displaystyle\sum_{c=1}^{C} \mathrm{pt}(c)D_c(t) = \sum_{c=1}^{C} \mathrm{pt}(c)[A(c) + B(c)(t - t_0)] \\ D_{c,e}(t) = T(e,t) - T(c,t) \end{array} \right. \tag{2.43}$$

通过实验, 可以得到 D_c 和 MC(t)。为得到 $\mathrm{D_{MC}}(t)$, 可解式 (2.43) 得

$$D_{\mathrm{MC}}(t) = \frac{\displaystyle\sum_{c=1}^{C} \mathrm{pt}(c)[A(c) + B(c)(t - t_0)] - \sum_{c=1}^{C-1} \mathrm{pt}(c)D_{c,MC}(t)}{\displaystyle\sum_{c=1}^{C} \mathrm{pt}(c)} \tag{2.44}$$

式 (2.44) 给出了主钟与小波分解原子时的差, 可以将其写成两项, 第一项为 C 台原子钟时间修正值 (time correction) 的加权平均:

$$\mathrm{TC}(t) = \frac{\displaystyle\sum_{c=1}^{C} \mathrm{pt}(c)[A(c) + B(c)(t - t_0)]}{\displaystyle\sum_{c=1}^{C} \mathrm{pt}(c)} \tag{2.45}$$

式中，$A(c)$ 是为保持时间尺度的连续性而采用的常数，一般取上一次归算结束时刻的频率改正值；$B(c)$ 预测的是本次归算的频率改正值。如果钟数没有变化并且每台钟的权值不变，那么 $A(c)$ 和 $B(c)$ 保持不变；否则，为保持时间尺度的连续性，要改变 $A(c)$ 和 $B(c)$ 的值。一般情况下对同一台原子钟，这个值的变化不会太大，也不应该太大。ALGOS 算法的取权方法对这两项有效，就采用 ALGOS 算法的取权方法。钟差的平均 $\mathrm{TD}(t)$ 为

$$\mathrm{TD}(t) = \frac{\displaystyle\sum_{c=1}^{C-1} \mathrm{pt}(c) D_{c,\mathrm{MC}}(t)}{\displaystyle\sum_{c=1}^{C} \mathrm{pt}(c)} = \frac{\displaystyle\sum_{c=1}^{C-1} \mathrm{pt}(c)}{\displaystyle\sum_{c=1}^{C} \mathrm{pt}(c)} \cdot \frac{\displaystyle\sum_{c=1}^{C-1} \mathrm{pt}(c) D_{c,\mathrm{MC}}(t)}{\displaystyle\sum_{c=1}^{C-1} \mathrm{pt}(c)} = \frac{\displaystyle\sum_{c=1}^{C-1} \mathrm{pt}(c)}{\displaystyle\sum_{c=1}^{C} \mathrm{pt}(c)} \cdot \mathrm{RF}(t)$$

$$(2.46)$$

$\mathrm{TD}(t)$ 是对 C 台钟与主钟的钟差进行平均，它是完全不确定的，对每一个 D_c 和 $\mathrm{MC}(t)$ 来说，都是一个非平稳的随机过程，在不同的归算时间内也迥然不同，用原子钟的历史特性取权结果非常差。为此，把它稍做变形，提取出 $\mathrm{RF}(t)$，现对此项做分析。

4. 多分辨率加权

$\mathrm{RF}(t)$ 是对非平稳的随机过程求加权平均，在每一个频率范围内，各个原子钟信号的幅度都不同，鉴于上面提到的经典加权方法的缺陷，需要改变加权方法，用小波方差代替经典加权在小波域做加权平均。提出用多分辨率加权的方法，对 D_c 和 $\mathrm{MC}(t)$ 做小波分解，提取出各个频率分量，用小波方差表征其频率稳定度，在不同尺度加权，最后重构信号。由于小波方差表征原子钟在不同频率范围的稳定度，而小波分解把原子钟信号的不同频率成分分离出来，理论上它可以考虑原子钟的所有频率范围的稳定度，从而利用各个原子钟的优良特性。下面介绍其过程 [38,39]。

1) 小波分解

对测量到的第 c 个原子钟与主钟的钟差信号 $D_{c,\mathrm{MC}}(t)$，可以写为

$$D_{c,\mathrm{MC}}(t) = \sum_{k=-\infty}^{\infty} \beta_{j_0,k}^c \varphi_{j_0,k}(t) + \sum_{j=-\infty}^{j_0} \sum_{k=-\infty}^{\infty} \alpha_{j,k}^c \phi_{j,k}(t) \qquad (2.47)$$

式中，$\beta_{j_0,k} = \langle D, \varphi_{j_0,k} \rangle$ 为在尺度函数 φ_{j_0} 上的粗糙相系数；$\alpha_{j,k}^c = \langle D, \phi_{j,k} \rangle$ 为在小波函数 ϕ_j 上的细节系数。由此，用小波尺度的观点将信号分成两个层次，j_0 以上为 $D_{c,\mathrm{MC}}(t)$ 的基本特征提取，j_0 以下为 $D_{c,\mathrm{MC}}(t)$ 的细节近似。随着尺度的增大，分离的频率越来越低。

2) 多分辨加权

在某一局部频率范围内的加权可以写为 [7]

$$\sigma_f^2 = \frac{1}{\sum_{k=n_1}^{n_2} (n_2 - n_1)\alpha_{j,k}^2} \tag{2.48}$$

或

$$\sigma_j^2 = \frac{1}{\sum_{k=n_1}^{n_2} (n_2 - n_1)\beta_{j,k}^2} \ \sigma_f^2 = \frac{1}{\sum_{k=n_1}^{n_2} (n_2 - n_1)\alpha_{j,k}^2} \tag{2.49}$$

式中, σ_j 表示在小波尺度 j 下的多分辨加权。这样, 原子钟的权是在不同频率范围内的, 这是本方法的特点。

3) 信号重构

根据小波变换及其重构关系, 可以写出经过加权后的信号:

$$\mathrm{RF}(t) = \sum_{k=-\infty}^{\infty} \left\{ \frac{\sum_{c=1}^{C-1} \sigma_j^c \beta_{J_0,k}^c \varphi_{j_0,k}(t)}{\sum_{c=1}^{C-1} \sigma_j^c} \right\} + \sum_{j=-\infty}^{j_0} \sum_{k=-\infty}^{\infty} \left\{ \frac{\sum_{c=1}^{C-1} \sigma_j^c \alpha_{j,k}^c \phi_{j,k}(t)}{\sum_{c=1}^{C-1} \sigma_j^c} \right\} \tag{2.50}$$

其中, σ_j^c 表示信号 $D_{c,\mathrm{MC}}(t)$ 在小波尺度 j 时的多分辨加权。

2.7 实验研究

时间尺度的建立是以精密时间测量为基础的, 时间测量一般采用时间间隔测量的方法。下面通过实验测量数据比较经典加权算法和小波算法的效果。

1. 实验过程

时间尺度的获得是通过高精度原子钟的相互比对实现的, 把一台铯钟作为主钟。图 2.2~ 图 2.5 是 4 台原子钟与参考钟 (主钟) 比对的结果。图 2.6 是计算的主钟与时间尺度的钟差。图 2.7 是测量的主钟和各钟的钟差与计算的主钟和时间尺度的钟差的比较。

以主钟与钟 3 的钟差为例说明小波算法的分解过程。采用 B 样条小波基对原始钟差数据在 5 个尺度上进行逐层分解, 得到每一层的高频部分和低频部分的分解系数。高频部分采用镜像二次高通滤波器得到, q 滤波器系数为 $\{0.125, 0.375, 0.375, 0.125\}$; 低频部分采用镜像二次低通滤波器得到, 其系数为 $\{-2.0, 2.0\}$。图 2.8~

图 2.17 为分解后的各层小波系数。从图 2.16 中可以看出，第 5 层的低频部分已经相当平滑，因此采用 5 个尺度能够提取足够的钟差信息。

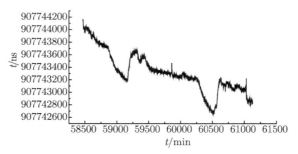

图 2.2　主钟与钟 1 的钟差 [39]

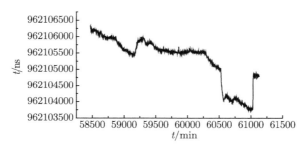

图 2.3　主钟与钟 2 的钟差 [39]

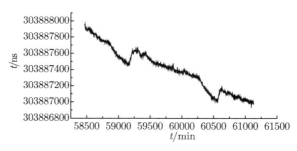

图 2.4　主钟与钟 3 的钟差 [39]

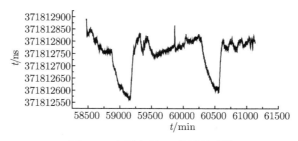

图 2.5　主钟与钟 4 的钟差 [39]

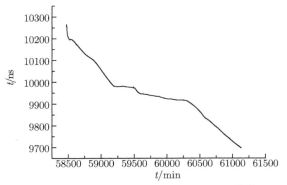

图 2.6　计算的主钟与时间尺度的钟差 [39]

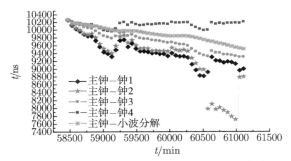

图 2.7　测量的各钟差与计算结果的比较 [39]

对 5 个尺度分解的高频和低频信号作方差分析, 表 2.2 是钟差信号及各层小波分解后的低频信号的样本方差, 从表中可以看出低频信号的方差逐层减小。表 2.3 是各层小波分解后的高频信号的样本方差。

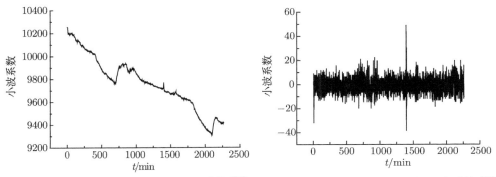

图 2.8　第 1 层低频分解信号的小波系数 [39]　　图 2.9　第 1 层高频分解信号的小波系数 [39]

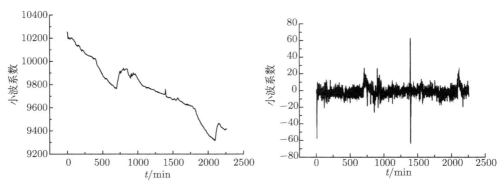

图 2.10   第 2 层低频分解信号的小波系数[39]   图 2.11   第 2 层高频分解信号的小波系数[39]

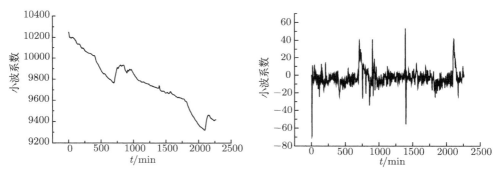

图 2.12   第 3 层低频分解信号的小波系数[39]   图 2.13   第 3 层高频分解信号的小波系数[39]

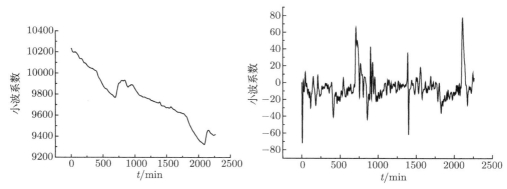

图 2.14   第 4 层低频分解信号的小波系数[39]   图 2.15   第 4 层高频分解信号的小波系数[39]

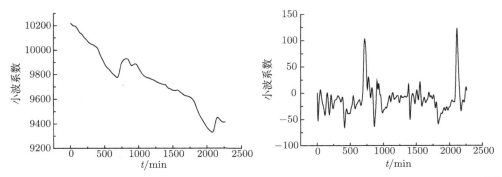

图 2.16 第 5 层低频分解信号的小波系数[39] 图 2.17 第 5 层高频分解信号的小波系数[39]

表 2.2 钟差信号及各层小波分解后的低频信号的样本方差[39]

样本信号	样本方差
钟差信号	61.40096
第 1 层分解低频信号	61.34099
第 2 层分解低频信号	61.27314
第 3 层分解低频信号	61.13763
第 4 层分解低频信号	60.78913
第 5 层分解低频信号	59.82732

表 2.3 各层小波分解后的高频信号的样本方差[39]

样本信号	样本方差
第 1 层分解高频信号	6.40308
第 2 层分解高频信号	6.94164
第 3 层分解高频信号	9.90939
第 4 层分解高频信号	15.82183
第 5 层分解高频信号	26.39667

采用事后处理的小波方法来建立时间尺度。对各钟差信号在 5 个尺度上进行小波分解，得到 5 层分解的结果。根据每一层的小波系数求得小波方差，以此对该层加权。对不同原子钟、同一层的系数加权平均，然后归一化，可得到各层的加权平均值。把这 5 层的加权结果看作是主钟与时间尺度的差的小波分解结果，那么对这 5 层加权平均后的系数进行小波逆变换，便得到了需要的时间尺度。下面给出了各钟在 5 个尺度上小波分解后的加权平均结果，如图 2.18~ 图 2.23 所示。

对小波逆变换后的结果进行平滑，得到如图 2.24 所示的结果。

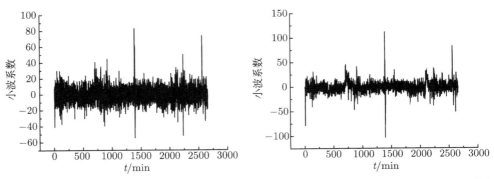

图 2.18   第 1 层高频分解信号的小波系数 [39]   图 2.19   第 2 层高频分解信号的小波系数 [39]

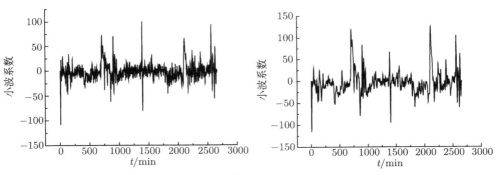

图 2.20   第 3 层高频分解信号的小波系数 [39]   图 2.21   第 4 层高频分解信号的小波系数 [39]

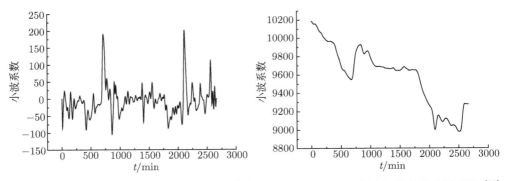

图 2.22   第 5 层高频分解信号的小波系数 [39]   图 2.23   第 5 层低频分解信号的小波系数 [39]

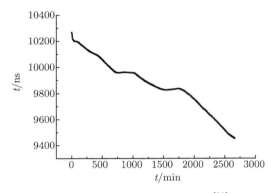

图 2.24　主钟与时间尺度的差 [39]

2. 数据分析

采用一个月的时间比对数据,对经典加权算法和小波加权算法进行了比较,重点研究了实时滑动的小波算法。图 2.24 是利用实时滑动的小波算法计算的结果。图 2.25 是用经典加权算法计算出来的原子时尺度。图 2.26 是用事后处理的小波加权算法计算出来的原子时尺度。可以看出:运用小波算法的两种处理方法得到的时间尺度基本相同,都比经典加权算法得到的结果光滑,稳定性明显优于经典算法。

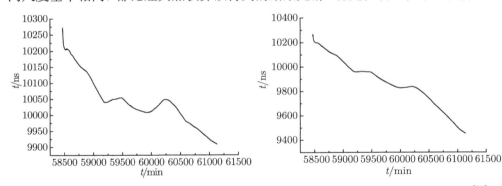

图 2.25　用经典加权算法得到的原子时 [39]　　　图 2.26　小波加权算法得到的原子时 [39]

在导航系统中,时间尺度的实时性非常重要,但计算每一个当前时刻的时间尺度,仍必须利用足够的历史数据。图 2.26 的小波加权算法所采用的事后处理的算法是对所有数据用小波算法一次性进行计算,实时滑动方法是每次用 1024 个数据滑动计算。从图 2.27 中可以看出事后处理的结果和实时滑动处理结果基本吻合,但滑动方法的趋势更加平滑,表 2.4 给出了几种方法计算出的时间尺度的频率稳定度。

从图 2.27 中可以看出,事后处理方法和实时计算结果是有一定误差的,这种误差的原因可能是选择的测量数据不够长,闪变噪声引起的误差没有在计算中被

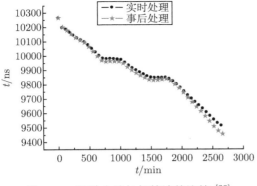

图 2.27 两种小波加权算法的比较 [39]

消除, 但只要两者的误差在容许的范围内, 就可以满足卫星导航的需求。一般采用 Allan 方差来考察建立的时间尺度的频率稳定性。表 2.4 是各钟的 Allan 方差, 表 2.5 是用不同算法得到的时间尺度的频率稳定度。从表 2.4 和表 2.5 中可以看出, 构建适当的算法得到的时间尺度, 频率稳定度会明显优于各原子钟的频率稳定度, 而小波算法得到结果的频率稳定度又明显优于传统方法。

表 2.4 各钟的频率稳定度

各原子钟	钟 1	钟 2	钟 3	钟 4	主钟
Allan 方差 ($\times 10^{-13}$)	20.9	1.96	52	6.5	2.3

表 2.5 不同算法得到的时间尺度的频率稳定度

不同算法	经典加权	事后处理	实时滑动处理
Allan 方差 ($\times 10^{-13}$)	1.86	1.31	0.52

WDAT 比经典加权算法的改进之处就是能考虑原子钟的所有频率稳定度, 如表 2.6 所示的是各个小波变换尺度对应的原子钟的加权的比较, 不同的尺度对应不同的频率, 原子钟噪声在不同频率分量的稳定度不同, 因此加权也应不同。

表 2.6 原子钟在不同分解尺度的加权的比较 [39]

小波分解尺度	各个原子钟的加权			
	钟 1	钟 2	钟 3	钟 4
1	415.13	371.48	1575.06	1290.46
2	434.14	245.52	1438.68	1199.68
3	326.45	152.80	989.84	838.84
4	224.31	99.54	613.42	540.15
5	142.17	65.36	366.83	333.93

由表 2.6 可以看出, 原子钟在各个尺度的权值都不相同, 这反映了不同的频率稳定度。钟 3 在不同尺度的权都最大, 其次是钟 4, 这两台钟在时间尺度计算中的贡献应该也大。

图 2.28 为 WDAT 和经典加权算法的协调世界时的稳定度的比较。可以看出, 由于经典加权算法对原子钟的长期稳定度是最优的, 因此, WDAT 对时间尺度的长期稳定度改善不大, 但也不逊于经典加权算法。WDAT 明显地提高了短期稳定度。

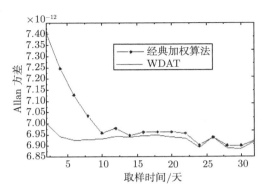

图 2.28　WDAT 和经典加权算法的稳定度比较 [39]

　　小波分解原子时算法有着独特的优越性, 可以提取各个原子钟的优良特性, 对原子钟的突然变化做出反应, 在不同的频率范围内取得最优权, 在不影响长期稳定度的前提下使综合时间尺度的稳定度大大提高 [38,39]。

　　经典加权算法有其自身的局限性, 它只能对原子钟取单个权, 因而不能综合考虑原子钟的所有频率稳定度, 平均的时间尺度也只能使某一种噪声达到最小, 不可能使所有的噪声都达到最小 [21,22]。在 ALGOS 算法中, 根据原子钟的长期稳定度对原子钟加权, 这就有可能使许多具有良好的短期稳定度的原子钟由于长期稳定度差而得到很小的权, 造成资源浪费。由于小波变换可以提取原子钟在不同频率范围内的分量, 而原子钟的频率稳定度在各个频率范围内都不同。小波分解原子时算法把原子钟的信号在小波域分解, 提取出在不同频率范围内的分量, 在小波域加权平均, 然后反演得到综合的时间尺度。由于这种方法考虑原子钟在不同频率范围内的不同稳定度, 既考虑原子钟的长期稳定度、中期稳定度, 也考虑原子钟的短期稳定度, 可以使综合的时间尺度的所有噪声都达到最小, 这是一种多分辨率的加权方法, 也就是多模式多尺度数据融合方法。其目的是抑制原子钟的噪声, 提高时间尺度的频率稳定度。

参 考 文 献

[1] 邹振隆, 海伦·马戈利斯. 时间计量简史 [J]. 物理, 2019, 48(1): 9-12.

[2] 卡塔肖夫 P. 频率和时间 [M]. 王铁男, 王尧祖, 王克廷, 译. 北京: 科学出版社, 1987.

[3] Ke X Z, Jiao L C, Yang T G, et al. Wavelet model for the time scale[C]. Proceedings of Annual IEEE International Frequency Control Symposium, Besancon, France, 1999: 177-181.

[4] Crum D. 1996 GPS time transfer performance[C]. Proceedings of the 28th Annual Precise Time and Time Interval (PTTI) Applications and Planning Meeting, Reston, USA, 1996: 3-5.

[5] Azoubib C T. The use of hydrogen masers in TAI communication[C]. Proceedings of the 9th European Frequency and Time Forum (EFTF), Besancon, France, 1995: 283-287.

[6] Pan X P, Tu T Z, Luo D C. The Joint atomic time scale and analysis of results[J]. Science in

China A: Mathematics, 1989, 31(2): 210-221.

[7]　Ke X Z, Wu Z S. On wavelet variance[C]. IEEE International Frequency Control Symposium, Orlando, USA, 1997: 28-30.

[8]　Jiang Z G, Han D B, Chen J, et al. A wavelet based algorithm for multi-focus micro-image fusion[C]. Third International Conference on Image and Graphics, Hong Kong, China, 2004: 176-179.

[9]　王文谕. 基于北斗卫星的授时系统研究 [D]. 北京: 北京邮电大学, 2008.

[10]　卫国. 原子钟相位与频率估计的误差分析 [J]. 计量学报, 1995, 16(3): 230-234.

[11]　卫国. 频率源噪声的时域特性分析 [J]. 中国科学 (A), 1992, 34(10): 1096-1102.

[12]　王义遒. 建设我国独立自主时间频率系统的思考 [J]. 宇航计测技术, 2004, 24(1): 1-10.

[13]　柯熙政, 郭立新. 原子钟噪声的多尺度分形特征 [J]. 电波科学学报, 1997, 12(4): 396-400, 406.

[14]　李孝辉, 柯熙政, 焦李成. 原子时的小波分解算法 [J]. 陕西天文台台刊, 2000, 23(1): 26-33.

[15]　柯熙政, 李孝辉, 刘志英, 等. 一种时间尺度算法的稳定度分析 [J]. 天文学报, 2001, 42(4): 420-427.

[16]　柯熙政, 李孝辉, 刘志英, 等. 关于小波分解原子时算法的频率稳定度 [J]. 计量学报, 2002, 23(2): 205-210.

[17]　柯熙政, 吴振森, 焦李成. 时间尺度的分域递推模型 [J]. 天文学报, 1998, 39(3): 313-319.

[18]　李孝辉, 柯熙政. 原子钟信号的神经网络模型 [J]. 陕西天文台台刊, 2001, 23(2): 110-115.

[19]　李孝辉, 柯熙政, 焦李成. 用小波分解法计算脉冲星时间尺度 [J]. 信号处理, 2002, 18(1): 72-74.

[20]　柯熙政, 吴振森, 杨廷高, 等. 时间尺度的多分辨率综合 [J]. 电子学报, 1999, 27(7): 135-137.

[21]　周渭, 朱根富. 频率及时间计量 [M]. 西安: 陕西科学技术出版社, 1986.

[22]　杜燕, 柯熙政, 陈洪卿, 等. 关于中国导航的时间平台 [J]. 宇航计测技术, 2003, 23(4): 47-50.

[23]　曲卫振, 林宝军, 王学军. 时间、频率的高精度测量方法 [J]. 系统工程与电子技术, 1998, (8): 70-73.

[24]　胡锦伦, 李树洲. 国际原子时进展中的原子钟 [J]. 宇航计测技术, 2002, 22(5): 6-12.

[25]　胡锦伦. 原子钟水平与原子钟性能的相关特性分析 [J]. 上海天文台年刊, 1997, 18: 220-226.

[26]　胡锦伦. 两种卫星时间标准的长期特性比较 [J]. 电波科学学报, 1998, 13(4): 315-320.

[27]　徐月清, 姜东伟. 两种方差在铷原子频标长稳测量中的比较分析 [J]. 宇航计测技术, 2004, 24(1): 40-42.

[28]　崔锦泰. 小波分析导论 [M]. 西安: 西安交通大学出版社, 1995.

[29]　刘贵忠, 邸双亮. 小波分析及其应用 [M]. 西安: 西安电子科技大学出版社, 1992.

[30]　方群, 袁建平, 郑谔. 卫星定位导航基础 [M]. 西安: 西北工业大学出版社, 1999.

[31]　秦前清, 杨宗凯. 实用小波分析 [M]. 西安: 西安电子科技大学出版社, 1994.

[32]　杨福生. 小波变换的工程分析与应用 [M]. 北京: 科学出版社, 1999.

[33]　Daubechies I. 小波十讲 [M]. 李建平, 杨万年, 译. 北京: 国防工业出版社, 2004.

[34]　林昌华. 时间同步与校频 [M]. 北京: 国防工业出版社, 1990.

[35]　科恩 L. 时–频分析: 理论与应用 [M]. 白居宪, 译. 西安: 西安交通大学出版社, 1998.

[36]　张贤达. 非平稳信号分析与处理 [M]. 北京: 国防工业出版社, 1998.

[37]　李建勋. "×××" 时间系统的设计与实验研究 [D]. 西安: 西安理工大学, 2005.

[38]　柯熙政, 任亚飞. 基于小波分解的时间统一系统: ZL201020124140.7 [P]. 2011-01-09.

[39]　柯熙政, 任亚飞. 一种基于小波变换的多模式定时系统及定时方法: ZL201010136970.6 [P]. 2010-08-11.

第 3 章　多模式多尺度组合定时

目前广泛使用的授时设备的外部基准往往通过全球定位系统 (global position-ing system, GPS) 获取，在国防设施、电力系统、电信、金融等基础设施中过度依赖 GPS，具有重大的安全隐患。通过多模式多尺度数据融合算法将北斗卫星导航系统、长河二号导航系统联系起来，降低对 GPS 的依赖，可提时间同步系统的可靠性和安全性。

3.1　时间基准与时间同步

3.1.1　秒定义与时间基准

1. 秒长的定义

七个基本物理量包括：长度、质量、时间、电流、热力学温度、物质的量和发光强度；而时间标准和其派生物 —— 频率是一个被最精密定义和测量的量 [1]。

时间的基本单位是秒，它是国际标准单位制 (SI) 的七个基本单位之一 [2]。人们对于秒长曾经有过多种定义，1967 年的第 13 届国际计量大会给出了新的秒的定义 ——0K 温度下铯 133 原子基态的两个超精细能级之间跃迁所对应辐射的 9192631770 个周期持续的时间为 1 秒，即原子时秒 [2]。这也是现在协调世界时 (coordinated universal time, UTC) 所采用的秒长的定义。

2. 时间基准

时间参照系主要包括：世界时、国际原子时、协调世界时等 [3]。

世界时是根据地球的自转和公转周期计数而得到的，是以天体运动的周期现象为标准源的一种时标。由于地球自转轴有微小摆动，对地球自转轴微小移动效应造成的时间偏差进行修正，得到第一类世界时标 UT1[3]。到了 19 世纪 40 年代，人们在对地球自转周期的认识上出现了分歧，有人提出 "地球自转周期并不是常数"，这些因素使天文学家对秒的定义也进行了改进，将实际测量出的多个天然日的长短的平均值再除以 86400 得出的结果称作平均太阳秒 [2]。1884 年，国际上将 1 秒确定为全年每日平均长短的 1/86400，使用这个秒定义建立起来的时间系统，称为世界时或格林尼治平均时。世界时是最早的时间标准 [2-4]。

现在使用的国际原子时是在 1971 年 10 月定义的，由国际权度局对全世界大约 200 台原子钟的对比结果进行数据处理, 获得统一的原子时并向全世界发布 [2]。

世界时和国际原子时是互相独立的时间标准, 两者有一定的差异, 将世界时与国际原子时协调起来, 称为协调世界时 [3]。协调世界时具备精确的时间单位定义, 是世界上公认的官方用时, 在各个领域发挥着重要作用。协调世界时的建立是基于国际原子时和世界时 [5]。

3.1.2　时间频率同步技术

时间频率 (time and frequency) 的统一是保持这个世界、各系统、各部门平稳、有序地安全运行的重要保障, 现代信息技术的发展和各种通信新业务的出现也对时间频率的同步提出了越来越高的要求 [3]。

将各种设备的时间与标准时间的偏差限定在足够小的范围内的过程叫作时间同步。因为一段时间内的时间同步和频率同步等效, 所以一般统称为时间频率同步。时间频率同步技术根据同步手段的不同分为短波授时、长波授时、卫星授时、互联网授时、SDH 同步技术等 [6]。除此之外还有电话和电视时间同步技术, 这两种方式都有设备相对简单、成本低的优点, 但由于受网络和地域的限制, 传播时延无法确定, 且难以大范围覆盖, 应用并不广泛 [3]。

1. 短波授时

美国于 1905 年首先实现了短波无线电授时, 同步的精度为毫秒级, 解决了大范围时间同步的问题。我国于 20 世纪 80 年代开展了短波授时业务, 因为短波容易受传播环境的干扰, 所以其授时精度只能达到约几毫秒, 校频精度也只能达到 1×10^{-8} 数量级 [7]。短波授时具有信号覆盖范围广、设备简单、成本低等优点, 但由于其易受电离层的影响, 定时误差较大, 应用范围有限, 已无法满足当前科技发展的需要 [6]。

2. 长波授时

长波授时是一种覆盖能力比短波授时强的授时方法, 其传播时延比较稳定, 校准的准确度更高 [6]。长波授时主要使用罗兰 C 系统, 我国相继建立了罗兰 C 体制的 BPL 长波授时系统和罗兰 C 导航系统 (长河二号)。罗兰 C 长波授时系统的授时精度为微秒量级, 是我国主要的陆基高精度无线电授时服务手段。

增强罗兰 C 作为 GPS 系统 PNT 性能的最佳备份保障方案, 得到了各国的普遍重视 [8]。在我国北斗卫星导航系统支撑下, 长河二号导航系统采用与国际接轨的 E 罗兰增强技术, 已基本完成其授时系统的建设 [9]。经过现代化技术改造, BPL 长波授时系统已实现每天 24 小时连续发播, 在脉冲信号格式和数据调制发播电文方面也已与长河二号导航系统完全兼容 [10]。

3. 互联网时间同步技术

互联网时间同步技术是计算机通信和 Internet 技术发展的产物,该技术在 20 世纪 90 年代发展迅速。随着网络的普及,互联网时间同步成为一种最方便、快捷的时间信号的传递方式[7]。互联网时间同步普遍采用 NTP(network time protocol) 协议,授时精度在广域网上为几百毫秒,局域网内可达到几十甚至几毫秒。互联网时间同步由于路径时延不易准确扣除,只能满足毫秒级别的时间传递精度,这对于需要微秒或者更高量级时间精度的应用领域是远远不够的[11]。柯熙政等[12,13] 建立了我国第一个互联网时间同步系统,并获得了 2000 年陕西省科学院科技进步奖一等奖。

4. SDH 网络时间同步技术

数字同步网是电信业务网的三大支撑网之一,是保证网络定时性能质量的关键,对数字通信网的正常运行及各种业务网的运行质量起着重要的作用。目前,电信传输网络主要以同步数字体系 (synchronous digital hierarchy,SDH) 设备为主,准同步数字体系 (plesiochronous digital hierarchy,PDH) 设备基本上已全部退网。SDH 是基于光纤的同步数字传输网络,采用分组交换和时分复用技术,由高准确度的主时钟统一控制整个系统[14]。SDH 网络从设计原理上看就要求严格同步,目前我国的数字同步网通常采用主从同步方式[15]。

5. 卫星时间同步技术

由于罗兰 C 覆盖范围和精度有限,目前在导航领域已经处于次要地位,而以 GPS 为代表的星基导航则占据主导地位[7]。卫星授时具有授时精度高、覆盖范围广等特点,同时导航电文中还有丰富的时间信息[3]。目前,世界上形成了 4 大卫星导航系统共存的局面,分别为美国的 GPS、俄罗斯的 GLONASS、中国的北斗卫星导航系统和欧盟的伽利略卫星导航系统。

1) GPS 时间同步技术

GPS 是美国从 20 世纪 70 年代开始研制,于 1994 年建成的,可在陆、海、空进行全方位实时三维导航与定位的新一代卫星导航与定位系统。它共有 24 颗 GPS 卫星,具备高精度、全天候、全球覆盖、高效率、自动化等显著特点[16],是目前唯一已经建设完成并被广泛使用的系统[6]。

2) GLONASS 时间同步技术

GLONASS 是全球轨道导航卫星系统 (global orbiting navigation satellite system) 的简称,该系统由苏联于 1976 年开始组建,1996 年 1 月 18 日俄罗斯宣布 GLONASS 正式投入使用,现在由俄罗斯政府负责运营。系统由分布于 3 个轨道平面上的 21 颗工作星和 3 颗备份星组成,采用了与 GPS 不同的时间基准和坐标系。GLONASS 采用的是频分多址 (frequency division multiple access, FDMA) 方式，授时精度达 30ns~1μs[1]。

3) 北斗时间同步技术

北斗卫星导航系统是我国自主发展、独立运行的全球卫星导航系统，包括已投入使用的北斗卫星导航试验系统 (北斗一号) 和北斗二号卫星导航定位系统。北斗一号于 2003 年建成，是一个区域性卫星导航系统，可提供全天候、全天时的卫星导航资讯。北斗一号为用户提供两种授时方式：单向授时的精度为 100ns，双向授时的精度为 20ns[11]。北斗二号计划在 2020 年建成，将由 5 颗静止轨道卫星和 30 颗非静止轨道卫星组成，成为覆盖全球的卫星导航系统，可向全球用户提供高质量的定位、导航和授时服务。

北斗一号工作频段为 2.49GHz，北斗二号工作频段为 1.5GHz，两种授时方式会长期并存 [11]。北斗一号只能实现区域性覆盖，工作频段易受到干扰，稳定性需要进一步提高。在国内企业的推动下，北斗产业链发展很快，已在芯片化、接口标准化、抗干扰措施、创新性设计和应用等方面也取得了长足的进步 [11]。

4) 伽利略时间同步技术

欧盟于 1999 年首次公布伽利略卫星导航系统计划，其目的是建立一个独立、民用的全球卫星导航系统，摆脱欧洲对 GPS 的依赖。系统由 30 颗卫星组成，其中有 27 颗工作星，3 颗备份星 [6]。

几种主要的时间频率同步技术的主要特点如表 3.1 所示。

表 3.1　几种主要的时间频率同步技术的特点

时间频率 同步技术		时间准确度 (相对于 UTC)	频率准确度	覆盖范围	特点
短波授时		1~10ms	$10^{-8} \sim 10^{-6}$	全球	设备简单、成本低、精度不高
长波授时		1μs	10^{-12}	区域	精度较高，但设备复杂
卫星授时	GPS	20~100ns	$10^{-15} \sim 10^{-12}$	全球	受美国军方控制，其安全性没有保障
	GLONASS	30~100ns	$10^{-14} \sim 10^{-11}$	全球	民用市场未得到充分开发，普及率不高
	北斗一号	100ns(单向) 20ns(双向)	$10^{-13} \sim 10^{-10}$	东经 70°~140°、北纬 5°~55°	区域性、不稳定、产业链不成熟
互联网授时		1~50ms	—	全球	方便、应用广泛，精度受限于网络环境
SDH 传送网授时		100ns	$10^{-14} \sim 10^{-13}$	长途	精度高，但因需要 SDH 光缆专线而不能得到广泛应用
电视授时		10ns(共视)	10^{-12}	本地	覆盖范围小，应用不广泛
电话拨号授时		100ms	10^{-4}	电话覆盖区	需要软件配合，缺乏软硬件而尚不普遍

3.1.3 多模式多尺度时间同步系统的功能

1. 建立统一的时间基准

多模式组合定时设备能同时接收北斗、GPS、GLONASS 和罗兰 C 定时信号，为实现多个参考源的优势互补，提高同步精度，需要利用数据融合技术，建立统一的时间基准。采用多模式多尺度组合定时 (小波分解原子时) 算法将各个外部基准源的信号在小波域进行动态加权平均，然后反演得到综合的时间尺度。由于这种方法考虑各个基准源在不同频率范围内的不同稳定度，可以使综合的时间尺度的所有噪声都达到最小。

通过小波分解原子时算法得到的是一个纸面的时间基准，其表现为组合时间尺度与本地时钟的相位差。根据相位差的变化可以估计出本地守时钟与时间尺度的相对频率偏差，然后通过控制设备，调节本地守时钟的频率，使其与时间基准的偏差始终在容许的范围内。校准后的时钟与 UTC 时间基准同步，拥有更高的准确度和频率稳定性。

2. 定时基准故障处理

目前设备中使用了 GPS、GLONASS、北斗、长波授时信号四种外部时间基准，这样的多系统备份设计是为了提高设备的可靠性，当某个时间基准不可用时，设备可以用其他的时间基准继续进行定时，不影响其正常运行。因为设备采用多定时系统的信号参与融合计算，所以需要对各定时系统进行实时监控和判断，一旦发现某个定时模块出现故障，将自动隔离此模块，使其不参与融合解算，确保时间尺度的正确性。

3. 高精度时间保持技术

作为同步时钟设备，当外部时间基准信号不可用时，设备也需要长时间的稳定的定时输出；当外部基准信号可用时，利用由外部基准信号融合得到的高精度的时间尺度对守时钟的输出频率进行精密测量和驯服。经驯服后，本地守时钟的输出频率将精确同步在 UTC 时钟上。这样既可以向外提供高精度的频率同步信号，也可以在丢失外部参考的情况下，依靠本地时钟在一定的时间内继续进行高精度授时。

4. 授时信号的播发

同步设备采用模块化设计思想，可以根据不同的应用领域和用户要求向外播发多种不同格式和电平标准的同步信号，如 1PPS、IRIG-BDC、NTP、2.048M 等信号。

5. 实时监控功能

计算机监控软件运行于 Windows 环境下，对用户提供图形方式操作接口，采用通用便捷的操作方式，能实时、有效、可靠地对设备进行管理、维护和控制。监控软件通过与设备的串口通信完成以下功能：

(1) 状态显示。监控软件可以实时显示多模式组合定时设备内部各模块的工作模式、运行状态、故障情况等有用信息。

(2) 故障管理。当多模式组合定时设备内部某个模块在运行时发生了故障，包括设备自身故障、参考基准源输入故障等，设备会主动向监控软件告警，并在软件上显示。

(3) 配置管理。用户可以通过监控软件实时在线配置更改多模式组合定时设备内部各模块的工作模式和工作参数等可配置项，以便使设备工作在最佳状态。

(4) 性能管理。多模式组合定时设备将测量的各个参考源的时差数据和时间尺度数据都上报给监控软件，监控软件将其整理、存储和处理。

3.2   总体方案及硬件平台

3.2.1   主要技术指标

1. 总体功能要求

多模式组合定时设备具有以下功能：

(1) 设备能够接收多种外部定时信号进行定时，包括 GPS、GLONASS、北斗一号和长河二号授时系统播发的带有时码信息的罗兰 C 信号，设备内部的各个定时模块分别对信号进行捕获、跟踪、解码、解调等处理后输出时间信息。

(2) 设备可以对这些信息进行处理，以得到一个统一的时间尺度用于系统内部的守时和授时。同时，设备能够向外输出多种格式的时间频率同步信号，如NTP、1PPS、2.048MHz 或 2.048Mbit/s、IRIG-BDC 等信号。

(3) 设备还应该具有计算机监控管理功能，能够通过监控软件完成对多模式组合定时设备的状态显示、故障管理、参数配置等操作。

2. 主要技术指标

输入信号主要包括外部电源输入、各种定时参考基准源信号输入、BITS 和IRIG-B 的外参考源输入等。对各种输入信号的电气特性、接口类型等的技术指标做了详细规定，具体如表 3.2 所示。

多模式组合定时设备可以向外输出 1PPS、IRIG-BDC、NTP、2.048MHz 或2.048Mbit/s 等信号，其中 1PPS、IRIG-BDC 和 NTP 信号可用于时间同步，即授时服务。2.048MHz 或 2.048Mbit/s 信号可用于对外实现频率同步服务。表 3.3 列出了设备输出信号的电气特性、接口类型等的详细技术指标。

表 3.2　多模式组合定时设备的输入信号

输入信号名称	电气特性	接口类型	备注
220V 交流电源	210~240V，50Hz	电源插座	为内部提供电源
GPS/GLONASS	GPS L1=1575.42MHz； GLONASS L1=$(1602+K\times0.5625)$MHz	天线插座	共用天线插座
北斗	(2491.75 ± 4.08) MHz	天线插座	
罗兰 C		天线插座	可接收 BPL 和长河二号的信号
2.048MHz	满足 ITU-T G.703 建议，75Ω(不平衡)	BNC 插座	BITS 外参考源
IRIG-B DC 输入	RS485	RJ45 网口	IRIG-B 解码输入

表 3.3　多模式组合定时设备的输出信号

输出信号名称	电气特性	接口类型	备注
1PPS	LVTTL	BNC 插座	脉冲宽度 2.0μs；
IRIG-BDC	RS485	RJ45 网口	同步精度 <1μs
NTP	RJ45	RJ45 网口	计算机网络授时
2.048MHz	满足 ITU-T G.703 建议，75Ω(不平衡)	BNC 插座	BITS 同步信号输出
监控串口	RS232	DB9 插座	与监控计算机连接

当所有无线电授时信号完全丢失后，系统依靠本地守时钟仍然能够进行一段时间的高精度授时。设备的这种守时功能的实现是通过对设备内部守时钟的频率校准实现的。

3.2.2　总体方案

1. 工作原理

高精度时间频率同步设备一般采用 GPS、北斗系统等作为外部基准参考源，这些参考源的授时信号都具有非常良好的长期频率准确度和稳定度[16]。但由于在信号传播过程中会引入多种误差，如对流层误差、电离层误差、多径误差和接收机误差等因素的影响，使接收到的参考定时信号产生较大的跳动，短期稳定度不能保证[17-19]。而设备内部的守时钟一般是由高稳晶振或铷原子钟组成，它们都具有较高的短期稳定度，但由于老化和频率漂移等因素的影响使长期频率准确度和稳定度较差。因此，为实现高精度的时间频率同步功能，设备需要结合外部参考源和本地守时钟各自的优点，滤除外部参考定时信号的短期跳变，校正本地守时钟的长期频率偏差，从而满足不同领域对时间、频率的长期和短期性能的要求[20,21]。

多模式组合定时设备可以接收并使用多种外部定时信号，包括GPS、GLONASS、北斗一号和罗兰 C 授时信号。为了充分发挥多模式输入的优势，实现多种参考源的优势互补，采用小波分解原子时算法对这些参考源的信号进行融合[22]，可以得到一个更高精度的时间尺度，以实现更好的守时和授时性能[23]。

2. 多模式组合定时设备的组成

多模式组合定时设备采用了"多种外部参考源 + 铷原子钟 + 多种授时功能模块"的基本设计方案[24-29]，主要包括 GPS/GLONASS、北斗一号和罗兰 C 定时接收模块、钟差测量模块、小波分解原子时处理模块、1PPS 相位调节模块、时间信息处理模块、铷原子钟校准模块、监控管理模块、授时功能模块、分频模块等。多模式组合定时设备原理框图如图 3.1 所示。

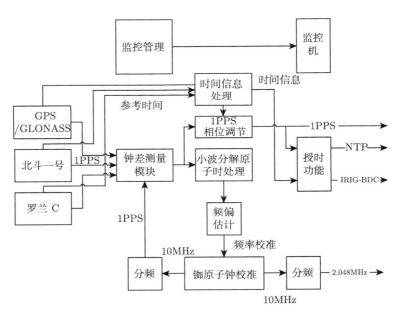

图 3.1　多模式组合定时设备原理框图

三种定时接收模块负责接收外部参考基准源的定时信号，处理后向系统提供 1PPS 信号、RS232 格式的时间信息和状态信息。铷原子钟校准模块是设备内部的守时钟，为系统提供标准的 10MHz 时钟。钟差测量模块负责测量设备输出的 1PPS 信号和三种外部参考基准源的 1PPS 信号的时间差，并将测量结果反馈给处理单元。时间信息处理模块产生和维持系统的时间信息，并发送给各个授时功能模块用以编码后对外提供相应的授时服务。1PPS 相位调节模块完成对设备授时 1PPS 信号的实时相位微调，使其精确同步到外部参考源。小波分解原子时处理模块应用小波分解原子时算法对钟差测量单元的测量结果进行处理，通过在不同尺度上的动态加权实现各个参考源信号的优势互补, 得到高精度的时间尺度, 并使所得时间尺度的各种噪声都得到抑制。铷原子钟校准模块根据小波分解原子时处理模块产生的时间尺度估计出守时铷原子钟和时间尺度的相对频率偏差, 并对铷原子钟的频率进行微调。各个授时功能模块和分频模块负责产生各种时间频率同步信号。

设备还有监控管理模块, 负责通过和监控计算机相连的监控接口, 与监控软件进行数据交互, 以达到对设备进行多种类型的监控管理的目的。整个设备在设计方案上采用模块化的设计思想, 将各种具有相对独立功能的模块用独立的单块电路板实现。这样既有利于利用现有的各种 OEM 模板资源, 也有利于需要独立研制的电路板的开发和调试, 同时能达到根据不同的应用领域进行配置灵活, 产品设计改动小的特点。

3. 小波分解原子时算法

时间尺度算法实际上就是调整原子钟之间的相互关系, 不同的加权平均算法产生了不同的时间尺度算法。经典的时间尺度算法有国际计量局的 ALGOS 算法和美国国家标准技术研究院的 AT1 算法。ALGOS 算法得出的是一种滞后的时间尺度, 由来自于世界各个实验室的 300 多台原子钟的数据运算得到, 具有良好的准确度和长期稳定性; 而 AT1 算法则是一种实时的时间尺度算法, 缺陷是不能使原子钟的五种噪声分量都达到最优综合 [22,23]。

小波分解原子时算法采用小波多分辨率理论 [22,26-28], 把原子钟的信号在小波域展开, 并对提取出的不同频率范围内的分量在小波加权平均, 然后反演得到综合的时间尺度。这种算法考虑到了原子钟在不同频率范围内的不同稳定度, 可以使综合的时间尺度的所有噪声都达到最小。小波分解原子时算法的优越性已经在工程实际中得到了验证 [15,24,25]。

4. 数字可驯钟技术

多模式组合定时设备选择铷原子钟作为设备内部的守时钟, 频率准确度可达 $10^{-11} \sim 10^{-10}$, 但仍然存在长期频率漂移造成误差积累的问题, 因此需要定期对设备守时原子钟的频率进行校准, 这就需要用到可驯钟技术。设备采用的外部参考源具有很高的长期稳定性, 其长期准确度优于 10^{-12}, 但是干扰的存在使其 1PPS 定时脉冲 (秒脉冲) 的前沿抖动较大。小波分解原子时算法 [26,27] 对外部参考源进行融合, 消除短期抖动, 得到一个高精度的时间尺度, 可以用所得的时间尺度对守时钟进行校准。数字可驯钟的工作原理如图 3.2 所示。

从图 3.2 中可以看出, 数字可驯钟具有类似锁相环的反馈结构, 可以持续对守时钟进行测量和校准。要对守时钟进行频率校准就需要测量出守时钟与时间尺度的频率偏差，再根据守时钟的时钟模型将频率偏差转换为守时钟的频率调节数据，完成铷钟频率的微调。时钟的一般模型如式 (3.1) 所示 [26,27]：

$$x(t) = a + bt + \frac{1}{2}ct^2 + \varepsilon(t) \tag{3.1}$$

式中，a 是初始时间偏差；b 是相对频率偏差；c 是频率老化率，它是由于频率源本身的参数老化等原因引起的；$\varepsilon(t)$ 是噪声项，是 5 种噪声分量的和。因为校准守时钟是通过对其进行频率微调实现的，所以需要测量出式 (3.1) 中的相对频率偏差 b 项。相对频率偏差的定义为

$$b = \frac{f - f_0}{f_0} = \frac{\Delta f}{f_0} \tag{3.2}$$

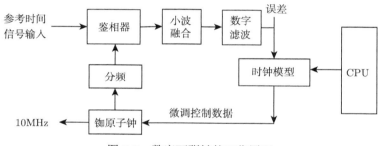

图 3.2　数字可驯钟的工作原理

　　由于直接测量频率偏差很难实现，测量守时钟与时间尺度的频率偏差采用的是时差法测频原理。采用精密时间循环比对器来测量多种外部定时参考源的 1PPS 与守时钟分频产生的 1PPS 的时差，经过小波分解原子时算法处理后得到本地 1PPS 与综合 1PPS 的时差，通过时间间隔为 τ 内时差的变化估计出守时钟与参考源的频率差。计算公式如下：

$$\frac{\Delta f}{f_0} = \frac{\Delta T}{\tau} = \frac{T_1 - T_2}{\tau} \tag{3.3}$$

式中，T_1, T_2 分别是时间间隔 τ 内本地 1PPS 与综合 1PPS 的时差的变化量；Δf 是时间 τ 内守时钟与时间尺度的平均频差。

　　5. 整体结构设计

　　设备整体结构框图如图 3.3 所示。设备由北斗/GPS/GLONASS1/罗兰 C 组合天线和主机组成，其中主机由功分器、GPS/GLONASS 定时接收 OEM 模块、北斗定时接收 OEM 模块、罗兰 C 定时接收 OEM 模块、精密时间循环比对模块、守时钟、时码通信模块和电源模块 8 部分组成。北斗/GPS/GLONASS 组合天线和罗兰 C 天线通过电缆将接收到的信号输入到设备主机的功分器，在功分器

内分离出北斗信号、罗兰信号、GPS 和 GLONASS 信号，分别送到相应的定时接收 OEM 模块。各个 OEM 模块分别对信号进行捕获、跟踪、解调、解码等处理后输出 1PPS，同时通过 RS232 接口电路输出定时信息和状态信息到时码通信模块。

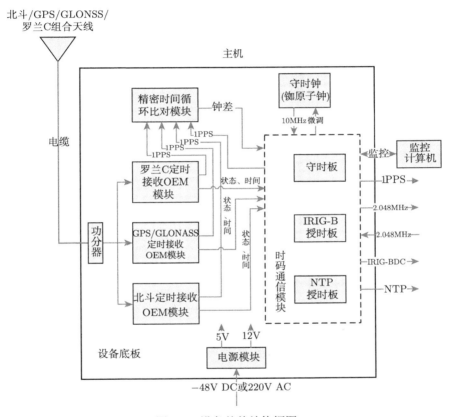

图 3.3 设备整体结构框图

时码通信模块是设备实现其守时与授时功能的关键模块，时码通信模块的主要功能包括对测量钟差的小波分解原子时运算、守时钟的校准、精确时间的产生和保持，以及 IRIG-BDC、NTP、BITS 授时同步功能，并可与监控计算机通信，完成监控功能。考虑到不同型号的设备间功能的可剪裁性、易维护性，将不同功能模块进行划分和组合，分别制成单块电路板，这样也利于在开发过程中进行调试。时码通信模块的结构图如图 3.4 所示。

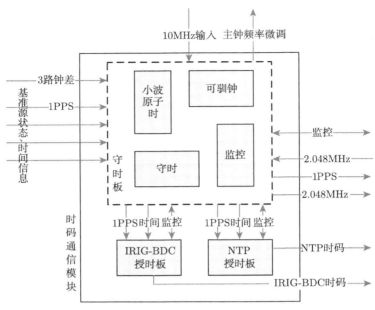

图 3.4　时码通信模块的结构图

3.2.3　系统内部各模块

1. GPS/GLONASS 定时接收 OEM 模块

OEM 主要包括三个模块：下变频信道模块、FPGA 信号处理模块以及 DSP 信息处理模块，结构框图如图 3.5 所示。其信号处理过程为下变频信道模块放大功分器送来的微弱 GPS/GOLNASS 信号，然后将射频卫星信号变换至适合于 AD 变换器采样的中频信号，通过外围电压调整网络使输出幅度匹配 AD 变换器的输入要求，实现 AD 变换，最后将数字信号送 FPGA 处理。FPGA 信号处理模块负责对AD 变换后输出的数字信号进行处理，包括卫星信号的捕获、跟踪及系统总线接口的控制。DSP 信息处理模块是实现系统软件功能，包括系统程序控制、电文解析、定位解算等 [30-32]。

2. 北斗一号定时接收 OEM 模块

北斗一号定时接收 OEM 模块框图如图 3.6 所示，分为三个模块：信道模块、FPGA 信号处理模块、DSP 信息处理模块。组合天线传送的信号经过主机内的功分器，将北斗信号送入信道模块，经信道下变频后采样成数字中频，送往基带与解算单元完成信号跟踪、测量、解调解算和 1PPS 生成等操作，DSP 信息处理模块负责定位解算。

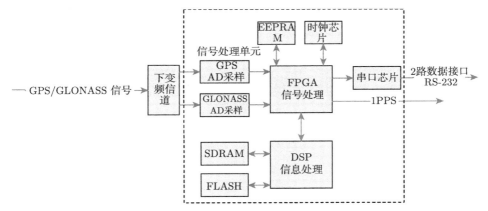

图 3.5 GPS/GOLNASS 定时接收 OEM 模块框图

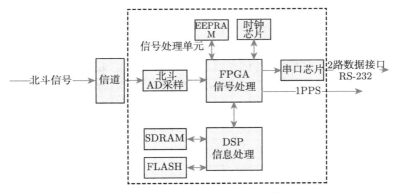

图 3.6 北斗一号定时接收 OEM 模块框图

3. 罗兰 C 定时接收 OEM 模块

罗兰 C 定时接收 OEM 模块能自动搜索、跟踪国际罗兰 C 台链信号,输出位置信息;同时能自动搜索、跟踪具有授时功能的长河二号台链信号,输出位置、时间信息。罗兰 C 定时接收 OEM 模块框图如图 3.7 所示。

罗兰 C 定时接收 OEM 模块信号处理过程为信号在模拟通道单元经过带通滤波和陷波后输入信号处理单元。信号处理模块首先对信号进行 AD 变换,然后对转换后的数字信号进一步滤波、搜索检测、相位跟踪和周期识别,并稳定跟踪在信号的第三周过零点上,完成时差的测量和输出。例如,如果接收的信号是长河二号台链信号,需对该信号进行解调、解码、纠错,恢复出调制电文,输出 1PPS 信号,完成授时和单向通信功能。最后,进行双曲线定位解算。

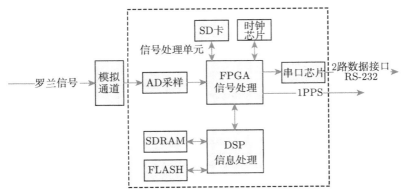

图 3.7   罗兰 C 定时接收 OEM 模块框图

4. 守时钟模块

守时钟模块综合采用外部参考源的长期稳定度和本地守时钟的短期稳定度,同时设备在丢失外部基准参考源的情况下还需要实现较长时间的守时性能。因此,守时钟需要选用短期稳定度高、老化率低的时钟振荡器,如选用 Symmetricom 公司的 SA.31m 系列铷原子振荡器。该款铷原子钟支持数字命令调节和模拟电压调节两种频率微调方式,优先选择数字调节方式。数字调节的范围是 $\pm 1 \times 10^{-6}$,精度为 1×10^{-12}。

5. 精密时间循环比对器

为保证时差测量的准确性和高精度,选用精密时间循环比对器来测量本地主钟分频产生的 1PPS 和参考基准源的 1PPS 的钟差。该精密时间循环比对器的测量精度为 1ns,可通过用串口向其发送命令的方式循环测量各个通道,并从串口接收测量结果。系统中把本地守时钟分频产生的 1PPS 秒信号送到比对器,作为比对器的开门信号;把各个定时 OEM 板产生的 1PPS 秒信号送入比对器,作为比对器的关门信号。并且,接收比对器反馈的测量结果,发送到数据处理单元。

精密时间间隔循环比对器与系统的通信接口为 RS232 串口,RS-232 电平,9600-8-N-1。各个 1PPS 测量通道的触发电平设为 1V,比对器同时需要 5V 供电和 10MHz 频率基准输入。

6. 时码通信模块

时码通信模块是多模式组合定时设备的核心部分,时码通信模块主要由以下几个组件 (电路板) 构成:

(1) 监控守时板:主要完成小波融合、可驯钟、守时、监控信息的传递、键盘输入和时间状态显示功能,同时可以输出 2.048MHz 或 2.048Mbit/s 信号。

(2) IRIG-B 板：完成 IRIG-B 码授时功能。

(3) NTP 板：完成 NTP 网络授时功能。

3.2.4 守时授时功能的实现

1. 守时授时功能的总体设计

设备守时授时模块完成的主要功能包括外部定时参考源的状态监控和时间筛选、时间解码和 RTC 校准、ZDA 编码和授时输出、钟差测量和预处理、授时 1PPS 信号的产生和校准、小波分解原子时处理、守时钟校准等。守时授时功能的总体设计方案如图 3.8 所示。

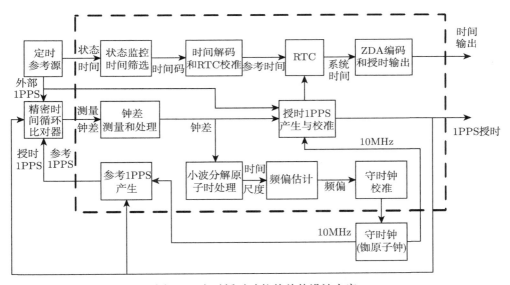

图 3.8　守时授时功能的总体设计方案

部分子模块的主要功能如下：

(1) 定时参考源模块：负责对三种外部定时参考源进行状态监测，并根据监测结果选出一个参考源用于守时 RTC 的初始校准。

(2) 时间解码和 RTC 校准模块：完成守时 RTC 的计时、初始校准、闰年和闰秒调整等功能。

(3) ZDA 编码和授时输出模块：将系统 RTC 维持的系统时间编码后输出，用于对外授时。

(4) 精密时间循环比对器模块：完成系统对循环比对器的控制、测量结果的接收和预处理。

(5) 授时 1PPS 产生与校准模块：完成对授时 1PPS 信号的实时相位校准，使其精确与外部定时参考源同步。

(6) 小波分解原子时处理单元：完成小波分解原子时的相关运算，包括分解、加权和重构。

(7) 频偏估计模块：根据小波分解原子时单元得到的时间尺度完成对守时钟的频偏估计和频率微调。

2. 钟差的测量与处理

1) 比对器模块的组成结构

精密时间循环比对器是系统的一个关键部件，可以精确测量出设备授时 1PPS、参考 1PPS 与外部定时参考源 1PPS 的时间差，为使设备授时 1PPS 信号精确同步到外部定时参考源和校准设备守时钟提供了可能性。精密时间循环比对器在系统中的工作过程由比对器模块控制。比对器模块的功能是控制精密时间循环比对器，完成钟差的测量和处理；同时能够与监控模块通信，完成对本模块的监控功能。

比对器模块结构如图 3.9 所示。其中，主控模块的作用是在监控模块的控制下，以一定的周期向精密时间循环比对器发送测量命令，对测量过程进行控制；接收反馈模块负责接收精密时间循环比对器的测量结果，并对接收到的帧进行格式解析；格式转换模块将 ASCII 码格式的测量结果转换成二进制格式；预处理模块的作用是剔除测量结果中的畸变值，之后将得到的结果按测量通道分开，发送给小波分解原子时处理单元。

2) 数据预处理

野值也称为异常值，是含有粗大误差的测量值。野值的产生原因主要是测量环境的改变，如机械振动、电磁干扰等引起的示值变化，以及信号传输过程中误码等引起的数据畸变。野值对实验结果影响较大，需要将其剔除。

预处理模块的主要功能是检测出测量反馈数据中的某些野值并将其剔除。钟差数据的处理是在 FPGA 中以有限位宽的定点数格式进行运算的，因为野值的绝对值太大可能会造成数据溢出，所以系统中的预处理分两步进行。首先，进行绝对值判断，如果其绝对值超出了位宽所能表示的范围，则用上次的测量值代替。然后采用 3σ 准则判断其跳变量，如果超过 3σ，则在保持原跳变方向的基础上用上次测量值加、减 1σ 代替。预处理的具体流程如图 3.10 所示。

3) 设计与仿真

仿真是设计正确性的重要保障，为保证编写的 Verilog 源代码正确实现所需功能，需要进行仿真验证。比对器模块整体仿真结果如图 3.11 所示 [32]，从图中可以看出，所设计的电路正确完成了测量命令发送、结果接收、格式转换和数据预处理的全部功能。

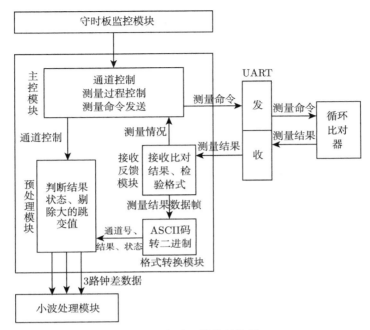

图 3.9 比对器模块结构图

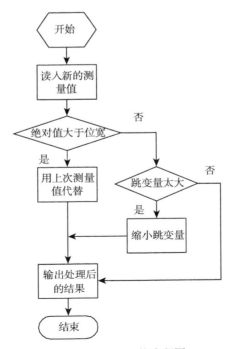

图 3.10 预处理的流程图

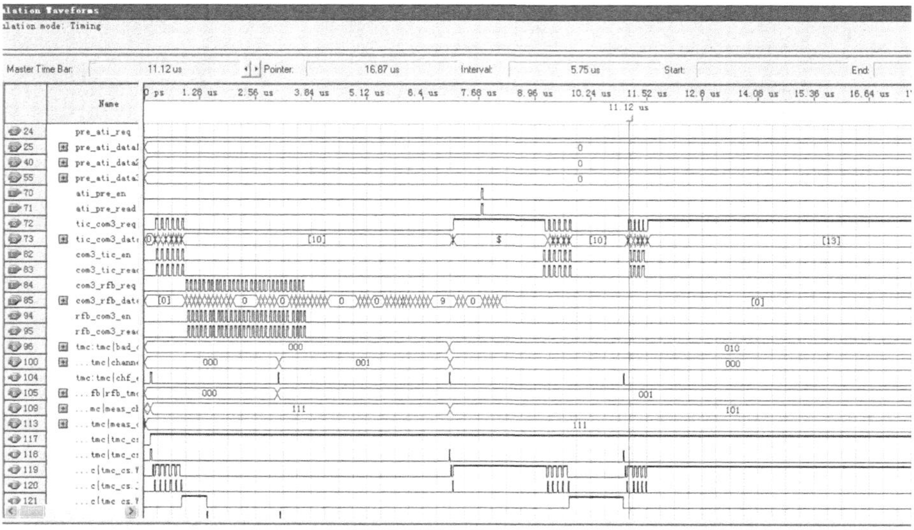

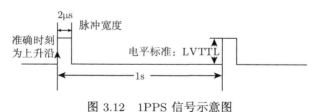

图 3.11   比对器模块的仿真结果图

3. 1PPS 的产生与校准

1PPS 既是一个时间信号，又是一个频率信号。其上升沿标识了整秒到来的准确时刻，频率又是一个时钟振荡器频率的体现。系统产生的 1PPS 是一个电平信号，以方波形式输出，其电平标准为 LVTTL 标准。高电平表示有秒脉冲输出，持续时间为 2μs，脉冲前沿为 1PPS 输出的精确时刻，1PPS 信号如图 3.12 所示。

图 3.12   1PPS 信号示意图

系统需要设计两种 1PPS 信号，一种是设备授时 1PPS 信号，另一种是精密时间循环比对器的参考 1PPS 信号。授时 1PPS 信号用于设备内部各模块间时刻同步和设备向外部提供授时服务；参考 1PPS 信号与授时 1PPS 信号的产生方式一样，都是由守时钟分频得到。参考 1PPS 信号不需要进行相位调整，只需要在一次校准守时钟结束后与授时 1PPS 信号进行一次相位同步。

4. 1PPS 与外部参考的同步

设备发出的授时 1PPS 信号需要给其余授时模块提供准确时刻，因此产生的 1PPS 需要精确同步到 UTC 时间上。这就需要使 1PPS 产生电路有一个准确的起始产生时刻, 这个准确时刻可以从外部参考源得到。设备有三个外部参考源, 每个参考源的 1PPS 信号的有效电平持续时间长短不同, 某一时刻某一参考源的 1PPS 信号的可用程度也不相同。实验中发现 3 个定时 OEM 模板都是在一上电就有 1PPS 输出, 此时由于未跟踪到无线信号, 其输出的 1PPS 和 UTC 没有同步。可以采取以下措施以防止上述问题发生:

(1) 用系统时钟对外部的基准的 1PPS 输入进行同步, 使异步信号变成同步信号。

(2) 同步后检测输入 1PPS 的上升沿, 并使 3 个 1PPS 的有效电平宽度一致。

(3) 根据各定时 OEM 板输入的时间可用性信息, 选择可用的 1PPS 信号用于同步。

(4) 只在上电初始正确时同步一次, 防止因多个参考 1PPS 依次输入造成的多次同步的问题。

5. 授时 1PPS 信号的校准

因为要用授时 1PPS 对外提供授时服务, 所以必须对其上升沿进行校准, 也就是相位调节。相位调节是在设备授时 1PPS 信号与外部参考预同步之后进行的。授时 1PPS 的相位校准模块图如图 3.13 所示。授时 1PPS 信号校准模块的结构类似于数字锁相环 (digital phase locked loop, DPLL), 也是一种相位反馈调节系统, 它根据授时 1PPS 信号与参考 1PPS 信号的相位差连续不断地调节授时 1PPS 信号的相位, 从而达到设备授时 1PPS 信号与参考 1PPS 精确同步的目的 [33,34]。因为精密时间循环比对器测量的都是被测信号与参考 1PPS 信号的相位差, 所以首先要进行相应的运算, 得到授时 1PPS 信号与各个外部定时参考源的 1PPS 信号的相位差。然后将这些相位差进行平均和平滑, 得到授时 1PPS 信号与外部参考源的综合相位差。最后, 按照 1PPS 产生模块的计数步长进行量化, 并将量化之后的调整量发送给授时 1PPS 信号产生模块进行相位调节。

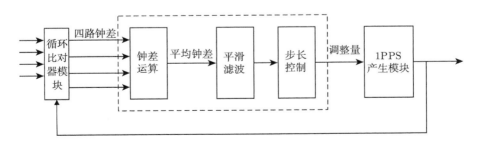

图 3.13 授时 1PPS 的相位校准模块图

6. 1PPS 分配输出

系统中有许多地方需要用到 1PPS 信号，如 RTC 的计数脉冲、授时输出 1PPS、NTP 和 IRIG-B 板时刻同步 1PPS 等。不同的 1PPS 输出时刻有所不同。例如，为保证授时信号的准确性，授时输出 1PPS、NTP 和 IRIG-B 板时刻同步 1PPS 要等到守时钟锁定之后才能输出。因此，需要采用门控信号对各个 1PPS 信号的分配输出加以控制。该模块整体仿真结果如图 3.14 所示。

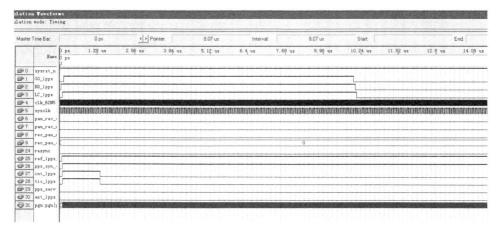

图 3.14   授时 1PPS 产生和同步仿真图

从图 3-14 可以看出，当可用的外部定时参考 1PPS 输入后，系统内部 1PPS 信号 (ini_1pps) 会立即产生，比对器参考 1PPS 信号 (tic_1pps) 也会同时发出。由于主钟锁定指示无效，对外授时 1PPS 信号 (ext_1pps) 没有发出。由于外部输入的参考 1PPS 信号有的是 TTL 电平标准，有的是 LVTTL 电平标准，而 FPGA 的 IO 引脚只能承受 3.3V 左右的电压，因此为了兼容外部电平，同时提高授时 1PPS 信号的驱动能力，采用 1 片 SN74LVC245 来实现此功能。SN74LVC245 为 8 通道的缓冲驱动芯片，其输入端兼容 3.3V 和 5V 电平标准，而输出端为 3.3V 标准。SN74LVC245 电路设计原理图如图 3.15 所示。

7. 时间的保持与输出

设备授时 1PPS 信号的上升沿标识了整秒到来的准确时刻，但是要提供授时服务还需要年月日和时分秒等时间信息，如设备内部的 NTP、IRIG-B 等授时功能模块的授时输出都需要时间信息。时间信息可以从各个定时 OEM 板输入的含有时间信息的语句中提取，但是如果过分依赖于外部参考源，一旦外部参考丢失，系统的授时功能就会瘫痪。为了避免发生这样的问题，可采取内部 RTC 和外部参考源相结合的方案。即用系统内部 RTC 进行守时，用外部参考源的准确时间对 RTC

进行校准。

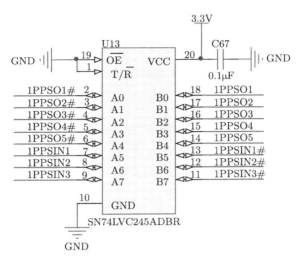

图 3.15 SN74LVC245 电路设计原理图

1) 守时模块的结构

三个授时 OEM 模块的时间信息都是通过 RS232 串口以 ZDA 语句的格式发出的, 其速率都是 57600bit/s, 共需要大约 6.77ms。为了保证授时的实时性和有效性, 不能等到接收完串口时间数据后再进行对外授时。另外, 当外部参考源不可用时, 就得不到参考时间信息, 授时操作也就无从进行。因此, 在 FPGA 内部设计了一个实时时钟 (real time clock, RTC), 只需要进行一次初始校准就可以在设备 1PPS 信号的驱动下进行守时操作。RTC 是整个守时模块的核心单元, 它的应用提高了系统授时的实时性和可靠性。系统守时模块由 RTC 单元、时间校准单元、闰年闰秒控制单元组成 [35]。

RTC 单元采用同步时序电路的设计方法, 为串行进位模式。每检测到一个 1PPS 的上升沿, 就对秒位进行加 1 操作, 然后依次检测是否有向上的进位, 若无进位, 则输出 RTC 时间; 若有进位, 则对相应的位加 1。重复上述操作, 直到所有的位全部检查完。串行进位模式的 RTC 设计相对简单, 消耗的逻辑资源较少, 但缺点是从检测到 1PPS 的上升沿到时间信息稳定输出会有一定的时延。RTC 在进行闰秒和闰年控制的情况下, 从秒位到千年位最多需要进行 11 次进位 RTC 的仿真结果如图 3.16 所示。

2) RTC 的校准

RTC 是系统高精度时间的产生和维持单元, 要保证 RTC 保持的时间的准确性, 必须具备以下几个条件: 准确的计时初始时刻、高精度的计时 1PPS 信号、闰年和闰秒的恰当处理。其中，计时 1PPS 信号采用的是设备授时 1PPS 信号，它已精确同步到外部定时参考源，又经过处理消除了其上升沿的抖动性。因此，只要对 RTC 进行校准就能实现高精度时间的产生和维持功能。RTC 的校准包括计时初始时刻校准和闰年、闰秒校准两部分。

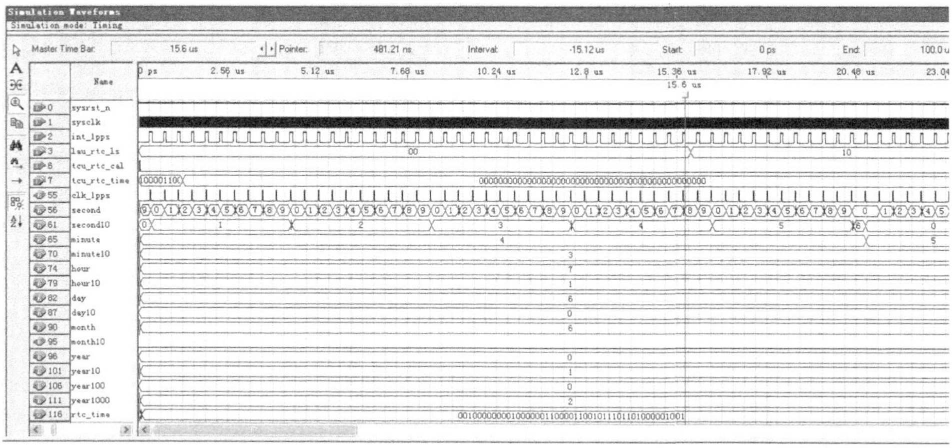

图 3.16　RTC 的仿真结果图

初始时刻的校准就是给 RTC 一个准确的计时起点，之后 RTC 就可以自主计时，维持系统内部的准确时间，初始时刻需要从外部定时参考源中获得。首先，根据外部定时 OEM 模块发来的可用性信息，选择可用的定时信号发送给 ZDA 语句校验模块，由其完成对输入语句的异或校验和格式解析，并从中筛选出纯粹的时间信息发给时间校准模块。时间校准模块从得到的信息中解析出标准 UTC 时间，并对 RTC 进行校准。

闰年校准的功能比较容易实现，主要是根据当前的年份判断出闰年和非闰年，并对 2 月份的天数进行准确预测和相应处理。由于 UTC 时间有闰秒机制，并且闰秒的添加是没有规律性可寻的，故必须由监控计算机在闰秒发生前向设备下达闰秒标志命令。守时模块收到闰秒标识后，在闰秒发生时刻做相应的处理，从而防止守时、授时中出现 "跳秒" 问题。闰秒的处理过程如图 3.17 所示。

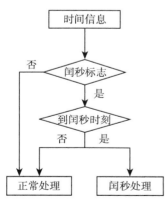

图 3.17　闰秒的处理过程

3) 时间信息的输出

系统内部 RTC 维持的时间需要通过串口才能发给 NTP 和 IRIG-B 码板进行授时。所传递的时间信息由两部分组成：授时 1PPS 信号和 RS232 串口时间数据帧。授时 1PPS 信号的上升沿与 UTC 标准时刻严格同步，RS232 串口数据在 1PPS 信号的上升沿发出之后才开始发送。RS232 串口时间信息采用了常用、标准的 NMEA-0183 格式，从而保证了通用性和兼容能力。授时 1PPS 信号和 RS232 串口时间数据都是每秒只发送一次，RS232 串口数据在授时信号的上升沿发出之后才开始发送，即滞后于授时 1PPS 信号，两者的发送关系如图 3.18 所示。

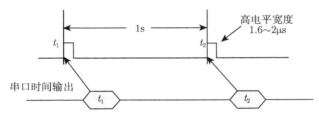

图 3.18 1PPS 信号与串口时间数据的发送关系

(1) 串口时间语句格式。时间数据采用标准 NMEA-0183 格式和 ZDA 语句。语句格式为 $GNZDA，dddddd.dd，dd，dd，dddd，ddd，dd*hh<CR><LF>。共 39 个字节，其各字段释义如表 3.4 所示。

表 3.4 ZDA 语句各字段释义

符号	定义	说明	十六进制值
$	帧起始符	语句起始标志	24H
GNZDA	地址	前两位为设备识别符，后三位为语句名	
，	域分隔符	各数据域分隔标志	2CH
dddddd.dd,dd,dd,dddd,ddd,dd	数据块	数据内容	
*	校验和标志	表明其后两位为校验和	2AH
hh	校验和	代表 "$" 与 "*" 之间所有字符的按位异或值 (包括 "，"，但不包括 "$" 和 "*" 这两个字符)	
<CR><LF>	帧结束符	语句传送结束标志	0DH，0AH

(2) 语句格式说明。NMEA-0183 协议的所有信息都是一行 ASCII 字符。由$开始，以 <CR><LF>(也就是 ASCII 字符 "回车" 和 "换行") 结束。多个参数之间用逗号 "，" 隔开，紧跟着$后的五个字符解释了信息的基本类型。"$"、"，" 和 "<CR><LF>" 为 NMEA-0183 的特别保留字符。语句中 "*hh" 为校验和，"hh" 代表了 "$" 和 "*" 之间所有字符的按位异或值。"hh" 是两个 ASCII 字符，是将计算得到按位异或值的高 4 位和低 4 位各用一个十六进制数表示出来，再分别转换为相应的 ASCII 字符所得。下面为系统的一条 ZDA 语句数据内容示例：$GNZDA，132123.00，10，03，2009，+08，00*52<CR><LF>。该条 ZDA 语句数据内容的含义如表 3.5 所示。

表 3.5　数据内容说明

序号	数据格式	项目	内容名称	说明
1	%6.2F	132123.00	当前时间	UTC 时, (hhmmss.ss) (时, 分, 秒)
2	%2D	10	日	当前日 1~31
3	%2D	03	月	当前月 1~12
4	%4D	2009	年	当前年 0000~9999
5	%2D	+08	本地时偏差	本地时区与 UTC 时的偏差 ±13
6	%2D	00	本地分偏差	本地时区与 UTC 时的偏差 0~59
7	—	*52	校验和	—

(3) 仿真结果。在 FPGA 中编程实现 ZDA 语句的编码电路，采用状态机控制。一收到 RTC 发来的时间信息就开始进行 ZDA 编码，编码完成后按照协议的字节流顺序发给 UART 模块转换成串行信号通过 RS232 串口发出。ZDA 编码单元的状态机的仿真结果如图 3.19 所示。

3.2.5　小波分解原子时算法的实现

小波分解原子时处理模块的主要任务是对精密时间循环比对器测量得到的参考 1PPS 与外部定时 1PPS 的 3 路钟差进行小波分解时的运算。它将测量的钟差数据逐层分解，并在每一层根据各自系数的方差将 3 路数据加权融合，再通过小波重构得到融合后的高精度数据。小波分解原子时运算包括小波分解、加权平均、小波重构三个部分。在分解过程中需要进行 2 抽取处理，而在重构时需要进行 2 插值处理，在分解、加权和重构之外还设计了一个模块专门进行抽取和插值的控制。

1. 小波分解

小波分解原子时处理模块所要处理的钟差数据是一维离散数字信号。一维离散小波分解实质上是让信号分别通过一对高通、低通 FIR 滤波器，再对得到的数列进行 2 抽取，得到长度为原来 1/2 的高频细节和低频概貌部分。如果将低频部分重复上述的步骤，就可以逐级分解下去 [26-28]。小波分解模块需要同时对 3 路数据进行逐层分解，并求出每一层的方差发给加权平均模块。但是因为对每一路钟差数据的处理方式和过程等都是相同的，所以其结构也完全相同，故只用设计 1 路钟差数据的处理电路，再通过实例化调用的方式完成其余两路的分解。1 路钟差数据的小波分解模块的结构如图 3.20 所示。

如图 3.20 所示，小波分解模块由三部分组成：分解控制模块、分解滤波模块和方差计算模块。分解控制模块是整个模块的任务调度和数据交换中心，它控制着滤波模块和方差计算模块的工作过程。分解控制模块需要将待分解的数据发送给分解滤波模块，并接收和存储分解滤波后的系数。同时，还要将分解后的系数和该系数所在的层数发给方差计算单元，计算该层系数此时的方差值。

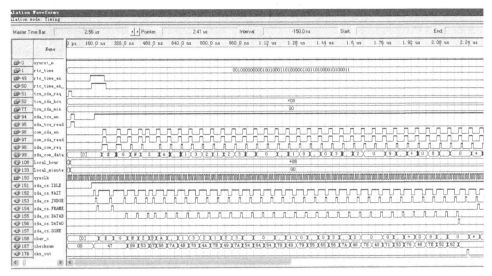

图 3.19　1 路钟差数据的小波分解模块仿真结构图

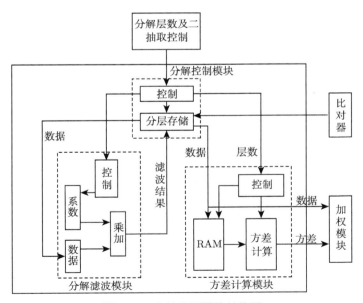

图 3.20　小波分解模块结构图

　　分解滤波模块的主要任务是在分解控制模块的控制下完成对输入数据的小波多分辨率分解，也就是通过镜像滤波器组完成对输入数据的高通、低通 FIR 滤波。小波分解采用的是 DB3 小波基，其高通、低通 FIR 滤波器都有 6 个系数，因此每次滤波运算都需要进行 6 次乘法运算。为节约片内 DSP 乘法器资源，将高通滤波器和低通滤波器进行复用，每次只需要改变输入到乘加模块的滤波系数就可以分时实现高通和低通滤波。值得注意的是，虽然 DB3 小波变换是采用镜像滤波器组实现的，变换前后不会引入增益，但通过观察其分解低通滤波器的系数 $(0.0352, -0.0854, -0.1350, 0.4599, 0.8069, 0.0327)$ 可以发现，在分解过程中低频分量会有增益。虽然在重构的过程中低频系数还会还原，但在 FPGA 里进行有限位宽的运算时，还是应该避免中间分解过程中发生数据溢出的问题。

方差计算模块负责求出输入的每一层小波系数的方差值，这是实现 3 路钟差动态加权平均的基础。求方差用的是随机过程中估算方差的计算公式：$D(X) = E(X^2) - [E(X)]^2$。首先，将输入的小波系数存进滑动窗，然后计算窗内数据的方差。每更新一次系数进行一次运算。对于被 2 抽取掉的输入数据，其后面的分解和方差计算等过程将不再进行，这样可以节约平均处理时间和功耗。

在 Quartus II 中对设计的小波分解模块进行仿真验证，分解模块的验证不但涉及设计结构和功能的正确性，还涉及运算结果的准确性。设计结构和功能正确与否，可以通过观察仿真结果中每个信号的变化和状态机状态的跳转情况得以判断，而运算结果的准确性只能通过与正确的运算结果比对得到验证。在 Matlab 软件中，按照与 FPGA 中相同的处理方法，编写小波分解程序分解输入数据，并将分解得到的每一层的小波系数都与 Quartus II 的仿真结果相比较。小波分解模块的 Quartus II 仿真结果如图 3.21 所示，通过比较发现，除了由于 FPGA 有限精度运算引起的少许误差外，两者的运算结果一致。

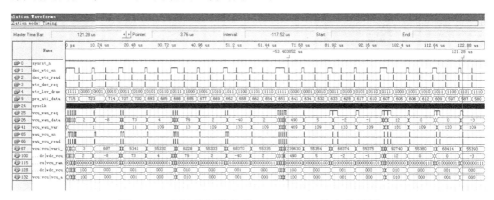

图 3.21   小波分解模块的 Quartus II 仿真结果图

2. 加权平均

加权平均模块根据输入数据和其方差对每一路的数据以其方差的倒数进行加

权,并对加权后的数据求和运算,再除以权值的和进行归一化处理。加权求和可以用乘法器和加法器实现,但由于是动态加权平均,每一次的权值总和都会变,因此归一化过程必须用到除法器。动态加权平均模块的计算公式为

$$
\begin{cases}
X = \dfrac{\displaystyle\sum_{i=1}^{3} p_i x_i}{\displaystyle\sum_{i=1}^{3} p_i} \\[4mm]
p_i = \dfrac{1}{\sigma_i^2}
\end{cases}
\tag{3.4}
$$

式中,x_i 为第 i 路的小波系数;σ_i^2 为该系数对应的方差;X 是加权平均后得到的综合小波系数。因为要对 3 路小波系数进行加权平均,所以对式 (3.4) 进一步变形可得

$$
X = \dfrac{\displaystyle\sum_{i=1}^{3} \dfrac{1}{\sigma_i^2} x_i}{\displaystyle\sum_{i=1}^{3} \dfrac{1}{\sigma_i^2}} = \dfrac{\dfrac{1}{\sigma_1^2} x_1 + \dfrac{1}{\sigma_2^2} x_2 + \dfrac{1}{\sigma_3^2} x_3}{\dfrac{1}{\sigma_1^2} + \dfrac{1}{\sigma_2^2} + \dfrac{1}{\sigma_3^2}}
\tag{3.5}
$$

根据式 (3.5) 的计算方法,可以完成加权平均模块的结构设计,其结构图如图 3.22 所示。加权平均模块主要由控制、加权求和、归一化三个部分组成。在具体实现上,将控制和加权求和用一个小模块实现,归一化功能用单独的除法器实现。

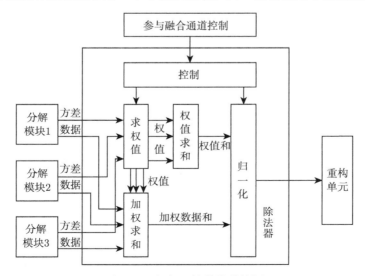

图 3.22 加权平均模块结构图

　　归一化运算必须用到除法器，而 FPGA 内部没有专门的硬件除法器模块，如果调用内部的除法器 IP 核，用组合逻辑单元实现，将消耗大量的逻辑资源。为了节约资源可采取措施：首先，对式 (3.5) 进一步变形，得到式 (3.6)，这样可以用乘法操作代替除法操作，只需要进行一次除法运算。其次，采用时序电路的方式，编程实现除法器模块。IP 核采用纯逻辑单元方式实现，得到较快运算速度的同时消耗了过多的逻辑单元。由于主时钟较快而运算次数较少，可完全满足系统需要。

$$X = \frac{\sum\limits_{i=1}^{3} \frac{1}{\sigma_i^2} x_i}{\sum\limits_{i=1}^{3} \frac{1}{\sigma_i^2}} \cdot \frac{\sigma_1^2 \sigma_2^2 \sigma_3^2}{\sigma_1^2 \sigma_2^2 \sigma_3^2} = \frac{\sigma_2^2 \sigma_3^2 x_1 + \sigma_1^2 \sigma_3^2 x_2 + \sigma_1^2 \sigma_2^2 x_3}{\sigma_1^2 \sigma_2^2 + \sigma_1^2 \sigma_3^2 + \sigma_1^2 \sigma_2^2} \tag{3.6}$$

　　同样在 Quartus II 中对设计的加权平均模块进行仿真验证，加权平均模块的 Quartus II 仿真结果如图 3.23 所示。通过和 Matlab 软件的运算结果比较可以发现，加权平均模块运算结果完全正确。

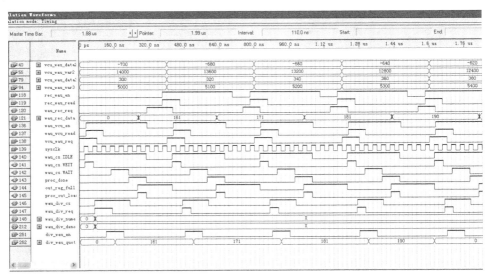

图 3.23　加权平均模块的 Quartus II 仿真结果图

3. 小波重构

　　动态加权模块已经将 3 路小波系数融合成了 1 路，接下来的任务是要将多层小波系数重构成 1 路钟差，这个功能是由小波重构模块完成的。小波重构模块和小波分解模块结构很相似，只是少了方差计算部分。小波重构模块将加权平均后的各层的小波系数重构成 1 路钟差数据，发给频偏估计单元进行频率偏差的估计。重构时需要进行 2 插值处理,当不需要插值时等待加权平均模块输入的数据进行重构运算,如果需要进行插值处理,则采用 0 作为输入值进行重构运算。小波重构模块的结构图如图 3.24 所示。

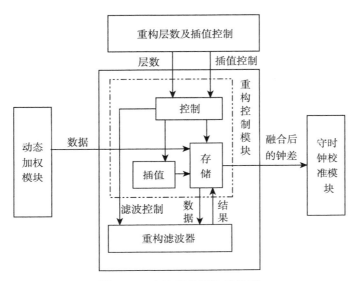

图 3.24 小波重构模块结构图

小波重构模块由重构控制模块和重构滤波器两部分组成。重构控制模块控制着整个模块的工作过程,它需要接收和存储加权平均后的小波系数,并将待重构的数据发送给重构滤波器。同时,还要将重构后的组合钟差数据发给守时钟校准模块。

重构过程中用到的滤波器组为分解滤波器的镜像滤波器组,其重构低通滤波器的系数分别为 $0.3327, 0.8069, 0.4599, -0.1350, -0.0854, 0.0352$,高通滤波器的系数分别为 $0.0352, 0.0854, -0.1350, -0.4599, 0.8069, -0.3327$。采用 16 位定点数进行量化,最大量化误差为 2.5×10^{-4}。由于 FIR 滤波器没有递归结构,不存在极限环和震荡问题,这样的量化误差不会对最终结果产生影响。为节约片内 DSP 乘法器资源,同样对重构滤波器进行复用处理。

在 Quartus II 中对设计的小波重构模块进行仿真验证,将在 Matlab 中编写的分解程序运算得到的各层小波系数,按照 FPGA 程序所需的顺序依次填入相应的位置。运行 Quartus II 的仿真功能,再将仿真结果和 Matlab 软件的运算值相比较。小波重构模块的 Quartus II 仿真结果如图 3.25 所示,通过比较发现,除了由于 FPGA 有限精度运算引起的少许误差外,两者的运算结果一致。

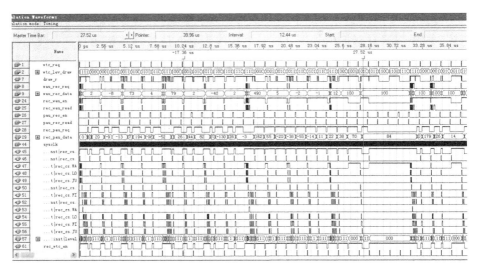

图 3.25   小波重构模块的 Quartus II 仿真结果图

3.2.6   守时钟的校准

老化现象是所有铷原子钟的固有特性，为保证设备的守时和授时性能，需要

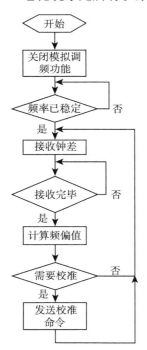

图 3.26   守时钟校准流程图

对本地守时钟的频率进行校准。校准守时钟可以获得两方面的好处：一方面，可减少授时 1PPS 信号相位调节的次数，提高其频率稳定度；另一方面，在丢失外部参考源的情况下，系统仍然能够在一段时间内保持高精度的授时。守时钟校准模块的工作流程为：对小波分解原子时处理后的组合钟差数据进行数字滤波后，根据铷原子钟的时钟模型，将频率偏差转换成铷原子钟的数字控制数据，传送给铷原子钟，完成铷原子钟的频率微调。其流程图如图 3.26 所示。

采用的小型铷原子钟支持模拟电压调节和数字命令调节两种频率微调方式。因为数字命令调节方式范围更大、调节准确度更好，所以采用数字命令调节方式。守时钟校准模块整体结构图如图 3.27 所示。

主控模块负责在上电之初，关闭模拟调频功能。当原子钟频率稳定后，接收频偏估计模块的估计值并对其进行判断，若超出范围则进行反向调节。同时，还负责将调频命令发给校准命令发送模块，并检测其命令下达的情况。频偏估计模块对小波分解原子时处理模块输入

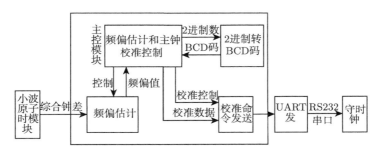

图 3.27 守时钟校准模块整体结构图

的数据进行平滑滤波，之后计算出守时钟相对于时间尺度的频率偏差。校准命令发送模块负责将校准命令和校准量按照约定的格式通过 RS232 串口发送给守时铷原子钟。

频偏估计模块估计出来的频率调整量是二进制格式的，而守时铷原子钟接收的频率微调命令必须为 ASCII 码格式，因此需要进行格式转换。首先将二进制数转换成 BCD 码格式，再由 BCD 码转换为 ASCII 码就只需要做简单的位拼接操作就能实现。二进制转 BCD 码使用的是"移位加 3 法则"，其规则如下：

(1) 将该二进制数左移一位。

(2) 按照二进制数位宽所能达到的最大十进制数的位数计算，然后每一位用四位二进制数表示，按上述顺序排列。

(3) 如果移位后，该组的数据大于等于 5，则对该组数据加 3 处理。

(4) 左移一位。

(5) 回到第 (3) 步循环，直到所有数据移位完毕。

数据转换完后，就可以按照守时铷原子钟规定的语句格式，将调整量通过串口发送给守时铷原子钟，串口的波特率为 57600bit/s。二进制转 BCD 码模块的仿真结果如图 3.28 所示。

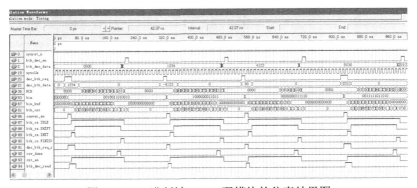

图 3.28 二进制转 BCD 码模块的仿真结果图

3.3   设备监控功能的实现

3.3.1   监控系统的结构设计

多模式组合定时设备内部模块众多、功能复杂,对内部模块运行状态的监控十分关键。多模式组合定时设备的监控系统一般由三部分组成:监控计算机、通信信道和多模式组合定时设备。监控计算机作为监控单元,主要职能是对多模式组合定时设备内部各模块进行 "集中控制,统一监管"[35]。被监控单元包括监控守时模块、定时基准源模块、NTP 授时模块、IRIG-B 授时模块和 BITS 模块。

监控计算机对多模式组合定时设备的操作主要包括参数设置、状态查询、告警处理、数据收集存储四种主要业务。多模式组合定时设备各模块是被监管对象,除了需要被动应答来自监控计算机的监控命令以外,还必须将当前的故障信息以告警命令的形式主动上报给监控计算机。除 BITS 模块在监控守时板内部集成外,监控计算机和多模式组合定时设备、多模式组合定时设备内部各功能模块间的通信方式都是 RS232 串口连接方式。监控计算机和其余各模块都与监控守时板相连,并通过监控守时板实现监控计算机与所有模块的互联。多模式组合定时设备的监控系统的结构如图 3.29 所示。

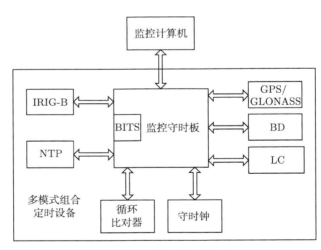

图 3.29   监控系统结构图

3.3.2   监控协议的设计

多模式组合定时设备监控系统涉及的模块很多,包括设备内部所有定时接收OEM 模块和设备的授时功能模块。为使这些模块与监控计算机之间协调一致,需要制定一个统一的协议,约束监控系统内的所有模块。设计多模式组合定时设备监控协议,规定监控数据的通信格式、监控双方的操作权限、操作方法和监控接口技术要求等内容。

1. 监控数据的基本格式

监控计算机和多模式组合定时设备进行交互通信的基本形式是命令帧,一个完整的命令帧由起始标志单元、命令单元、异或校验单元、结束标志单元四个部分组成,如表 3.6 所示。起始标志单元是一个完整命令帧的起始标志,固定为 ASCII 字符 "$";结束标志单元是一个完整命令帧的结束标志,固定为 ASCII 字符 " < CR >< LF > "(回车换行)。

表 3.6 监控信息交互命令帧通用格式

起始标志单元	命令单元	异或校验单元	结束标志单元
$	—	* hh	<CR><LF>

表 3.7 中的命令单元由命令控制头和命令体两部分组成,命令单元的组成格式如表 3.9 所示。命令控制头包括设备编号、收方 ID、发方 ID、命令标志、应答标志、命令体长度 6 个字段,共 6 个字节长度。其中,设备编号统一默认为 0×00,收方 ID 和发方 ID 是设备内部参控模块的唯一标识。命令体长度是指命令数据的实际字节数。命令体的解析方法和实际长度由控制头部分的 "命令标志" 和 "命令体长度" 确定,对于不同的模块,命令体部分的内容不相同。

表 3.7 命令单元组成格式[36]

命令控制头						命令体
设备编号	收方 ID	发方 ID	命令标志	应答标志	命令体长度	命令数据
1Byte	1Byte	1Byte	1Byte	1Byte	1Byte	变长

监控计算机和多模式组合定时设备交互命令标志的定义如表 3.8 所示。其中,"流向" 一栏左边的对象表示命令的主动发起方,右边的对象表示命令的被动应答方。被动应答方在构造应答命令时,除 "设备编号" 和 "命令标志" 字段和最近收到命令的命令控制头完全一样外,命令控制头的其他字段根据实际情况修改。其余命令标志保留,本监控协议规定将其作为非法命令标志处理。

表 3.7 中应答标志的定义如表 3.9 所示。作为命令的主动发起方,该字段填 "0"。被动接收方对该字段不解析、不处理。如果是应答命令,该字段作为应答标志。如果该字段非 "0",则表明最近收到的命令无法处理或出错。主发起方收到对方应答标志为非 "0" 的应答后,对 "命令体" 不解析、不处理。只有当应答标志为 "0" 时,"命令体长度" 和 "命令体" 才有意义[37]。

表 3.8　　交互命令标志

命令标志	含义	流向	备注说明
P	设备参数查询	监控上位机 <—> 同步设备	0x50
S	设备状态查询	监控上位机 <—> 同步设备	0x53
C	配置工作参数	监控上位机 <—> 同步设备	0x43
A	设备主动告警	同步设备 <—> 监控上位机	0x41
D	数据收集	同步设备 <—> 监控上位机	0x44

表 3.9　　应答标志的定义

编码 (ASCII)	含义	备注
0	成功	0x30
1	校验错	0x31
2	命令标志错	0x32
3	发方 ID 错	0x33
4	其他错误	0x34

校验单元是为了保证数据传输的可靠性,根据数据帧的 "命令单元" 生成的异或校验和,收发双方都应该对数据进行异或校验。发送方必须根据 "命令单元" 生成 2 个字节长度的异或校验和。同样,接收方收到完整的数据帧后,需要根据 "命令单元" 生成新的异或校验和。如果新的校验和与收到的校验和相等,则表示该数据帧有效,否则就要向发送方回送 "校验错" 的应答帧。

2. 数据传送的要求

监控数据统一采用 ASCII 码方式传送,考虑到目前可能存在部分不可见字符无法传递的问题,同时也为了避免非 ASCII 码字段与保留字符冲突,协议中对于非 ASCII 字符统一采用 "2 字节拆分规则"。具体过程为 8 比特的十六进制数被划分为高 4bits 和低 4bits,对于高 4bits 和低 4bits,若其数字为 0x00~0x09,则加上 0x30,若其数字为 0x0A~0x0F,则加上 0x37,这样得到的结果就转换为 ASCII 码。"2 字节拆分规则" 适用于协议中除了起始、结束标志单元和已定义为 ASCII 码字符外的所有字符 [38]。

命令单元往往包含多字节字段,如钟差数据、主钟频偏和 IP 地址等。为了保证对多字节字段的正确解析,对多字节字段的字节流顺序规定为低字节在前,高字节在后。例如,值为 0x1234 的,2 字节钟差数据排列顺序为 0x34,0x12。ASCII 码格式的多字节流不进行倒序。

3. 数据通信协议规范

设备监控数据通信协议采用 UART(universal asynchronous receiver/transmitter) 协议和全双工通信方式 [39,40]。UART 采用 ASCII 码发送,每发送 1Byte 字符时,

从最低位开始传送。参与监控的所有部分都必须遵循 UART 的相关规定，串行异步通信的时序图如图 3.30 所示。采用的 UART 帧中，数据位为 8bit，起始位为 1bit，停止位为 1bit，无奇偶校验位。

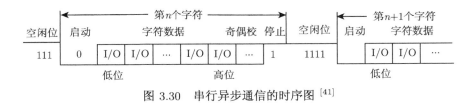

图 3.30　串行异步通信的时序图 [41]

4. 监控接口标准

协议的物理层接口标准采用 RS-232C 标准接口，并对连线方式进行了简化。根据 RS-232C 标准规定，在通信速率低于 20kbit/s 时，RS-232C 所直接连接的最大物理距离为 15m。所有串口均可采用 3 线制连接方式，即 "发送数据 TXD"、"接收数据 RXD" 和 "信号地 GND"。

监控计算机只与监控守时板相连接，各个被监控模块的数据都要经过监控守时板的转发才能完成监控软件对每个模块的操作。因此，监控守时板是监控数据传递的一个枢纽，它一方面要将来自监控计算机的命令准确的下达到相应的模块；另一方面，还要将来自各个模块的数据准确的传递到监控计算机。这就会涉及以下几个问题：第一，由于所有的监控接口都是 RS-232 串口，必须解决多串口通信的问题；第二，由于所有的模块都与监控计算机有双向数据传输，而与监控计算机相连的串口只有一路，必须解决总线复用的问题；第三，由于监控数据的需要在 ARM 和 FPGA 两个处理芯片之间传递，需要解决这两个芯片间数据传输的问题。

利用 FPGA 强大的可扩展性和丰富的通用 IO 口，创建多个 RS232 收发单元，将所有要监控的模块在 FPGA 内部分别用一个独立的模块实现。这些模块可以存储和收发监控命令，每个模块和 FPGA 内部负责向 ARM 传递数据的模块之间都有接口相连，并通过中断信号和片选信号实现这些模块对 FPGA 和 ARM 通信接口的分时复用。利用中断和优先级的机制进行总线仲裁，以防止多个模块竞争总线使用权引起的总线冲突。一旦有总线使用请求，则按照优先级从高到低的顺序查找，并将总线使用权交给优先级最高的模块，直到其数据传输完毕为止。一个模块的数据传输过程不能被其他任何一个模块中止。

为了解决 ARM 和 FPGA 之间数据传输的问题，又不占用 ARM 过多的处理时间，可采用中断的机制，并且采用并行总线方式完成它们之间的数据传递功能。FPGA 和 ARM 的接口采用数据线、地址线、中断线、片选线的通信方式，在 FPGA 内部构造一个双端口 RAM，然后将 FPGA 映射到 ARM 的 BANK4 上，这样 ARM 可以像操作外部存储器一样读写 FPGA，也就实现了 ARM 和 FPGA 之间数据的交互。ARM 与 FPGA 通信模块结构图如图 3.31 所示。

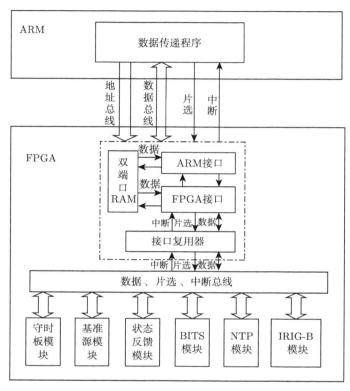

图 3.31   ARM 与 FPGA 通信模块结构图 [42]

ARM 与 FPGA 通信模块主要含有四个单元：接口复用单元、双端口 RAM 单元、ARM 接口单元和 FPGA 接口单元。接口复用单元负责内部所有监控模块的接口复用。双端口 RAM 单元是 ARM 接口单元和 FPGA 接口单元的公共存储区，存储来自监控计算机和各个模块的监控数据。ARM 接口单元负责完成与 ARM 芯片通信时的接口信号时序控制，并通过对双端口 RAM 的读写完成 ARM 芯片对 FPGA 芯片的读写操作。FPGA 接口单元负责将接口复用单元输入的数据存进双端口 RAM，并通知 ARM 去读，将 ARM 存进双端口 RAM 单元的数据发送给相应的模块。

在 Quartus II 中对设计的 ARM 与 FPGA 通信模块进行仿真验证，验证的重点是判断其能否正确完成 ARM 和 FPGA 芯片之间的数据传输。首先，按照 ARM 芯片读写外部存储器的时序，将与 ARM 芯片相连的信号的时序正确输入。然后，模拟被监控模块给 ARM 芯片发送数据的情形，并正确输入相关信号的时序波形。仿真后观察其波形，仿真结果如图 3.32 所示。

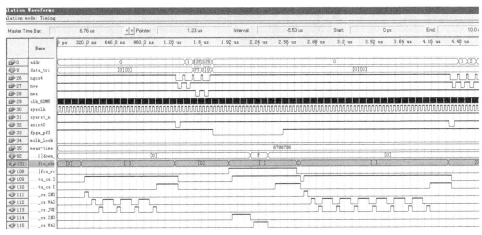

图 3.32 ARM 与 FPGA 通信模块仿真结果图 [42]

3.3.3 监控软件

为方便用户对多模式组合定时设备进行监控操作，需要设计一款计算机监控软件，监控软件能实时、有效、可靠地对设备进行管理、维护和控制。计算机监控软件运行于 Windows 环境下，采用面向对象的 C++ 语言设计，拥有直观、友好的人机交互界面，为用户提供曲线、图形、数据的直观显示，并使各类数据查询等操作简单易行。同时，计算机监控软件还具有实时性、可扩展性和可维护性 [43,44]。多模式组合定时设备监控软件主界面如图 3.33 所示。多模式组合定时设备的计算机监控软件采用 RS232 串口与设备相连，通过监控命令的交互通信完成以下功能：

(1) 状态查询: 用户可以手动对每个模块的实时运行状态进行更新查询，更新后的状态在相应位置以直观的图形或数据显示。

(2) 参数查询: 当某个模块有不止一种工作模式时，用户可以采用查询操作获得设备内部该模块的实时工作参数。

(3) 参数配置: 用户可以通过监控软件对设备内部某个模块的工作参数进行在线配置。

(4) 告警显示: 设备各个模块运行过程中出现的各种故障，都会主动向监控软件告警，监控软件收到告警信息后以直观醒目的方式显示给用户。

(5) 数据存储: 监控软件可以自动收集和存储来自多模式组合定时设备的数据，如钟差数据等。数据存储在数据库中，为进一步的数据处理和分析提供了可能性。

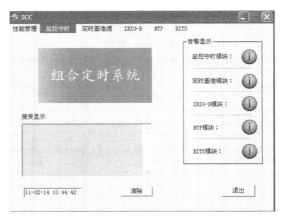

图 3.33　监控软件主界面 [42]

　　监控软件同时管理着设备内部的多个模块,由于总共的监控内容太多,不能够在同一界面下显示完毕。因此,采用分页式的显示方式,通过点击主界面上相应模块的菜单就可以调出该模块的具体监控界面。监控软件主界面显示各模块的告警信息,更加详细的信息和操作功能在各自模块的界面中显示和进行。图 3.34 是监控守时模块的监控界面,其左边是状态查询和显示功能区,中间和右侧是参数查询和配置功能区,右上角有操作说明,点击可以查看本模块的操作帮助。其余模块与监控守时模块类似。

图 3.34　监控守时模块监控界面 [42]

3.3.4　测试结果

　　测试分两种情况进行,具体测试内容如下。

1. 无基准参考的情况

如图 3.35 所示,在没有外部定时参考源的情况下,将设备输出的 1PPS 信号,与中国科学院国家授时中心钟房输出的 1PPS 信号进行比对。1s 测量 1 次,并记录测量数据。

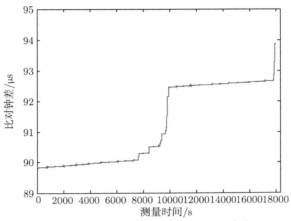

图 3.35 无参考源时的测量结果图 [42]

2. 有基准参考的情况

如图 3.36 所示,在具有外部定时参考源的情况下,将设备输出的 1PPS 信号,与中国科学院国家授时中心钟房输出的 1PPS 信号进行比对。1s 测量 1 次,并记录测量数据。

分别取两种测试情况下的连续 5h 的测量数据进行比较,测试结果如表 3.10 所示。

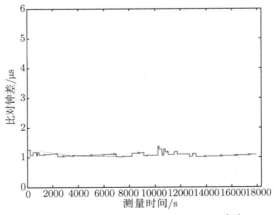

图 3.36 有参考源时的测量结果图 [42]

表 3.10　测试结果统计 [42]

参数测试情况	最大值/ns	最小值/ns	平均值/ns	最大与最小值之差/ns	频率准确度
无参考源	93873	89822	91215	4051	2.25×10^{-10}
有参考源	1372	1001	1077	371	2.06×10^{-11}

从图 3.35 和图 3.36 中可以直观看出，在没有参考源的情况下，设备守时钟分频产生的 1PPS 信号不但会有相位的大幅度跳变，还会有相位差的积累；在有参考源的情况下，监控守时板的守时和授时机制起作用，授时 1PPS 信号一直与标准秒信号同步。

将 GPS\GLONASS\ 北斗和长河二号授时信号进行相互比对，通过多尺度数据融合方法将其联系起来，可使组合定时设备的输出时间信号频率稳定度比不进行数据融合和前提高 1 个量级 [43-45]。多模式组合定时设备还可以输出 IRIG-B 码，也可以提供计算机网络授时，各个输出功能可以任意选配，方便在实际中使用。

参 考 文 献

[1] 聂桂根. 高精度 GPS 测时与时间传递的误差分析及应用研究 [D]. 武汉: 武汉大学, 2002.

[2] 遇彬. 基于 FPGA 的精确时钟同步方法研究 [D]. 杭州: 浙江大学, 2007.

[3] 王文瑜. 基于北斗卫星的授时系统研制 [D]. 北京: 北京邮电大学, 2008.

[4] 杨志强, 张静, 杨军. 北斗一号时间传递能力的实验研究 [J]. 电子测量技术, 2009, 32(8): 16-19.

[5] 蔺玉亭, 赵东明, 高为广, 等.GPS 时间系统及其在时间比对中的应用 [J]. 地理空间信息, 2009, 7(3): 30-32.

[6] 王新军. 应用 GPS 系统的卫星授时装置研究 [D]. 济南: 山东大学, 2008.

[7] 贺洪兵. 基于 GPS 的高精度时间同步系统的研究设计 [D]. 成都: 四川大学, 2005.

[8] 杜燕, 柯熙政, 陈洪卿, 等. 关于中国导航定位的时间平台 [J]. 宇航计测技术, 2003, 23(4): 47-50.

[9] 严建华, 张洪源, 李文魁, 等. 北斗卫星共视增强罗兰 C 授时应用 [J]. 宇航计测技术, 2009, 29(5): 37-39.

[10] 苏建峰, 刘长虹.BPL 长波监测站与标准时间源固定时延的测量 [C]. 2005 年全国时间频率学术交流会, 西安, 中国, 2005: 50-53.

[11] 徐荣, 陈晓明.TD-SCDMA 系统 GPS 替代解决方案研究 [J]. 电信工程技术与标准化, 2009, 22(9): 16-21.

[12] 柯熙政, 和康元, 袁海波. 计算机网络时间传递和频率测量服务系统 [J]. 宇航计测技术, 1999, (4): 1-5

[13] 柯熙政, 和康元, 袁海波. 陕西天文台网络授时投入试运行 [J]. 时间频率公报, 1999, (9): 12.

[14] 陈杰美, 夏代清. 同步数字网 (SDH) 的原理、特点与应用 [J]. 西部广播电视, 2000, 10: 12-17.

[15] 柯熙政, 郭立新. 原子钟噪声的多尺度分形特征 [J]. 电波科学学报, 1997, 12(4): 396-406.

[16] 陶森林, 李晖, 苗中华, 等. 基于 STemWin 图形库和 SAEJ1939CAN 通信协议的采棉机监控系统设计 [J]. 工业控制计算机, 2017(9): 25-26.

[17] 李建勋, 柯熙政, 胡钢. 长河增强系统发播信号的定时误差及其卡尔曼修正 [J]. 测试技术学报, 2008, 22(2): 145-149.

[18] 童宝润. 时间统一系统 [M]. 北京: 国防工业出版社, 2003.

[19] 郭振坤. GPS 高精度时间/频率同步设备设计和实现 [J]. 全球定位系统, 2009, 32(2): 31-35.

[20] Johnsen T. Time and frequency synchronization in multistatic radar consequences to usage of GPS disciplined reference with and without GPS signals[C]. Proceedings of the IEEE International Symposium on Radar Conference, Long Beach, CA, USA, 2002: 141-147.

[21] Bullock J B, King T M. Test results and analysis of a low cost core GPS receiver for time transfer application[C]. Proceedings of IEEE Symposium on Frequency Control, Orlando, FL, USA, 1997: 314-322.

[22] 柯熙政, 李孝辉, 刘志英, 等. 关于小波分解原子时算法的频率稳定度 [J]. 计量学报, 2002, 23(3): 205-221.

[23] 朱守红. 时间尺度算法 (精密时钟综合算法) 的研究 [J]. 陕西天文台台刊, 1999, 22(2): 81-87.

[24] Yang K, LI J. Timing for the Loran-C signal by Beidou satellite and error correction for the transmission time [C]. Proceedings of IEEE International Symposium on Frequency Control, Honolulu, USA, 2008: 476-478.

[25] Ke X Z, Yin Z Y. Distributed atomic time scale in Beidou/Loran-C integrated navigation system and experiment research [J]. 仪器仪表学报, 2007, 28(10): 1764-1769.

[26] 李建勋, 柯熙政, 丁德强. 一种基于小波熵的时间尺度算法 [J]. 天文学报, 2007, 48(1): 84-91.

[27] 柯熙政, 李孝辉, 刘志英, 等. 一种时间尺度算法的稳定度分析 [J]. 天文学报, 2001, 42(4): 420-426.

[28] 柯熙政, 吴振森. 时间尺度的多分辨率综合 [J]. 电子学报, 1999, 27(7): 135-137.

[29] 张莹莹. 基于时钟精度差和小波分析的时钟同步 [D]. 北京: 北京化工大学, 2006.

[30] 向渝. 数字可驯钟系统设计与应用研究 [D]. 北京: 中国科学院研究生院, 2008.

[31] 武欣. 基于 GPS 的宽频带地震仪时间同步系统设计 [D]. 长春: 吉林大学, 2006.

[32] Ciletti M D. Advanced Digital Design with the Verilog HDL[M]. Upper Saddle River: Prentice Hall, 2003.

[33] 段吉海, 黄智伟. 基于 CPLD/FPGA 的数字通信系统建模与设计 [M]. 北京: 电子工业出版社, 2004.

[34] Hhalth J R, Durbha S. Methodology for synthesis, testing, and verification of pipelined architecture processors from behavioral-level-only HDL code and a case study example[C]. Proceedings of IEEE International Symposium on Digital Systems Design, Clemson, USA, 2001: 143-149.

[35] Cadenas O, Megson G. Pipelining considerations for an FPGA case [C]. Proceedings of IEEE International Symposium on Digital Systems Design, Warsaw, Poland, 2001: 276-283.

[36] 魏堃. 跨时钟域信号同步技术研究 [D]. 西安: 西安电子科技大学, 2009.

[37] 王宇, 陈伟, 范晓东. BDS 多模授时技术在电力时间同步装置中的应用 [J]. 导航定位学报, 2018, 6(4): 49-53.

[38] 贾维. 实时时钟 RTC 的 IP 研究 [D]. 西安: 西安电子科技大学, 2009.

[39] 刘功祥. 一种基于小波分解的储罐声发射源定位波形滤波算法研究 [J]. 化工装备技术, 2018, 39(5): 33-36.

[40] 袁海波. UTC(NTSC) 监控方法研究与软件设计 [D]. 西安: 中国科学院研究生院国家授时中心, 2005.

[41] 张丽果. GSM 移动通信宽带直放站监控系统 [D]. 西安: 西安电子科技大学, 2005.

[42] 王宇建. 多模式组合定时设备的研究与实现 [D]. 西安: 西安理工大学, 2011.

[43] 柯熙政, 任亚飞. 一种基于小波变换的多模式定时系统及定时方法: ZL201010136970.6 [P]. 2010-08-11.

[44] 柯熙政. 组合定时系统客户端软件 V1.0: 2011SR048188 [P]. 2011-07-15.

[45] 介丹, 李宇驰, 阴桂梅, 等. 基于方差的多尺度时间序列重构方法研究 [J]. 太原理工大学学报, 2017, 48(2): 220-225.

第4章　多模式多尺度组合导航

本章对北斗/GPS/罗兰 C 三个系统的导航原理进行一般性介绍，推导各系统的定位原理，对比各系统的时间和坐标系统，给出组合导航系统的时间同步和坐标系统一的方案，分析一种多模式多尺度组合导航的案例。

4.1　导航系统的定位解算原理

4.1.1　北斗/GPS 的定位原理

北斗一号与 GPS(global positioning system，全球定位系统) 都是卫星导航系统，其关键是测量伪距和利用星历推算卫星的位置，原理都是利用空间中两点的距离公式解算接收机的位置。区别在于北斗一号只有 3 颗卫星，由于导航系统时钟误差的存在，只能求解出接收机的二维坐标；而 GPS 导航系统保证了在地面同一位置同一时刻可以收到 5~10 颗卫星的信号，因此可以解出接收机的三维坐标。

如图 4.1 所示，三星无源北斗定位过程是用户接收来自 3 颗卫星的同步时间信息及星历，提取标准时间信号，测出卫星到用户的 3 个伪距 ρ_i，利用海平面的已知高度，解算出用户的二维地理坐标[1]。

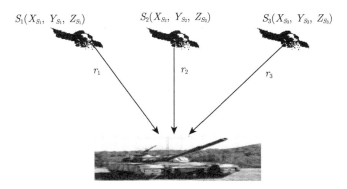

图 4.1　三星无源北斗定位示意图

卫星导航伪距定位解算中利用空间距离公式：

$$r_i = [(X - XS_i)^2 + (Y - YS_i)^2 + (Z - ZS_i)^2]^{1/2} \quad (i = 1, 2, 3) \qquad (4.1)$$

式中，X、Y、Z 是用户的空间直角坐标，是未知量；XS_i, YS_i, ZS_i 分别是卫星 S_1、S_2、S_3 的空间直角坐标，是已知量；r_i 是卫星到用户的真实距离，但实际中测得的都是包含钟差和各种干扰误差的伪距离 ρ_i。将式 (4.1) 在用户位置的初始估计值 X_0、Y_0、Z_0 处按泰勒级数展开，忽略二次以上的高次项，线性化得到的伪距定位基本方程为

$$
\begin{bmatrix} \mathrm{d}\rho_1 \\ \mathrm{d}\rho_2 \\ \mathrm{d}\rho_3 \end{bmatrix} = \begin{bmatrix} l_1 & m_1 & n_1 \\ l_2 & m_2 & n_2 \\ l_3 & m_3 & n_3 \end{bmatrix} \begin{bmatrix} \mathrm{d}x \\ \mathrm{d}y \\ \mathrm{d}z \end{bmatrix} + \mathrm{d}t \begin{bmatrix} -1 \\ -1 \\ -1 \end{bmatrix} \tag{4.2}
$$

式中，(l_i, m_i, n_i) 是接收机至卫星 S_i 的观测矢量 ρ_i 的方向余弦，分别为

$$
l_i = \frac{(X - XS_i)}{r_i}, m_i = \frac{(Y - YS_i)}{r_i}, n_i = \frac{(Z - ZS_i)}{r_i} \tag{4.3}
$$

由于是二维解算，需要将大地坐标系转换到空间直角坐标系：

$$
\begin{bmatrix} x \\ y \\ z \end{bmatrix} = \begin{bmatrix} \mathrm{hgt} \times \cos(\mathrm{el}) \times \cos(\mathrm{az}) \\ \mathrm{hgt} \times \cos(\mathrm{el}) \times \sin(\mathrm{az}) \\ \mathrm{hgt} \times \sin(\mathrm{el}) \end{bmatrix} \tag{4.4}
$$

式中，el, az 分别表示用户的经度和纬度；hgt$=N + h$，h 表示用户的水平高度。

卯酉曲率半径 N 定义为

$$
N = \frac{a}{\sqrt{1 - e^2 \sin^2 \varphi}} \tag{4.5}
$$

式中，$e^2 = \dfrac{a^2 - b^2}{a^2}$，$a$ 为椭球长半轴，b 为椭球短半轴，e 为椭球第一偏心率。对式 (4.4) 求偏导，得到如下关系：

$$
\begin{bmatrix} \Delta x \\ \Delta y \\ \Delta z \end{bmatrix} = \begin{bmatrix} -\mathrm{hgt} \times \sin(\mathrm{az}) \times \cos(\mathrm{el}) & -\mathrm{hgt} \times \cos(\mathrm{az}) \times \sin(\mathrm{el}) & \cos(\mathrm{az}) \times \cos(\mathrm{el}) \\ \mathrm{hgt} \times \cos(\mathrm{az}) \times \cos(\mathrm{el}) & -\mathrm{hgt} \times \sin(\mathrm{az}) \times \sin(\mathrm{el}) & \sin(\mathrm{az}) \times \cos(\mathrm{el}) \\ 0 & \mathrm{hgt} \times \cos(\mathrm{el}) & \sin(\mathrm{el}) \end{bmatrix}
$$
$$
\begin{bmatrix} \Delta(\mathrm{az}) \\ \Delta(\mathrm{el}) \\ \Delta(\mathrm{hgt}) \end{bmatrix} \tag{4.6}
$$

令

$$
p_1 = -l_1 \times \mathrm{ght} \times \sin(\mathrm{az}) \times \cos(\mathrm{el}) + m_1 \times \mathrm{hgt} \times \cos(\mathrm{az}) \times \cos(\mathrm{el})
$$

$$
q_1 = -l_1 \times \mathrm{ght} \times \cos(\mathrm{az}) \times \sin(\mathrm{el}) - m_1 \times \mathrm{hgt} \times \sin(\mathrm{az}) \times \sin(\mathrm{el})
$$
$$
+ n_1 \times \mathrm{hgt} \times \cos(\mathrm{el})
$$

$$
p_2 = -l_2 \times \mathrm{ght} \times \sin(\mathrm{az}) \times \cos(\mathrm{el}) + m_2 \times \mathrm{hgt} \times \cos(\mathrm{az}) \times \cos(\mathrm{el})
$$

$$q_2 = -l_2 \times \text{ght} \times \cos(\text{az}) \times \sin(\text{el}) - m_2 \times \text{hgt} \times \sin(\text{az}) \times \sin(\text{el})$$
$$+ n_2 \times \text{hgt} \times \cos(\text{el})$$
$$p_3 = -l_3 \times \text{ght} \times \sin(\text{az}) \times \cos(\text{el}) + m_3 \times \text{hgt} \times \cos(\text{az}) \times \cos(\text{el})$$
$$q_3 = -l_3 \times \text{ght} \times \cos(\text{az}) \times \sin(\text{el}) - m_3 \times \text{hgt} \times \sin(\text{az}) \times \sin(\text{el})$$
$$+ n_3 \times \text{hgt} \times \cos(\text{el})$$

式 (4.6) 也可写为

$$\begin{bmatrix} \mathrm{d}\rho_1 \\ \mathrm{d}\rho_2 \\ \mathrm{d}\rho_3 \end{bmatrix} = \begin{bmatrix} p_1 & q_1 & -1 \\ p_2 & q_2 & -1 \\ p_3 & q_3 & -1 \end{bmatrix} \begin{bmatrix} \Delta(\text{az}) \\ \Delta(\text{el}) \\ \mathrm{d}t \end{bmatrix} \tag{4.7}$$

式 (4.7) 就可以利用最小二乘方法解算了。令

$$\Delta(\text{az}) = \Delta L; \Delta(\text{el}) = \Delta B$$
$$\mathrm{d}p_1 - \mathrm{d}p_2 = W_1; \mathrm{d}p_2 - \mathrm{d}p_3 = W_2; p_1 - p_2 = V_1$$
$$p_2 - p_3 = V_2; q_1 - q_2 = U_1; q_2 - q_3 = U_2$$
$$\Delta B = (W_1 V_2 - W_2 V_1) / (U_1 V_2 - U_2 V_1)$$
$$\Delta L = (U_1 W_2 - U_2 W_1) / (U_1 V_2 - U_2 V_1)$$
$$\Delta t = p_1 \Delta L + q_1 \Delta B - \mathrm{d}p1$$

以上就是二维定位原理，编程的过程中可以设置 3 个矩阵：第 1 个是空间直角坐标 (X,Y,Z) 和大地经纬度坐标 (B,L,H) 的转换系数的矩阵；第 2 个是用户到卫星的方向余弦矩阵；第 3 个是这两个矩阵相乘而得到的系数矩阵。由求得的 B,L 就可以得到钟差了。

对于 GPS 三维定位 [2]，由于观测量的个数增加，相应地增加伪距解算方程便可设置维数更高的待求状态量。要完成计算伪距的式子，相对于未知状态坐标 (X,Y,Z)，需要接收机时钟偏移 T 差分线性化，重要的是需要忽略诸如地球旋转补偿、测量噪声、传输延迟和相对论效应等二阶误差源。l_i, m_i, n_i 各项表示有近似用户位置指向卫星的单位矢量的方向余弦。最后得到的是 $\Delta \rho = H \times \Delta x$，它的解是 $\Delta x = H^{-1} \times \Delta \rho$。这种线性化方法可行的条件是先计算出未知量，再用增量方程算出用户的 (X,Y,Z) 和 T，只要位移 $(\mathrm{d}x, \mathrm{d}y, \mathrm{d}z)$ 是在线性化点的附近便可。

4.1.2 罗兰 C 双曲线定位原理

大地主题解算包括大地主题正解和大地主题反解。正解的定义是：已知第一点的大地经纬度及该点到第二点的大地距离和方位，求第二点的大地经纬度及反方

位角。反解的定义是：已知两点的大地经纬度坐标，求两点间的大地距离和正反方位角 [1]。

如图 4.2 所示，M 为椭球体面上任意一点，MN 为过 M 点的子午线，S 为连接 MP 的大地线长，A 为大地线在 M 点的方位角。以 M 为极点，MN 为极轴，S 为极半径，A 为极角，这样就构成大地极坐标系。在该坐标系中，P 点的位置用 S 和 A 表示。椭球面上点的极坐标 (S, A) 与大地坐标 (L, B) 可以互相换算，这种换算叫作大地主题解算。

大地测量学中常用的是贝塞尔公式，导航系统中常用 Andoyer-Lambert 反解公式，在 6000km 范围内仅有几米误差，计算速度快且精度满足导航的要求。该公式具有距离计算和方位计算完全分开的特点，考虑到其正反方位角计算精度高，一般导航问题，特别是定位问题可以不管方位角的计算，因此不推证方位的计算。至于距离计算部分有两种计算格式：一种是直接采用大地经纬度的公式；另一种是使用归化纬度的计算公式 [1]。罗兰 C 导航系统通过测定接收机到两个导航台的距离之差，得到距离差位置线。用距离差位置线来确定接收机的位置和引导航行，称为测距差导航。因为距离差位置线为双曲线，所以又称为双曲线导航。

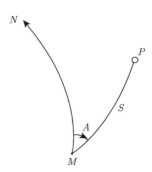

图 4.2 大地极坐标系

距两定点之间距离之差为常量的点的轨迹是两条对称的曲线，称为双曲线。如图 4.3 所示，M(主台) 和 S_1、S_2(副台) 两个导航台在 t_0 时同时发射脉冲信号。在 t_M 和 t_S 时，两脉冲先后到达接收机所在处 P。已知电波传播速度 $v = 3 \times 10^8 \text{m/s} = 300 \text{m/}\mu\text{s}$。$P$ 与 M 和 S 两点之间的距离差 ΔD 和脉冲到达的时间差 Δt 之间的关系，由下式表示：

$$\Delta D = D_S - D_M = v(t_S - t_0) - v(t_M - t_0) = v \times \Delta t (\Delta t = t_S - t_M) \tag{4.8}$$

在图 4.4 中，设岸上有三个导航台 M 和 S_1、S_2，在舰船上测得接收机与 M、S_1 台的距离差为 ΔD_1。在专用的双曲线海图上，可以找到对应于 M 和 S_1 台的距离差 ΔD_1 的一条双曲线位置线。若同时又测得接收机与 M 和 S_2 台之间的距离差 ΔD_2，在图中可以找到对应于 M 和 S_2 台的距离差 ΔD_2 的双曲线位置线。这两条位置线的交点 P，就是接收机的位置。

在双曲线导航系统中，利用脉冲测距法测量无线电波从接收机到两个导航台的传输时间，再转换成距离后利用大圆上两点之间的距离公式和已知的台站的位

置，来解算接收机的位置。这里的用户距罗兰 C 台站的大圆距离表达式为

$$r_{Li} = (N + h) \cdot \arccos[\sin \varphi_i \sin \varphi + \cos \varphi_i \cos \varphi \cos(\lambda - \lambda_i)] + C\delta t \qquad (4.9)$$

式中，N、h 和北斗三星定位原理与式 (4.4) 的含义相同；C 是电磁波传播速度；δt 是用户钟差；φ 是纬度；λ 是经度。计算中利用的是一种用参考椭球体上的大椭圆线代替大地线而计算大地距离的方法。具体步骤为①转化成地心纬度；②计算经差；③计算球面上正反方位角；④计算极距角和截口椭圆的矩半轴；⑤求得中间变量的设置；⑥求得大地距离。

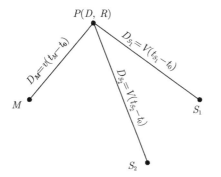

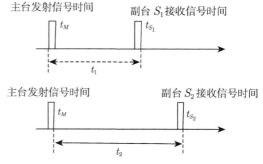

图 4.3　双曲线导航系统原理图　　　　　图 4.4　双曲线导航系统时差示意图

4.1.3　组合导航的时间系统

卫星导航定位系统测距的基础是测时，而定轨和定时的前提是各观测量的时间同步，因此时间同步是卫星导航定位系统的关键。卫星导航定位系统中，时间同步技术包括卫星与地面 (星—地) 和地面站间 (地—地) 的时间同步，组合导航定位系统中，时间同步的关键在于各导航系统之间的时间同步。

1. 时间系统

协调世界时 (coordinated universal time，UTC) 不是一种独立的时间基准，而是以原子时秒长为基础，在时刻上尽量接近世界时的一种时间系统，是世界时和原子时两种性质完全不同的时间标准协调的产物。协调世界时秒长与原子时秒长一样，时刻与世界时 UT1 相差不超过 1s，北斗时间基准采用中国 UTC。

无论是在北斗一号、GPS 定位，还是罗兰 C 定位时，所有的测量值 (伪距和载波相位) 都含有接收机相对于这三个系统准确时间的接收机钟差。在组合定位系统接收机中，对各导航系统进行跟踪和测量，从而使得一些测量值含有接收机对北斗时间的钟差。另一些测量值含有接收机相对于 GPS 时的钟差，还有一些测量值则含有罗兰 C 参考时的钟差，因此要想得到正确的定位结果，就必须准确知道

北斗时间、GPS 时间和罗兰 C 时间基准间的关系。在统一导航系统所用的时间基准时，首先利用 GPS 输出的 1PPS 脉冲作为组合导航系统的时间基准，统一各接收机的本地时钟，再求解不同导航系统的钟差，原因是组合后空中可见卫星数目较多。

2. 时间系统的统一

无论是单一导航系统还是组合导航系统，时间同步问题是至关重要的。GPS 导航仪通过 RS-232 定时输出 NEMA0183 格式的导航数据。这些数据是固定间隔输出的，定时间隔一般人为设定。由于是定时输出，当导航数据发生变化而定时更新数据的时间还未到时，其输出数据还是上一时刻数据。

针对传感器级数据融合[3]，做出以下两种假设：

(1) 若是对定位结果做融合处理，那么需要注意时间统一。若子系统无法定位时，应该加上容错处理，要使这个时刻该系统的接收机输出的值为空，或者保持前面一个时刻的定位结果输出。若将病态结果输出，则会使融合定位产生野值，或者定不了位后该子系统的时间上有迟滞，这样也会影响后面的数据融合结果。

(2) 若是观测伪距做融合滤波解算出接收机的位置，需要考虑各子系统的伪距修正，即连续定位时的时钟误差和时钟漂移。卫星定位时，因为不同波束的中心经纬度存在差异，所以由用户位置与相应波束区的中心经纬度估计出来的卫星下行附加延迟也存在着偏差。用罗兰 C 方程进行定位解算必须对测量出的伪距进行附加二次相位因子 (additional secondary phase factor, ASPF) 修正。

在统一时间的条件下，将信号看成短时线性变化时，则可以采用下列内插方法予以处理来保证各系统定位时间的同步。

设 t_n 时刻输出数据为 X_n，t_{n-1} 时刻输出数据为 X_{n-1}，t_s 采样时刻的数据为 $X_s(t_{n-1} < t_s < t_n)$，则

$$(X_s - X_n)/(t_s - t_n) = (X_n - X_{n-1})/(t_n - t_{n-1}) \qquad (4.10)$$

求解可得

$$X_s = X_n + (X_n - X_{n-1})(t_s - t_n)/(t_n - t_{n-1}) \qquad (4.11)$$

4.1.4 组合导航的坐标系统

为了描述载体的位置、速度和姿态，在导航系统中参考坐标系统的选择很重要。对于组合导航系统来说，因为各导航系统可能采用不同坐标基准，所以首要解决的问题就是坐标系的统一。所谓坐标系，指的是描述空间位置的表达形式，即采用什么方法来表达接收机在空间的位置。

坐标系是空间数据的基准，也是地理信息系统的基础，定义正确的坐标系对空间数据的使用、显示、分析、拼接和成图有重要的意义。坐标系描述了空间位置的表达形式，为了计算接收机的位置，通常使用随地球而旋转的坐标系，即地心地球固联 (earth centered earth fixed, ECEF) 坐标系。在这一坐标系中，更容易计算出接收机的纬度、经度和高度参数，并将其显示出来。

地心地球固联坐标系与地球和其旋转密切相关，并且是以地心为中心的。现今使用的坐标多种多样，图 4.5～图 4.7 描述了三种可能的 ECEF 坐标系。

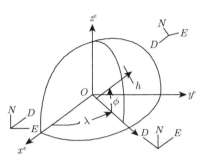

图 4.5　地固地心坐标系 z 轴
与地球的旋转轴

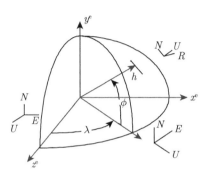

图 4.6　地固地心坐标系 y 轴
与地球的旋转轴

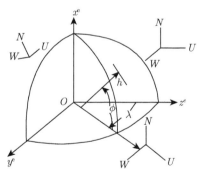

图 4.7　地固地心坐标系 x 轴
与地球的旋转轴

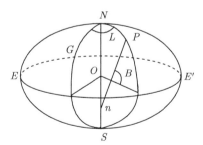

图 4.8　地固地心空间大地坐标系

在如图 4.5 所示的第一种坐标系中，z 轴与地球的旋转方向平行且成一条线。在赤道平面上，x 轴位于格林尼治子午线，加上 y 轴便构成了这个右旋系统。

在图 4.6 中，y 轴平行于地球的旋转方向，在赤道平面上，z 轴位于格林尼治子午线，加上 x 轴便构成了这个右旋系统。

在图 4.7 中，x 轴平行于地球的旋转方向，z 轴位于格林尼治子午线，加上 y

轴便构成了这个右旋系统。

在地心地球固联坐标系下，经常使用的有三种坐标系：空间大地坐标系、空间直角坐标系和平面直角坐标系。

1) 空间大地坐标系

如图 4.8 所示，空间大地坐标系是用大地经度 L、大地纬度 B 和大地高 H 表示地面点位的。P 点的子午面 NPS 与起始子午面 NGS 所构成的二面角 L，称为 P 点的大地经度，由起始子午面起算，向东为正，称为东经 ($0° \sim 180°$)；向西为负，称为西经 ($0° \sim 180°$)。P 点的法线 Pn 与赤道面的夹角 B，称为 P 点的大地纬度。由赤道面起算，向北为正，称为北纬 ($0° \sim 90°$)；向南为负，称为南纬 ($0° \sim 90°$)。

从地面点 P 沿椭球法线到椭球面的距离称为大地高。大地坐标系中，P 点的位置用 L、B 表示。如果待定点不在椭球面上，表示点的位置除 L,B 外，还要附加另一参数 —— 大地高 H，它同正常高 $H_{正常}$ 及正高 $H_{正}$ 有如下关系：

$$\begin{cases} H = H_{正常} + \zeta(高程异常) \\ H = H_{正} + N(大地水准面差距) \end{cases} \tag{4.12}$$

2) 空间直角坐标系

以椭球体中心 O 为原点，起始子午面与赤道面交线为 X 轴，在赤道面上与 X 轴正交的方向为 Y 轴，椭球体的旋转轴为 Z 轴，构成右手坐标系 $O\text{-}XYZ$，在该坐标系中，P 点的位置用 X,Y,Z 表示，如图 4.9 所示。

地球空间直角坐标系的坐标原点位于地球质心 (地心坐标系) 或参考椭球中心 (参心坐标系)，z 轴指向地球北极，x 轴指向起始子午面与地球赤道的交点，y 轴垂直于 XOZ 面，并构成右手坐标系。

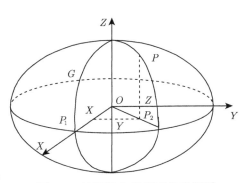

图 4.9　地固地心空间直角坐标系

3) 坐标系之间的转换

空间直角坐标系到大地坐标系的转换关系如下：

$$\begin{cases} \mathrm{el} = \arctan \dfrac{y}{x} \\[2mm] \mathrm{az} = \arctan \dfrac{z + N \times e^2 \sin(\mathrm{az})}{\sqrt{x^2 + y^2}} \\[2mm] h = \dfrac{z}{\sin(\mathrm{az})} - N\left(1 - e^2\right) \end{cases} \tag{4.13}$$

式中，el、az 分别表示用户的经度和纬度；h 表示用户的水平高度；x, y, z 分别表示用户在空间直角坐标系下的三维位置。

4) 坐标系的统一

GPS 导航接收机使用的是 WGS-84 地心空间直角坐标系，而北斗使用的是 BJZ54 平面直角坐标系。一个罗兰 C 台链由 3~5 个间隔 600~1000 海里的台站组成，其信号格式由载波频率以 100kHz 中心的简短无线电脉冲组成。其中，一个台站被指定为主台，其他台站被称为副台，脉冲时间间隔对每个台链是唯一的，且称为组重复周期。

地面上的同一个点位可以表示在不同坐标系下，其坐标值是不同的，因此导航系统之间的坐标必须统一。统一的方法就是进行坐标转换，选定一个坐标系，将所用导航信息全部转换到指定的坐标系中。

WGS-84 坐标系是一种地心坐标系，其坐标原点位于地球的质心上。BJ54 坐标系是一种平面直角坐标系，采用克拉索夫斯基椭球为参考椭球，并采用高斯–克吕格投影 (等角横切圆锥投影) 方式进行投影。WGS-84 坐标系和 BJ54 坐标系转换时有两种转换思想和模型，即平面转换模型和空间转换模型。空间转换的思想是：在进行空间转换时，首先必须假定 WGS-84 坐标系测定点中有 3 个已知的 BJ54 坐标系的平面坐标，根据这 3 个公共点的坐标首先进行 7 个参数的测定，然后代入公式进行 WGS-84 坐标系和 BJ54 坐标系的转换：

$$
\begin{bmatrix} x \\ y \\ z \end{bmatrix}_{\text{BJ54}} = \begin{bmatrix} Dx \\ Dy \\ Dz \end{bmatrix} + (1+k)R(\alpha)R(\beta)R(\gamma)\begin{bmatrix} x \\ y \\ z \end{bmatrix}_{\text{WGS-84}} \tag{4.14}
$$

式中，$(Dx, Dy, Dz)^{\mathrm{T}}$ 是进行空间转换时的坐标平移量，k 是一个缩放尺度比参数；α、β、γ 是进行转换时的旋转参数。

$$
\begin{bmatrix} x \\ y \\ z \end{bmatrix}_{\text{WGS-84}} = \begin{bmatrix} x \\ y \\ z \end{bmatrix}_{\text{BJ54}} + \begin{bmatrix} \Delta x \\ \Delta y \\ \Delta z \end{bmatrix} + \begin{bmatrix} \Delta S & w & -\Psi \\ -w & \Delta S & \varepsilon \\ \Psi & -\varepsilon & \Delta S \end{bmatrix}\begin{bmatrix} x - x_0 \\ y - y_0 \\ z - z_0 \end{bmatrix}_{\text{BJ54}} \tag{4.15}
$$

式中，ΔS、(ε, Ψ, w) 刻度和相对方位在局部大地系统中的变化；$(\Delta x, \Delta y, \Delta z)$ 是两个坐标系之间的原点平移量。在进行空间的转换时，这 7 个参数和式 (4.14) 中的 7 个参数含义相同，需要首先假定 3 个已知的测定点，根据这 3 个公共点的坐标首先进行 7 个参数的测定，然后将参数代入公式进行待测点在不同坐标系之间的转换。(x_0, y_0, z_0) 定义的 "初始" 点在局部大地系中的坐标，利用式 (4.15) 便可以将 BJ54 坐标全部转换为 WGS-84 坐标。

4.2 数据融合技术在组合导航中的应用

由于子系统中的 GPS 导航系统的精度较高, 而且在伪距级的滤波估计中已经研究验证了 Kalman 滤波用于 GPS 动态定位中的优势, 因此下面的研究仅对北斗和罗兰 C 导航系统的数据融合结果进行了探讨, 并与 GPS 的性能进行对比。

4.2.1 小波熵对噪声的识别

1. 小波熵

样本熵确定时间序列在单一尺度上的无规则程度, 样本熵值越低, 序列自相似性越高; 样本熵值越大, 序列越复杂 [3]。若熵值在尺度上单调递减, 则序列在尺度上自相似性较低, 结构简单, 属于随机时间序列; 若熵值在尺度上越大, 则序列自相似性越大, 复杂度越大; 若一个时间序列的熵值在绝大部分尺度上大于另一个时间序列的熵值, 则说明前者要比后者复杂。

设 X 为实测的随机信号序列, 由帕斯瓦尔方程可知, 正交小波基下的小波变换具有能量守恒的性质, 基于时间序列的能量可以在尺度域上进行分解, 即多分辨率分析的能量可分解为

$$\|X\|^2 = \sum_{j=1}^{J} \|W_j\|^2 + \|V_J\|^2 \tag{4.16}$$

则基于实测数据的方差为

$$\sigma_X^2 = \frac{1}{N} \sum_{n=1}^{N} (X - \bar{X})^2 \approx \frac{1}{N} \sum_{n=1}^{N} X^2 - \bar{X}^2$$

$$= \frac{1}{N} \sum_{n=1}^{N} \left(\sum_{j=1}^{J} \|W_j\|^2 + \|V_J\|^2 \right) - \bar{X}^2 \tag{4.17}$$

由于 V_J 是 $\overline{X}$ 的逼近, 由式 (4.16) 定义尺度 j 上的平均小波能量或小波方差, 并归一化:

$$p_j(E) = E_j/E = \left(\frac{1}{N} \|W_j\|^2 \right) / E$$

$$= \left(\frac{1}{N} \sum_{t=1}^{N} W_{j,t}^2 \right) / E, \quad (i = 1, 2, \cdots, J) \tag{4.18}$$

其中, 总能量为 $E = \sum_{j=1}^{M} E_j$, 显然有 $\sum_{j=1}^{m} p_j(E) = 1$。归一化后能量序列 $\{p_j(E)\}$ 称

为能量序列的经验分布, 是各尺度的小波能量与总能量的比例。结合信息熵的定义, 采用小波各尺度的能量序列的分布 $P = (p_1(E), p_2(E), \cdots, p_m(E))$ 取代信号的概率分布, 这种基于能量分布得到的熵称为小波熵, 其定义为

$$H_{we} = H(P) = H(p_1(E), p_2(E), \cdots, p_J(E))$$

$$= -\sum_{j=1}^{J} p_j(E) \log_2 p_j(E) \tag{4.19}$$

用小波熵来定性分析信号中噪声的频域特征, 导航信号的噪声模型中高斯白噪声起主导作用, 用小波熵对不同信号中的噪声模型进行识别和分析, 并为小波域的多传感器的数据融合提供了表征信号复杂度的准确的权值, 使得多尺度数据融合后的结果具有较高的精度 [4]。

2. 熵值判别法

信息论中用信息量 $I(x_k)$ 来表征一个事件 x_k 发生概率为 p_k 的信息 [3], $I(x_k) = \lg\left(\dfrac{1}{p_k}\right) = -\lg p_k$, 熵为 $H(x) = E\{I(x_k)\} = E[-\lg p_k]$, 熵与数理统计中的方差 σ 之间存在 $H(x) = \lg(A\sigma)$, A 为与 p_k 有关的常数。取以 e 为底的对数时, $H(x) = \ln(A\sigma)$。可得 $e^{H(x)} = A\sigma$, 当置信概率为 95% 时, 不确定度 $\Delta x = \pm\dfrac{3}{4}e^{H(x)}$。采用秩 [4] 估计的方法来计算熵, 具体步骤如下:

先按从小到大的顺序将离散的采样数据 $x_1, x_2, \cdots, x_N$ 排成新的序列 $x_{(1)}, x_{(2)}, \cdots, x_{(N)}$; 接着定义秩为 $r_k = \displaystyle\int_{-\infty}^{x(k)} p(x)\mathrm{d}x = \int_{-\infty}^{x(k)} \mathrm{d}p(x) = P(x(k))$, 其中 $p(x)$ 为 x 的概率分布函数 $P(x(k))$ 的估计 $\overline{p(x(k))} = \overline{r_k} = k/(n+1)$; 再将根据 $\overline{H(x)} = -\displaystyle\sum_{k=1}^{N} \ln\left[\frac{\Delta p(x(k))}{\Delta x(k)}\right]\Delta p(x(k)) = -\sum_{k=1}^{N} \ln\left[\frac{\overline{r_{k+1}} - \overline{r_k}}{x(k+1) - x(k)}\right](\overline{r_{k+1}} - \overline{r_k})$ 计算规定解的最大不确定度 $\Delta x = \pm\dfrac{3}{4}e^{\overline{H(x)}}$ 作为阈值, 此时定位解的置信概率为 95%; 最后用这个最大不确定度来判别每个观测值的误差 $\Delta x_i = x_i - \dfrac{1}{N}\displaystyle\sum_{i=1}^{N} x_i$ 是否出界。

3. 白噪声

白噪声是完全随机的信号, 其结构比较简单; $1/f$ 噪声是相关信号, 具有长程相关性, 其结构相当复杂。$1/f$ 噪声的复杂度大于白噪声的复杂度。

因为白噪声中任何两点的数据之间不存在相关性, 所以样本熵就是任何两点之间的距离小于或者等于 r 时的概率分布函数的负自然对数。

一个有 N 个独立随机变量的时间序列, 其联合概率分布函数可写为

$$p(x_1, x_2, \cdots, x_n) = \prod_{i=1}^{N} p(x_i) \tag{4.20}$$

式中, p 表示概率密度函数, 则

$$p_r(|x_i - x_j| \leqslant r \,||\, |x_{i-1} - x_{j-1}| \leqslant r)$$

$$= \frac{p_r(|x_i - x_j| \leqslant r \wedge |x_{i-1} - x_{j-1}| \leqslant r)}{p_r(|x_{i-1} - x_{j-1}| \leqslant r)}$$

$$= \frac{p_r(|x_i - x_j| \leqslant r \times |x_{i-1} - x_{j-1}| \leqslant r)}{p_r(|x_{i-1} - x_{j-1}| \leqslant r)} = p_r(|x_i - x_j| \leqslant r) \tag{4.21}$$

式中, p_r 表示概率分布, 假设 x_i 在 $[-\infty, \infty]$ 上, erf 为误差函数, 则白噪声的样本熵可写为

$$S_E = -\ln p_r(|x_j - x_i| \leqslant r) = -\ln \int_{-\infty}^{+\infty} \int_{x_i-r}^{x_i+r} p(x_j) \mathrm{d}x_j p(x_i) \mathrm{d}x_i$$

$$= -\ln \frac{1}{2\pi\sigma^2} \int_{-\infty}^{+\infty} \int_{x_i-r}^{x_i+r} \mathrm{e}^{-\frac{x_j^2}{2\sigma^2}} \mathrm{d}x_j \mathrm{e}^{-\frac{x_i^2}{2\sigma^2}} \mathrm{d}x_i$$

$$= -\ln \frac{1}{2\sigma\sqrt{2\pi}} \int_{-\infty}^{+\infty} \left(\mathrm{erf}\left(\frac{x_i+r}{\sigma\sqrt{2}}\right) - \mathrm{erf}\left(\frac{x_i-r}{\sigma\sqrt{2}}\right) \right) \mathrm{e}^{-\frac{x_i^2}{2\sigma^2}} \mathrm{d}x_i \tag{4.22}$$

随机时间序列的分布函数是均值为 $0(\mu = 0)$ 的高斯分布, 则白噪声的时间序列是高斯随机变量的线性联合输出, 因此多尺度分析后各尺度上的近似重构序列仍然是均值为 $0(\mu = 0)$ 的高斯分布, 但是方差随着尺度因子的增加而减少, 且满足下式:

$$\sigma_\tau = \frac{\sigma}{\sqrt{\tau}} \tag{4.23}$$

式中, τ 是尺度因子; σ_τ 是尺度为 τ 上的近似重构序列的方差; σ 是原始时间序列的方差 $(\sigma = 1)$。p_r 表示概率分布, 假设 y_i 在 $[-\infty, \infty]$ 上, erf 为误差函数, 故尺度 τ 上的小波序列和尺度序列的小波熵为 [3]

$$H_E = -\ln p_r(|y_j^\tau - y_i^\tau| \leqslant r)$$

$$= -\ln \frac{1}{2\sigma} \sqrt{\frac{\tau}{2\pi}} \int_{-\infty}^{+\infty} \left(\mathrm{erf}\left(\frac{y_i+r}{\sigma\sqrt{2/\tau}}\right) - \mathrm{erf}\left(\frac{y_i-r}{\sigma\sqrt{2/\tau}}\right) \right) \mathrm{e}^{-\frac{y_i^2 \tau}{2\sigma^2}} \mathrm{d}y_i \tag{4.24}$$

　　实验中选用两个不同精度的微机电陀螺仪，分别采集其零偏数据，对实测数据中含有的噪声分量进行分析。结合 MEMS 陀螺仪的 Allan 方差分析结果，通过实验对设计方案进行了性能测试，根据微机电陀螺仪 1 和 2 的实测数据来验证不同噪声分量的小波熵特性。图 4.10 和图 4.11 分别是这两个陀螺仪实测数据中白噪声分量的功率谱，图 4.12 和图 4.13 分别是对应白噪声分量的小波熵随尺度变化的情况。

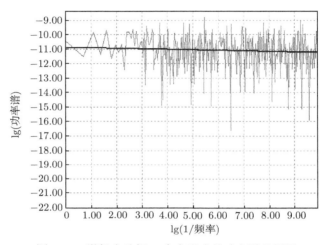

图 4.10　微机电陀螺 1 中白噪声的功率谱分析图

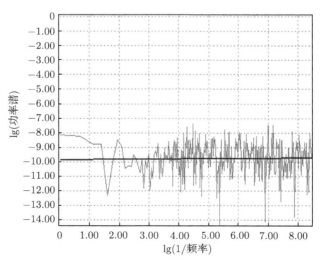

图 4.11　微机电陀螺 2 中白噪声的功率谱分析图

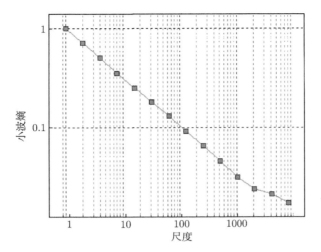

图 4.12 微机电陀螺 1 中白噪声的小波熵变化情况

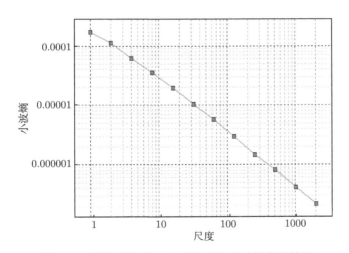

图 4.13 微机电陀螺 2 中白噪声的小波熵变化情况

图 4.10 和图 4.11 的功率谱分析验证了微机电陀螺仪中白噪声的存在。图 4.12 和图 4.13 描述了白噪声的小波熵随尺度的变化情况为递减趋势,即随着小波分析尺度的增大,白噪声的小波熵越来越小。

4. $1/f$ 噪声

功率谱类似于 $1/f$ 噪声衰减的随机过程具有相关性,其变量不是独立分量,而是相互之间存在相关性。为了计算 $1/f$ 时间序列的小波熵值,需要给出一种正交变换的小波基,使得相关变量在这个基上相互独立,该基的维数反映了系统 “记忆性"的程度 [5,6]。

假设有 N 个均值为 $\bar{X}_j$ 的随机变量 $X_1, X_2, \cdots, X_N, j = 1, 2, \cdots, N$。协方差矩阵为

$$C(X_j, X_k) = E[(X_j - \bar{X}_j)(X_k - \bar{X}_k)] \tag{4.25}$$

式中，$C(X_j, X_j) = \sigma_j^2$。考虑 n 维高斯随机矢量 X 的概率密度函数为

$$p(X) = \frac{1}{\sqrt{(2\pi)^n |C|}} e^{[-\frac{1}{2}(X-\bar{X})^{\mathrm{T}} C^{-1}(X-\bar{X})]} \tag{4.26}$$

式中，$|C|$ 表示协方差的绝对值。用 U^{T} 表示正交变化，转换矢量 $Y = U^{\mathrm{T}} X$ 的概率密度分布函数为

$$\begin{aligned}
p(Y) &= \frac{1}{\sqrt{(2\pi)^n |\Lambda|}} \exp\left(-\frac{1}{2}(Y-\bar{Y})^{\mathrm{T}} \Lambda^{-1}(Y-\bar{Y})\right) \\
&= \prod_{i=1}^{N} \frac{1}{\sqrt{2\pi\lambda_i}} \exp\left(-\frac{(Y_i-\bar{Y}_i)^2}{2\lambda_i}\right) = \prod_{i=1}^{N} \frac{1}{\sigma'_i\sqrt{2\pi}} \exp\left(-\frac{1}{2}\left(\frac{Y_i-\bar{Y}_i}{\sigma'_i}\right)^2\right)
\end{aligned} \tag{4.27}$$

式中，$|\Lambda|$ 表示矩阵 Y 的协方差绝对值。为了计算协方差矩阵的值，根据式 (4.27) 得到 $1/f$ 噪声信号的功率谱函数 $S(f)$ 的频率范围密度为

$$S(f) = \begin{cases} h_{-1} f^{-1}, & f_1 \leqslant f \leqslant f_2 \\ 0, & \text{其他} \end{cases} \tag{4.28}$$

式中，h_{-1} 为常数。因此，尺度 τ 上的小波熵可以用下面的概率分布函数来计算：

$$H_E = -\ln p(Y_\tau) = -\ln \frac{1}{\sqrt{2\pi\lambda_\tau}} \exp\left(-\frac{(Y_\tau-\bar{Y}_\tau)^2}{2\lambda_\tau}\right) \tag{4.29}$$

因为 $1/f$ 噪声的时间序列的独立性，其小波多尺度变换后的小波序列和尺度序列的相关性和方差并不由尺度来改变，所以 $1/f$ 噪声时间序列在尺度上的小波熵值与样本熵值具有类似的计算过程。

图 4.14 和图 4.15 分别是这两个陀螺仪实测数据中 $1/f$ 噪声分量的功率谱分析结果，验证了微机电陀螺仪中 $1/f$ 噪声的存在。图 4.16 和图 4.17 分别是对应 $1/f$ 噪声分量的小波熵随尺度变化的情况，描述了 $1/f$ 噪声的小波熵因尺度的变化很小。

对比图 4.12、图 4.13 和图 4.16、图 4.17 的变化可以看出，当尺度等于 1 时，白噪声的熵值大于 $1/f$ 噪声，随着尺度的变化，两者熵值发生不同的变化。

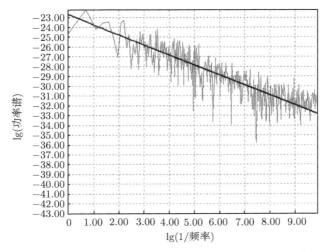

图 4.14 微机电陀螺 1 中 $1/f$ 噪声的功率谱分析图 [4]

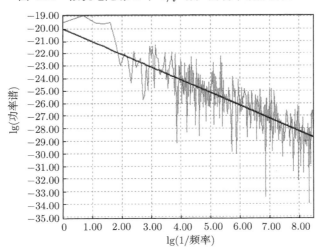

图 4.15 微机电陀螺 2 中 $1/f$ 噪声的功率谱分析图 [4]

从表 4.1 中也可以看出，随着尺度的增大，白噪声的小波熵值变化很大，呈单调递减的趋势；$1/f$ 噪声的小波熵变化不大，这和上面的图示相同。充分表明小波的多尺度分解在噪声类型的识别上得到很好的应用，小波熵值定量衡量了不同噪声信息量随着尺度的变化。对于白噪声，其熵值在尺度上是单调递减的，这说明对于完全随机时间序列，其结构比较简单，信息量主要集中在小尺度上；对于 $1/f$ 噪声，其在不同尺度上的熵值基本上保持一个变化不大的值，这表明对于 $1/f$ 噪声类的长程相关序列，其信息的结构比较复杂，在不同尺度的变换上会有新的信息产生。

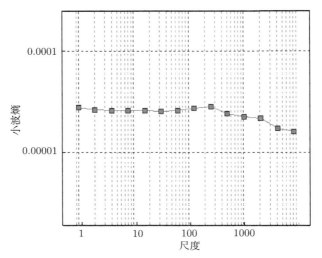

图 4.16　微机电陀螺 1 中 $1/f$ 噪声的小波熵变化情况 [4]

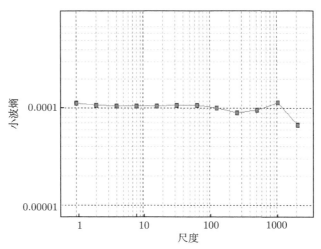

图 4.17　微机电陀螺 2 中 $1/f$ 噪声的小波熵变化情况 [4]

表 4.1　白噪声和 $1/f$ 噪声的小波熵对比 [7]

尺度	白噪声	$1/f$
1	0.99601947	2.7782887e−05
2	0.70886012	2.6406339e−05
4	0.5032648	2.5878418e−05
8	0.35571676	2.5919207e−05
16	0.25155614	2.6176063e−05

尺度	白噪声	$1/f$
32	0.18072513	2.5492615e−05
64	0.13095712	2.6101658e−05
128	0.091765625	2.7321463e−05
256	0.066193343	2.8388181e−05
512	0.045895557	2.4248567e−05
1024	0.031425582	2.2716338e−05
2048	0.024293137	2.1794772e−05
4096	0.021240889	1.7305537e−05
8192	0.017449349	1.6218616e−05

4.2.2 线性均方估计方法

在线性均方 (linear mean squares, LMS) 估计中, 待定的参数估计子被表示为观测数据的线性加权和。对于组合导航系统, 各子系统定位结果的融合可以用这种线性加权和的方法来表示 [8-10], 即

$$\hat{X}_{\mathrm{LMS}} = \sum_{i=1}^{N} w_i x_i \tag{4.30}$$

式中, x_i 代表各子系统在同一时刻的定位结果, 这里指的是用户在各个子系统的坐标系下接收机解算的位置经纬度; $\hat{X}_{\mathrm{LMS}}$ 是利用线性均方的方法估计出来的组合定位结果; $w_1, \cdots, w_N$ 为待确定的各子系统定位结果的加权系数。

线性均方估计的原则是使均方误差函数 $E\{(\hat{X} - X_{真值})^2\}$ 最小, 这样可以保证估计的无偏性、一致性和有效性。按下面步骤可以推算出对量测值的加权系数:

$$\min E\left\{\left(\hat{X} - X_{真值}\right)^2\right\} = \min E\left\{\left(\sum_{i=1}^{N} w_i x_i - X\right)^2\right\} = \min E\left\{\tilde{x}^2\right\} \tag{4.31}$$

式中, $\tilde{x} = \hat{X} - X_{真值}$ 为估计误差。对式 (4.31) 求相对于 w_k 的偏导, 并令结果为零, 则有

$$\frac{\partial E\{\tilde{x}^2\}}{\partial w_k} = E\left\{\frac{\partial \tilde{x}^2}{\partial w_k}\right\} = 2E\left\{\tilde{x}\frac{\partial \tilde{x}}{\partial w_k}\right\} = 2E\{\tilde{x}x_k\} = 0 \tag{4.32}$$

或 $E\{\tilde{x}x_k\} = 0, i = 1, \cdots, N$, 这一结果体现了正交性原理。再将式 (4.32) 改写为

$$E\left\{\left(\sum_{i=1}^{N} w_k x_k - X_{真值}\right) x_i\right\} = 0, i = 1, \cdots, N \tag{4.33}$$

令 $g_i = E\{X_{真值} x_i\}$ 和 $R_{ij} = E\{x_i x_j\}$ 可将式 (4.33) 简化为

$$\sum_{k=1}^{N} R_{ik} w_k = g_i, i = 1, \cdots, N \tag{4.34}$$

式 (4.34) 称为法方程。令 $R = [R_{ij}]_{i,j=1}^{N,N}$，$w = [w_1, \cdots, w_N]^{\mathrm{T}}$，$g = [g_1, \cdots, g_N]^{\mathrm{T}}$，则式 (4.34) 更简化为 $Rw = g$，其解为 $w = R^{-1}g$。需要注意的是相关矩阵 R 的非奇异条件是观测样本 $x_1, x_2, \cdots, x_N$ 相互独立。

4.2.3 基于小波熵的数据融合理论

1. 小波多尺度分解

多尺度分解是把小波变换等效为一组镜像滤波器，在 J 个尺度上将信号 X 进行正交分解，相当于用一组高通和低通镜像滤波器对信号作逐步分解。低通滤波器产生信号的低频分量 (信号近似)V_j，高通滤波器产生信号的高频分量 (信号细节)W_j。每次把上一尺度的低频分量作分解，得到下一尺度的两个分解分量。经过 J 层分解后，得到互相正交的分量，即

$$X = W_1 + V_1 = W_1 + W_2 + V_2 = \cdots = \sum_{j=1}^{J} W_j + V_J \tag{4.35}$$

图 4.18 用 db5 小波对罗兰 C 接收机的原始输出信号中的定位数据分解到第 6 层，可以看出分解到高层时，信号的发展趋势就清晰地显示出来，可以检测出许多方法忽略的信号特性，如信号的发展趋势、信号的高阶不连续点和自相似特性。通常在分析信号时可以忽略噪声的层次，在小波分解的高频层 (最精细的尺度) 中，主要是忽略噪声的系数。

2. 小波熵值判别法

用一维小波进行信号的消噪和融合过程中，是基于阈值判别对小波分解系数的量化处理。在这两种信号处理中，重要的环节是阈值的选择和用阈值来量化加权平均。表示一维信号的基本噪声模型为

$$s(i) = f(i) + \sigma e(i), i = 1, \cdots, n - 1 \tag{4.36}$$

式中，$f(i)$ 为真实信号；$s(i)$ 为含噪声信号；$e(i)$ 是白噪声 $N(0,1)$，对于方差未知的噪声或非白噪声可重新调节输出阈值。基于常规阈值的多种选择和计算方案，提出一种新型阈值，是从小波多尺度变换后在各层上信号能量的角度出发，等价为信号中所携带的信息量的多少，表征信息熵的含义，从而定义一种小波熵。用这个熵来衡量各层上多个传感器的稳定程度和可靠性，决定它们在融合定位结果中所占的权重，使得组合定位结果的精度和稳定度都得到提高。

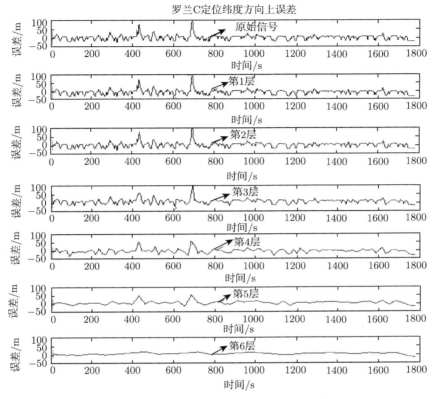

图 4.18 基于小波变换的实测信号分析 [4]

设 X 为实测的各子导航系统的定位随机信号序列, 由帕斯瓦尔方程可知, 正交小波基下的小波变换具有能量守恒的性质, 根据式 (4.35), 基于时间序列的能量可以在尺度域上进行分解, 即多分辨率分析的能量可分解为

$$\|X\|^2 = \sum_{j=1}^{J} \|W_j\|^2 + \|V_J\|^2 \tag{4.37}$$

则基于实测数据的方差为

$$\sigma_X^2 = \frac{1}{N}\sum_{n=1}^{N}(X-\overline{X})^2 \approx \frac{1}{N}\sum_{n=1}^{N}X^2 - \overline{X}^2 = \frac{1}{N}\sum_{n=1}^{N}\left(\sum_{j=1}^{J}\|W_j\|^2 + \|V_J\|^2\right) - \overline{X}^2 \tag{4.38}$$

由于 V_J 是 $\overline{X}$ 的逼近, 将式 (4.37) 定义的尺度 j 上的平均小波能量或小波方差归一化:

$$p_j(E) = E_j/E = \left(\frac{1}{N}\|W_j\|^2\right)/E = \left(\frac{1}{N}\sum_{t=1}^{N}W_{j,t}^2\right)/E, j=1,2,\cdots,J \tag{4.39}$$

式中，总能量为 $E = \sum_{j=1}^{M} E_j$，显然有 $\sum_{j=1}^{m} p_j(E) = 1$。归一化后能量序列 $\{p_j(E)\}$ 称为能量序列的经验分布，为各尺度的小波能量与总能量的比例。结合信息熵的定义，用小波各尺度的能量序列的分布 $P = (p_1(E), p_2(E), \cdots, p_m(E))$ 取代信号的概率分布，这种基于能量分布得到的熵称为小波熵，其定义为 [3]

$$H_{we} = H(P) = H(p_1(E), p_2(E), \cdots, p_J(E)) = -\sum_{j=1}^{J} p_{j(E)} \log_2 p_{j(E)} \qquad (4.40)$$

用小波熵来定性分析定位信号中噪声的频域特征。通常，定位信号的噪声模型中高斯白噪声起主导作用，用这个不确定度作为熵的最大阈值，在小波变换的各个尺度上对信号进行判断，可提高原始各子系统的实测数据的可信度。通过各个系统的均方差的平方的倒数来对原始各系统进行加权平均，可使得融合后的组合定位结果具有较高的精度。

4.3　状态估计方法

在导航系统中对导航有意义的导航参数，包括一组待估计的导航系统的状态变量，如位置、速度、角速度、姿态和各种失调偏差量等，可以用来描述系统的运行状态，精确测定载体的运动状态，为用户提供准确可靠的导航参数。本节讨论最小二乘法和 Kalman 滤波在 GPS 连续定位中对导航参数估计的比较，理论上最小二乘法是批量处理的，而 Kalman 滤波是递推的，因此在实时导航时，最小二乘法不如 Kalman 滤波。也可以采用递推最小二乘法，但递推最小二乘法对于已知或可以知道的系统模型时，不能有效地利用模型的信息，还是不如 Kalman 滤波。

4.3.1　最小二乘法

最小二乘法是模型参数估计的最基本的方法，由于它的原理直观，算法简单，收敛性能好，且无需先验的统计知识，因而广泛被应用在各个领域。其基本原理是实际观测值与模型计算值的误差的平方和最小原理。

卫星导航定位解算的伪距观测方程线性化模型为 [11]

$$\Delta\rho = H\Delta X + \varepsilon \qquad (4.41)$$

式中，$\Delta\rho$ 是观测伪距与近似计算伪距差值的 j 维矢量，j 为卫星数；H 是 $j \times 4$ 阶系数矩阵；ΔX 是四维待估参数矢量，包括 3 个用户位置改正参数和 1 个接收机钟差改正参数；ε 是 j 维偏差改正残差和观测伪距噪声矢量。

$$\Delta\rho = \begin{bmatrix} \Delta\rho_1 \\ \Delta\rho_2 \\ \vdots \\ \Delta\rho_j \end{bmatrix}, \quad H = \begin{bmatrix} l_1 & m_1 & n_1 & -1 \\ l_2 & m_2 & n_2 & -1 \\ \vdots & \vdots & \vdots & \vdots \\ l_j & m_j & n_j & -1 \end{bmatrix}, \quad \Delta X = \begin{bmatrix} \Delta x \\ \Delta y \\ \Delta z \\ C \times \Delta t \end{bmatrix}, \quad \varepsilon = \begin{bmatrix} \varepsilon_1 \\ \varepsilon_2 \\ \vdots \\ \varepsilon_j \end{bmatrix}$$

$$\tag{4.42}$$

对第 k 颗卫星,$k = 1, 2, \cdots, j$,接收机指向卫星的方向参数为

$$l_k = \frac{x_k - x}{r_k}, m_k = \frac{y_k - y}{r_k}, n_k = \frac{z_k - z}{r_k} \tag{4.43}$$

式中,x、y、z 为接收机信号接收时刻的位置估计值;x_k、y_k、z_k 为计算得到卫星信号发射时刻的位置;r_k 为卫星与接收机间的距离。

$$r_k = \sqrt{(x_k - x)^2 + (y_k - y)^2 + (z_k - z)^2} \tag{4.44}$$

$$\Delta\rho_k = \rho_k - (r_k + \Delta r_k) \tag{4.45}$$

式中,ρ_k 为观测伪距;$r_k + \Delta r_k$ 为计算得到的伪距;Δr_k 为卫星钟差修正、相对论效应修正、大气层修正等。

当 $j = 4$ 时,忽略 ε,得到代数解为

$$\Delta X = H^{-1}\Delta\rho \tag{4.46}$$

当 $j > 4$ 时,最小二乘解为

$$\Delta\hat{X} = (H^{\mathrm{T}}H)^{-1}H^{\mathrm{T}}\Delta\rho \tag{4.47}$$

如果 W 为 $n \times n$ 阶观测伪距权矩阵,最小二乘解为

$$\Delta\hat{X} = (H^{\mathrm{T}}WH)^{-1}H^{\mathrm{T}}W\Delta\rho \tag{4.48}$$

用解算得到的位置改正参数修正 $\begin{bmatrix} x & y & z \end{bmatrix}^{\mathrm{T}}$,得到的结果作为新的接收机位置,进行下一步迭代解算。当位置改正参数小于某阈值或迭代次数大于某值时,停止迭代。

测速大致有三种方法:第一种是基于精度较高的定位结果,通过已获知的载体在前后两个历元的位置向量差分来获取载体当前时刻的速度;第二种是利用原始多普勒观测值按照由伪距求解位置的过程直接计算速度;第三种是利用载波相位中心差分所获得的多普勒观测值来计算速度。这三种方法都是源于速度的数学定义公式,但由于计算思路不同,所用观测量不同,求解的近似程度也不同,它们最后所确定的速度精度也将不同。

在实际应用中，分析这三种测速方案：①位置差分法的数据处理难度大，是由于使用这种方案来得到高精度的速度，需要基于载波相位的高精度定位结果，而用载波相位定位的数据处理比较复杂。②当采样时间较长时，才能得到较为平滑的结果。多普勒频移法的数据处理难度小，它利用原始的多普勒频移和伪距观测值即可获得高精度的速度。如果载体运动不符合匀速运动，位置差分法的测速精度必定受到影响，而且速度变化越大，其速度的测量误差也就越大。原始多普勒频移法的测速精度主要取决于多普勒频移观测值的精度，基本不受载体运动状态的影响。③位置差分法需要用到前后历元的观测值，在时间上会有滞后一个历元。原始多普勒频移法则可以利用当前历元的观测值来实时确定速度，没有时间滞后。下面描述导航系统的测速过程。

速度观测方程的线性化模型为

$$\Delta\dot{\rho} = H\Delta\dot{X} + \dot{\varepsilon} \tag{4.49}$$

式中，$\Delta\dot{\rho} = [\begin{array}{cccc} \Delta\dot{\rho}_1 & \Delta\dot{\rho}_2 & \cdots & \Delta\dot{\rho}_j \end{array}]^{\mathrm{T}}$ 是观测伪距率与近似计算伪距速度的差值；H 为系数矩阵，与伪距定位时相同；$\Delta\dot{X} = [\begin{array}{cccc} \Delta\dot{x} & \Delta\dot{y} & \Delta\dot{z} & C\cdot\Delta\dot{i} \end{array}]^{\mathrm{T}}$ 是四维待估参数矢量，包括 3 个用户速度改正参数和 1 个接收机钟速改正参数。

对第 k 颗卫星，$k = 1, 2, \cdots, j$，观测伪距率与近似计算伪距速度的差值为

$$\Delta\dot{\rho}_k = \dot{\rho}_k - \hat{\dot{\rho}}_k + C \times \mathrm{d}\dot{t}_s^k \tag{4.50}$$

式中，$\dot{\rho}_k$ 为观测得到的伪距率；$\mathrm{d}\dot{t}_s^k$ 为卫星钟变化速度，由卫星时钟校正参数得到。

$$\hat{\dot{\rho}}_k = l_k(\dot{x}_k - \dot{x}) + m_k(\dot{y}_k - \dot{y}) + n_k(\dot{z}_k - \dot{z}) \tag{4.51}$$

式中，$[\begin{array}{ccc} \dot{x} & \dot{y} & \dot{z} \end{array}]^{\mathrm{T}}$ 为接收机信号接收时刻的速度估计值；$[\begin{array}{ccc} \dot{x}_k & \dot{y}_k & \dot{z}_k \end{array}]^{\mathrm{T}}$ 为计算得到的卫星信号发射时刻的速度。由最小二乘法得到速度的修正量迭代可得最优结果：

$$\Delta\dot{X} = (H^{\mathrm{T}}H)^{-1}H^{\mathrm{T}}\Delta\dot{\rho} \tag{4.52}$$

4.3.2　Kalman 滤波

Kalman 滤波是一种迭代算法，它基于噪声的统计特性和当前的测量值对用户的 PVT(位置、速度和时间) 做出最佳估计。滤波器包含有接收机平台运动的动力学模型，输出一组用户接收机 PVT 状态估计值及与之关联的误差方差，从而计算出接收机的位置和速度信息，如图 4.19 所示。用 Kalman 实时滤波估计出接收机的位置，可实现精确导航。

滤波器工作时首先用每个状态的近似值作初始化，该初始化数据存在于接收机的非易失性存储器中。这些初始的用户状态估计值被输入到动力学模型中，作为

递推的第一个状态,动力学模型将平台位置从一个时间点推演到下一个,令 k 表示离散的推演历元。在将平台位置推演到下一个历元 $k+1$ 之后,将视界内每颗卫星的星历从导航电文中提取出来。接收机利用推演出的用户位置和速度估计值计算出对每颗卫星预计的伪距和伪距增量 (亦即每历元伪距的变化)。接着,测量出伪距和伪距增量,并求出测量值和预测值之间的差值。如果测量出的伪距和伪距增量值与预测值恰巧相等,则残差为 0;若残差不为 0,则说明用户的位置、速度、时间估计值有误差。滤波器按照最小均方误差判据调整用户状态估计值,使残差减至最小。这些调整的状态估计值输出至用户,并同时反馈到动态模型以重复这种递归估计过程。

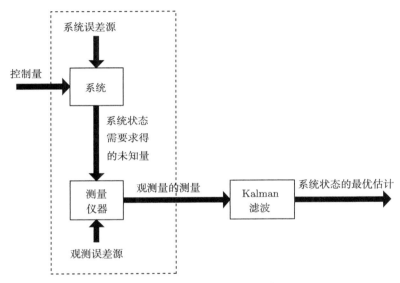

图 4.19 Kalman 滤波的概念图

在动态定位算法中,定位精度和系统模型建立的精确与否有很大的关系,合适的载体运动模型和测量噪声模型经过 Kalman 滤波算法后能得到很好的精度。系统采用常速度模型或常加速度模型,要视接收机具体的运动情况来定。考虑随机干扰情况,以一维直线运动为例,当载体作匀速或匀加速运动时,运动模型为[8-10]

$$
\begin{bmatrix} \dot{x} \\ \ddot{x} \\ \dddot{x} \end{bmatrix} = \begin{bmatrix} 0 & 1 & 0 \\ 0 & 0 & 1 \\ 0 & 0 & 0 \end{bmatrix} \begin{bmatrix} x \\ \dot{x} \\ \ddot{x} \end{bmatrix} + \begin{bmatrix} 0 \\ 0 \\ 1 \end{bmatrix} w(t) \tag{4.53}
$$

式中,x、$\dot{x}$ 和 $\ddot{x}$ 分别为运动载体的位置、速度和加速度分量;$w(t)$ 是均值为 0、方差为 σ^2 的高斯白噪声。

载体运动表现为变加速度 $a(t)$ 特性,运动模型为

$$
\begin{bmatrix} \dot{x} \\ \ddot{x} \\ \dddot{x} \end{bmatrix} = \begin{bmatrix} 0 & 1 & 0 \\ 0 & 0 & 1 \\ 0 & 0 & 0 \end{bmatrix} \begin{bmatrix} x \\ \dot{x} \\ \ddot{x} \end{bmatrix} + \begin{bmatrix} 0 \\ 0 \\ 1 \end{bmatrix} \dot{a}(t) + \begin{bmatrix} 0 \\ 0 \\ 1 \end{bmatrix} w(t) \tag{4.54}
$$

Kalman 滤波在导航中应用时，若为高动态用户，则需要接收机能提供用户的状态一般为 $X = (x, y, z, T \times C, \dot{x}, \dot{y}, \dot{z}, \dot{T} \times C, \ddot{x}, \ddot{y}, \ddot{z})$，其中，$(x,\ y,\ z)$ 为用户三维位置，$(\dot{x},\ \dot{y},\ \dot{z})$ 为三维速度，$(\ddot{x},\ \ddot{y},\ \ddot{z})$ 为三维加速度，T 为用户钟差，$\dot{T}$ 为用户钟频差，共十一维向量。根据一个方向上待定状态的研究，在三个方向上的状态转移矩阵可以设定为

$$
\phi = \begin{vmatrix}
1 & 0 & 0 & 0 & \Delta t & 0 & 0 & 0 & \frac{1}{2}\Delta t^2 & 0 & 0 \\
0 & 1 & 0 & 0 & 0 & \Delta t & 0 & 0 & 0 & \frac{1}{2}\Delta t^2 & 0 \\
0 & 0 & 1 & 0 & 0 & 0 & \Delta t & 0 & 0 & 0 & \frac{1}{2}\Delta t^2 \\
0 & 0 & 0 & 1 & 0 & 0 & 0 & \Delta t & 0 & 0 & 0 \\
0 & 0 & 0 & 0 & 1 & 0 & 0 & 0 & \Delta t & 0 & 0 \\
0 & 0 & 0 & 0 & 0 & 1 & 0 & 0 & 0 & \Delta t & 0 \\
0 & 0 & 0 & 0 & 0 & 0 & 1 & 0 & 0 & 0 & \Delta t \\
0 & 0 & 0 & 0 & 0 & 0 & 0 & 1 & 0 & 0 & 0 \\
0 & 0 & 0 & 0 & 0 & 0 & 0 & 0 & 1 & 0 & 0 \\
0 & 0 & 0 & 0 & 0 & 0 & 0 & 0 & 0 & 1 & 0 \\
0 & 0 & 0 & 0 & 0 & 0 & 0 & 0 & 0 & 0 & 1
\end{vmatrix} \tag{4.55}
$$

由式 (4.42) 和式 (4.43) 可得高动态时，卫星导航的测量矩阵为

$$
H = \left(\frac{x_n - x_s}{r}, \frac{y_n - y_s}{r}, \frac{z_n - z_s}{r}, 1, 0, \cdots 0 \right)
$$

式中，x_n, y_n, z_n 为用户位置；x_s, y_s, z_s 为卫星位置；r 为伪距。

将上述矩阵代入 Kalman 滤波标准方程组中进行状态估计。

状态的一步预测：

$$
\widehat{X}_{k+1/k} = \Phi_{k+1/k} \widehat{X}_k \tag{4.56a}
$$

一步预测误差方差阵：

$$
P_{k+1/k} = \Phi_{k+1/k} P_k \Phi_{k+1/k}^{\mathrm{T}} + Q_k \tag{4.56b}
$$

滤波增益矩阵：

$$
K_{k+1} = P_{k+1/k} \times H_{k+1}^{\mathrm{T}} (H_{k+1} P_{k+1/k} H_{k+1}^{\mathrm{T}} + R_{k+1})^{-1} \tag{4.56c}
$$

状态估计:

$$\overline{x}_{k+1} = x_{k+1/k} + K_{k+1}(Y_{k+1} - H_{k+1}\widehat{X}_{k+1/k}) \tag{4.56d}$$

估计误差方差阵:

$$P_{k+1} = (I - K_{k+1}H_{k+1})P_{k+1/k} \tag{4.56e}$$

这里需要注意的是, 估计值的初始状态需要进行假设, k 代表前一时刻, $(k+1)$ 代表下一时刻, 变量 k 是增益 (初始状态需要假设); P 是相应的估计误差方差阵 (对系统的分析估计得到的); Y 是量测值 (若做的是伪距一级的滤波解算, 则 Y 就是伪距差; 若做的是定位结果一级的滤波, 则 Y 就是定位差)。

4.3.3 扩展 Kalman 滤波

一般情况下, Kalman 滤波只适用于线性系统, 但实际系统总是存在不同程度的非线性, 虽然有些可以近似看成线性系统, 但是卫星导航系统无法忽略非线性因素, 必须用反映实际系统的非线性模型。扩展 Kalman 滤波就是在这种情况下发展起来的一种处理非线性模型的算法, 4.2 节中讲述的实质上是对扩展 Kalman 滤波的应用。下面对扩展 Kalman 滤波方程做进一步的说明, 如图 4.20 所示。考虑非线性系统 [8-10]:

$$X_{k+1} = f(X_k, k) + W_k \tag{4.57}$$

$$Z_{k+1} = h(X_{k+1}, k+1) + V_k \tag{4.58}$$

式中, X_k 为当前状态量; X_{k+1} 为下一时刻的状态量; Z_{k+1} 为观测量; $f[\cdot]$ 是 n 维向量函数, 对其自变量而言是非线性的; $h[\cdot]$ 是 m 维向量函数, 它对自变量而言也是非线性的; W_k, V_k 分别是 r 维随机系统动态噪声和 m 维量测系统噪声。如果噪声 W_k, V_k 的概率分布是任意的, 那么式 (4.57) 和式 (4.58) 所描述的将是属于非常一般的随机非线性系统, 这类系统的最优估计问题的求解是极不方便的。因此, 为了使估计问题得到可行的解答, 必须对噪声的统计特性给以符合实际而又便于数学处理的假定, 考虑 W_k, V_k 为彼此不相关的零均值白噪声序列, 其统计特性满足:

$$E(W_k) = 0 \quad E(W_kW_j^{\mathrm{T}}) = Q_k\delta_{kj} \tag{4.59}$$

$$E(V_k) = 0 \quad E(V_kV_j^{\mathrm{T}}) = R_k\delta_{kj} \tag{4.60}$$

$$E(W_kV_j^{\mathrm{T}}) = 0 \tag{4.61}$$

式中, Q_k 为系统噪声序列的方差阵, 假设为非负定阵; R_k 为量测噪声序列的方差阵, 假设为正定阵。

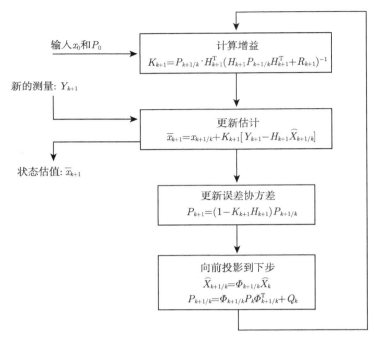

图 4.20   Kalman 滤波解的流程图

围绕滤波值 $\hat{X}_k$ 将非线性函数式 (4.57) 展开成泰勒级数, 略去二次项及高次项, 这里需要注意的是如果所取观测站坐标的初值具有较大的偏差, 那么略去二次微小量的模型误差, 对解算结果将产生不能忽略的影响。为避免略去的高次项对解算结果的影响, 将利用解算出的坐标作为近似值, 迭代求解, 得线性化模型:

$$X_{k+1} = f(\hat{X}_k, k) + \frac{\partial f}{\partial \hat{X}_k}[X_k - \hat{X}_k] + W_k \tag{4.62}$$

令 $\dfrac{\partial f}{\partial \dot{X}_k} = \dfrac{\partial f(\hat{X}_k, k)}{\partial X_k}\Big|_{X_k = \hat{X}_k} = \phi_{k+1,k}$, $f(\hat{X}_k, k) - \dfrac{\partial f}{\partial \hat{X}_k}\Big|_{X_k = \hat{X}_k} \hat{X}_k = \varPhi_k$, 则式 (4.57) 为

$$X_{k+1} = \phi_{k+1,k}X_k + W_k + \varPhi_k \tag{4.63}$$

初始值为 $X_0 = E[X_0] = \mu_{m_0}$, 一般设定为经验值。同式 (4.62), 围绕滤波值 $\hat{X}_{k+1,k}$, 将非线性函数式 (4.58) 展开成泰勒级数, 略去二次项及高次项得到线性化模型:

$$h(X_{k+1,k}, k+1) + \frac{\partial h}{\partial X_k}\Big|_{X_k = \hat{X}_{k+1,k}}(X_{k+1} - \hat{X}_{k+1,k}) + V_{k+1} \tag{4.64}$$

令 $\dfrac{\partial h}{\partial X_k}\Big|_{X_k = \hat{X}_{k+1,k}} = H_{k+1}$, $h(\hat{X}_{k+1,k}, k+1) - \dfrac{\partial f}{\partial X_k}\Big|_{X_k = \hat{X}_{k+1,k}} \hat{X}_{k+1,k} = y_{k+1}$, 则式 (4.58) 为

$$Z_{k+1} = H_{k+1}X_{k+1} + V_k + y_{k+1} \tag{4.65}$$

与 Kalman 滤波基本方程相比, 式 (4.63) 和式 (4.65) 增加了非随机的外作用项 ϕ_k 和 y_{k+1}, 从而便得到了式 (4.56a)～ 式 (4.56e), 其中滤波初始值和滤波误差方差阵的初始值分别为 $X_0 = E[X_0] = \mu_{m_0}$, $P_0 = \text{var}(X_0)$

需要注意扩展 Kalman 滤波只能在 $\tilde{X}_k = X_k - \hat{X}_k$ 及 $\tilde{X}_{k,k-1} = X_k - \hat{X}_{k,k-1}$ 都较小时才能使用。

4.4 Kalman 滤波发散的抑制

4.4.1 序列滤波

从上面的算法中可看出, 在计算滤波增益时, 需要计算 $n \times n$ 维矩阵 $H_k P_{k,k-1} H_k^{\mathrm{T}} + R_k$ 的逆, 而用高斯–约当法对矩阵求逆的计算量为 $5n^3 + 12n^2 + 2n$ 次乘法, $5n^3 + 10n^2 + n$ 次加法, 可见其计算量是很大的, 占据了 Kalman 滤波算法一次迭代的 20% 左右的计算量, 因此如果能够找到一种避免矩阵求逆的方法来实现矩阵求逆是很有现实意义的。序列滤波将观测更新中对 Z_k 的集中处理分散为顺序处理, 使得对高阶矩阵的求逆转换为对低阶矩阵的求逆, 有效地降低了计算量。特别是观测噪声方差阵为对角阵时, 这种分散后的求逆就转换为简单的除法, 明显降低了计算量。

当测量噪声方差阵为对角阵时 [11],

$$R_k = E[V_k V_k^{\mathrm{T}}] = \text{diag}(r_k^1, r_k^2, \cdots, r_k^n) \tag{4.66}$$

式中, r_k^i, $i = 1, 2, \cdots, n$ 为标量。此时测量矩阵 H_k 也可分为

$$H_k = ((h_k^1)^{\mathrm{T}}, (h_k^2)^{\mathrm{T}}, \cdots (h_k^n)^{\mathrm{T}})^{\mathrm{T}} \tag{4.67}$$

因而每个分量的观测方程变为

$$Z_k^i = h_k^i X_k + V_k^i \tag{4.68}$$

普通 Kalman 滤波对所有的观测向量 Z_k 同时进行处理, 一步预测估计 $X_{k,k-1}$, 获得 Z_k 后, 滤波估计 X_k。序列处理则把 Z_k 分为 $Z_k^i(i = 1, 2, \cdots, n)$, 并按顺序处理, 即第一次从 $X_{k,k-1}$ 和 Z_k^1 计算得 X_k^1, 然后用 X_k^1 和 Z_k^2 计算 X_k^2, 一直计算到 X_k^n, 就得到 $X_k = X_k^n$。

序列滤波处理只在测量更新中进行, 滤波算法如下 [12]:

$$X_k^i = X_k^{i-1} + K_k^i(Z_k^i - h_k^i X_k^{i-1}) \tag{4.69}$$

$$K_k^i = P_k^{i-1}(h_k^i)^T(h_k^i P_k^{i-1}(h_k^i)^T + r_k^i)^{-1} \tag{4.70}$$

$$P_k^i = (I - K_k^i h_k^i)P_k^{i-1} \tag{4.71}$$

式中, $i = 1, 2, \cdots, n$; $X_k^0 = X_{k,k-1}$; $P_k^0 = P_{k,k-1}$。计算至 $i = n$, 可得到 X_k, K_k, P_k, 然后进行时间更新。

这里主要讨论当量测噪声方差阵为分块对角阵时的序列滤波, 实验中也只用到了这种序贯处理。而当量测噪声方差阵为非分块对角阵时, 由于量测噪声方差阵的正定性, 总可以将其分解为下三角平方根的形式, 这种处理类似于 UD 分解 Kalman 滤波中对误差矩阵 P 阵做的处理, 然后同样进行序列滤波。由于这种处理将求逆转化为了除法, 计算量显然小多了, 但需要注意的是要对量测噪声方差阵作下三角平方根分解。

$$R_k = N_k N_k^T \tag{4.72}$$

式中, N_k 为下三角阵, 且总为非奇异阵。

4.4.2　UD Kalman 滤波

在 Kalman 滤波器中, 需要进行大量的矩阵运算, 由于受到处理器字长的限制, 在计算过程中容易出现由舍入误差引起误差协方差阵失去正定, 从而使滤波器发散的问题。为解决这一问题, 一种 UD 分解的滤波算法应运而生, 它可以抑制了由于计算舍入误差而造成的滤波器不稳定的问题, 并在一定程度上提高滤波器的滤波精度。

由 Kalman 滤波基本方程中的增益回路 [13]:

$$P_{k,k-1} = \varphi_{k,k-1}P_{k-1}\varphi_{k,k-1}^T + \Gamma_{k,k-1}Q_{k-1}\Gamma_{k,k-1}^T$$
$$K_k = P_{k,k-1}H_k^T(H_k P_{k,k-1}H_k^T + R_k)^{-1}$$
$$P_k = (I - K_k H_k)P_{k,k-1} \tag{4.73}$$

从式 (4.73) 可以看出, 如果计算过程中使 $P_{k,k-1}$ 失去非负定性, 则 K_k 计算中的求逆将会产生很大的误差; 如果由于 $P_{k,k-1}$ 的负定性使 $H_k P_{k,k-1}H_k^T + R_k$ 变成奇异阵或接近奇异阵, 则其逆不存在或计算出的逆会产生巨大的误差, 导致 X_k 有巨大误差。

由于计算误差使 $P_{k,k-1}$ 失去非负定性的情况一般不会发生, 但是下列情况下 $P_{k,k-1}$ 很容易失去非负定性 [14,15]:

(1) $\varphi_{k,k-1}$ 的元素非常大, 并且 P_{k-1} 为病态阵。

(2) P_{k-1} 轻度负定, 即 P_{k-1} 具有接近零的负特征值。

为了使 $P_{k,k-1}$ 不会出现非负定性, 可以把 $P_{k,k-1}$ 和 P_k 分解为

$$P_{k,k-1} = U_{k,k-1}D_{k,k-1}U_{k,k-1}^T \tag{4.74}$$

$$P_k = U_k D_k U_k^{\mathrm{T}} \tag{4.75}$$

式中, $U_{k,k-1}$ 和 U_k 为单位上三角阵; $D_{k,k-1}$ 和 D_k 为对角阵。显然, P_k 和 D_k 的正定性相同, 而且滤波过程中不直接求解 P_k 和 $P_{k,k-1}$, 而是在求解 $U_{k,k-1}$、U_k、$D_{k,k-1}$ 和 D_k 的过程中直接求解 K_k 等变量。$n \times n$ 阶矩阵 P 进行 UD 分解的算法如下:

$$D(n,n) = P(n,n)$$

$$U(i,n) = \begin{cases} 1, & i = n \\ \dfrac{P(i,n)}{D(n,n)}, & i = n-1, n-2, \cdots, 1 \end{cases}$$

$$\left. \begin{array}{l} D(j,j) = P(j,j) - \displaystyle\sum_{k=j+1}^{n} D(k,k)U^2(j,k) \\[3mm] U(i,j) = \begin{cases} 0, & i > j \\ 1, & i = j \\ \dfrac{P(i,j) - \displaystyle\sum_{k=j+1}^{n} D(k,k)U(i,k)U(j,k)}{D(j,j)}, & i = j-1, j-2, \cdots, 1 \end{cases} \end{array} \right\} \; j = n-1, n-2, \cdots, 1 \tag{4.76}$$

UD 分解滤波算法证明: 首先进行时间更新, 其算法为

$$W(0) = [\varphi_{k,k-1} U_{k-1} \quad I] = \begin{bmatrix} W_1^0 \\ W_2^0 \\ \vdots \\ W_n^0 \end{bmatrix} \tag{4.77}$$

$$D = \mathrm{diag}(D_{k-1}, Q) \tag{4.78}$$

$$W_i^{n-j+1} = W_i^{n-j} - U_{k,k-1}(i,j) \times W_j^{n-j}, \; j = n, n-1, \cdots, 2, \; i = 1, 2, \cdots, j-1 \tag{4.79}$$

$$D_{k,k-1}(j,j) = W_j^{n-j} \times D \times [W_i^{n-j+1}]^{\mathrm{T}}, \; j = n, n-1, \cdots, 1 \tag{4.80}$$

$$U_{k,k-1}(i,j) = \frac{W_i^{n-j} \times D \times [W_j^{n-j}]^{\mathrm{T}}}{D_{k,k-1}(j,j)}, \; j = n, n-1, \cdots, 2, \; i = 1, 2, \cdots, j-1 \tag{4.81}$$

由时间更新得到式 (4.81), 紧接着进行观测更新。假定观测量为标量 (这可由序列滤波保证), 由 Kalman 滤波的基本方程:

$$P_k = (I - K_k H_k) P_{k,k-1}$$

$$= P_{k,k-1} - P_{k,k-1}H_k^{\mathrm{T}}(H_kP_{k,k-1}H_k^{\mathrm{T}} + R_k)^{-1}H_kP_{k,k-1} \tag{4.82}$$

可知 P_k、$P_{k,k-1}$ 和 R_k 是 $n \times n$ 的矩阵，H_k 是 $1 \times n$ 的矩阵，K_k 是 $n \times 1$ 的矩阵，而 R_k 和 $H_kP_{k,k-1}H_k^{\mathrm{T}} + R_k$ 是个标量，可令

$$\alpha = H_kP_{k,k-1}H_k^{\mathrm{T}} + R_k \tag{4.83}$$

将式 (4.74)~ 式 (4.76) 代入式 (4.77) 可得

$$U_kD_kU_k^{\mathrm{T}} = U_{k,k-1}D_{k,k-1}U_{k,k-1}^{\mathrm{T}}$$
$$- \frac{1}{\alpha}U_{k,k-1}D_{k,k-1}U_{k,k-1}^{\mathrm{T}}H_k^{\mathrm{T}}H_kU_{k,k-1}D_{k,k-1}U_{k,k-1}^{\mathrm{T}}$$
$$= U_{k,k-1}\left(D_{k,k-1} - \frac{1}{\alpha}D_{k,k-1}U_{k,k-1}^{\mathrm{T}}H_k^{\mathrm{T}}H_kU_{k,k-1}D_{k,k-1}\right)U_{k,k-1}^{\mathrm{T}} \tag{4.84}$$

令 $F = U_{k,k-1}^{\mathrm{T}}H_k^{\mathrm{T}}$, $V = D_{k,k-1}F$, 则有 $\tag{4.85}$

$$U_kD_kU_k^{\mathrm{T}} = U_{k,k-1}\left(D_{k,k-1} - \frac{1}{\alpha}VV^{\mathrm{T}}\right)U_{k,k-1}^{\mathrm{T}} \tag{4.86}$$

对 $D_{k,k-1} - \frac{1}{\alpha}VV^{\mathrm{T}}$ 进行 UD 分解得

$$D_{k,k-1} - \frac{1}{\alpha}VV^{\mathrm{T}} = \bar{U}\bar{D}\bar{U}^{\mathrm{T}} \tag{4.87}$$

将式 (4.81) 代入式 (4.80) 可得

$$U_kD_kU_k^{\mathrm{T}} = U_{k,k-1}\bar{U}\bar{D}\bar{U}^{\mathrm{T}}U_{k,k-1}^{\mathrm{T}} \tag{4.88}$$

由式 (4.82) 知

$$U_k = U_{k,k-1}\bar{U}, D_k = \bar{D} \tag{4.89}$$

综上所述，观测量为标量时的观测更新 UD 分解算法为

$$F = U_{k,k-1}^{\mathrm{T}}H_k^{\mathrm{T}} = (f_1, f_2, \cdots, f_n)^{\mathrm{T}} \tag{4.90}$$

$$V = D_{k,k-1}F = (v_1, v_2, \cdots, v_n)^{\mathrm{T}} \tag{4.91}$$

$$\alpha_0 = R, \alpha_i = \alpha_{i-1} + f_iv_i \tag{4.92}$$

$$\beta_{i,j} = \sum_{m=1}^{j-1} U_{k,k-1}^{i,m} \times v_m, \quad j = 1, 2, \cdots, i-1 \tag{4.93}$$

$$\lambda_j = -f_j/\alpha_{j-1}, \quad j = 1, 2, \cdots, i-1 \tag{4.94}$$

$$D_{k,k}^{i,i} = D_{k,k-1}^{i,i}\alpha_{i-1}/\alpha_i \tag{4.95}$$

$$U_{k,k}^{j,i} = U_{k,k-1}^{j,i} + \beta_{j,i} \times \lambda_j, \quad j = 1,2,\cdots,i-1 \tag{4.96}$$

在上面的计算中还可得到一些有用的中间结果:

$$K_k = U_{k,k-1}V/\alpha_n \tag{4.97}$$

其证明如下:

由 Kalman 滤波的基本算法知

$$K_k = P_{k,k-1}H_k^{\mathrm{T}}(H_kP_{k,k-1}H_k^{\mathrm{T}} + R_k)^{-1} \tag{4.98}$$

将式 (4.74) 代入式 (4.98) 可得

$$K_k = U_{k,k-1}D_{k,k-1}U_{k,k-1}^{\mathrm{T}}H_k^{\mathrm{T}}(H_kU_{k,k-1}D_{k,k-1}U_{k,k-1}^{\mathrm{T}}H_k^{\mathrm{T}} + R_k)^{-1} \tag{4.99}$$

且 $H_kU_{k,k-1}D_{k,k-1}U_{k,k-1}^{T}H_k^{T} + R_k$ 是个标量, 将式 (4.50)~ 式 (4.52) 代入式 (4.99) 可得

$$K_k = U_{k,k-1}V(F^{\mathrm{T}}V + R_k)^{-1} = U_{k,k-1}V/\alpha_n \tag{4.100}$$

故在 UD 分解 Kalman 滤波中得到的对增益 K 的简便表达式是正确有用的, 这在实际应用中可以减小程序的运算量, 加快运行时间。

4.4.3 加入渐消因子

在实际 Kalman 滤波中, 考虑到滤波收敛速度慢的原因是开始段跟踪能力较弱, 这就需要提高开始段的跟踪能力。这里引入变化的渐消因子 (自适应遗忘因子), 作用是对过去的数据进行渐消, 限制 Kalman 滤波器的记忆长度, 实时调整状态的预报协方差阵, 充分利用残差序列中的有效信息。与常规的 Kalman 滤波器相比, 在式 (4.56b) 计算 $P_{k+1/k}$ 时多乘了渐消因子阵 $\lambda_{k+1}(\lambda_{k+1} \geqslant 1)$, 构成了带渐消因子的 Kalman 滤波器。渐消因子阵确定如下:

$$\lambda_{k+1} = \begin{cases} \begin{bmatrix} 2 & 0 & 0 \\ 0 & 1 & 0 \\ 0 & 0 & 1 \end{bmatrix}, k+1 \leqslant 100 \\ \begin{bmatrix} 1 & 0 & 0 \\ 0 & 1 & 0 \\ 0 & 0 & 1 \end{bmatrix}, k+1 > 100 \end{cases} \tag{4.101}$$

从式 (4.101) 可以知道渐消因子的意义: 在开始时段, 即 $k+1 \leqslant 100$ 的时段, $\lambda_{k+1} > 1$, 人为地增大 $P_{k+1/k}$, 以增强此段的跟踪能力, 从而使估计值能较快收敛;

当 $k+1>100$ 时，$\lambda_{k+1}=1$，以保证其滤波精度。确定自适应因子阵 λ_{k+1} 以何值为变化界限，需要根据定位的误差特性分析及大量的计算机仿真研究得出。当变化界限太小时，初始值误差较大的情况下估计值收敛较慢；反之，当变化界限太大时，又影响滤波精度，达不到良好的滤波效果。

最佳渐消因子的一步算法为：设系统中 $Q(k)$、$R(k)$、$P(0)$ 均为正定对称阵，矩阵 $H(k)$ 满秩，则最佳遗忘因子 λ_{k+1} 可由下式求取：

$$\lambda_{k+1} = \mathrm{mae}\left\{1, \mathrm{tr}[N_{k+1}]/\mathrm{tr}[M_{k+1}]\right\}$$

式中，$\mathrm{tr}[\cdot]$ 是矩阵迹的符号。

$$M_{k+1} = H_{k+1}\Phi_{k+1/k}P_k \times \Phi_{k+1/k}^{\mathrm{T}}H_{k+1}^{\mathrm{T}} \tag{4.102}$$

$$N_{k+1} = C0_{k+1} - H_{k+1}Q_{k+1}H_{k+1}^{\mathrm{T}} - R_{k+1} \tag{4.103}$$

$$C0_{k+1} = \begin{cases} \dfrac{\lambda_k v_{k+1}v_{k+1}^{\mathrm{T}}}{1+\lambda_k}, & k>1 \\ \dfrac{1}{2}v_1 v_1^{\mathrm{T}}, & k=0 \end{cases} \tag{4.104}$$

$$v_{k+1} = L_{k+1} - H_{k+1}\widehat{X}_{k+1/k} \tag{4.105}$$

最佳渐消因子的物理意义是：状态突变时，估计误差 v_{k+1} 的增大引起误差方差阵 $C0_{k+1}$ 增大，v_{k+1} 相应增大，滤波器的跟踪能力增强，使滤波器达最佳。但对于动态滤波的情形，实际应用该方法时发现，尽管滤波器收敛性得到改善，但动态性能仍不理想。为此，算法需要进一步改进，以提高动态性能。

4.4.4　抗差 Kalman 滤波

1. Kalman 滤波自适应算法

传统的最优 Kalman 滤波算法要求噪声统计特性的精确验前信息，应用 Kalman 滤波器的一个主要限制就是噪声统计特性的选择问题。当选用噪声统计特性的部分信息来设计滤波器时，滤波器的性能将会有所降低甚至发散，因此要考虑一种自适应的方法来进行补偿。算法的数值仿真，发现这种自适应 Kalman 滤波算法对初始条件的选取比较敏感。选取不同的初始条件，滤波性能相差很大，即初值偏差的影响不能随时间而衰减，滤波算法表现出一种不收敛性。为提高动态性能，需要对自适应算法进行改进。

1) 引入调整系数 a

在 $\lambda_{k+1} = \mathrm{mae}\{1, a\times\mathrm{tr}[N_{k+1}]/\mathrm{tr}[M_{k+1}]\}$ 中，a 为调整系数 $(a>1)$，根据具体情况选取。a 的引入人为地加大 λ_{k+1}，能强制性地提高滤波器的跟踪性能。

2) 引入自适应加权因子 d

λ_{k+1} 的大小在很大程度上取决于 N_{k+1}，而 N_{k+1} 又受误差方差 $C0_{k+1}$ 的影响。当状态发生突变时，会造成 $C0_{k+1}$ 增大，同时希望 λ_{k+1} 能够足够大，以使滤波器及时跟踪状态的变化。引入 d 后的 N_{k+1} 表达式为

$$N_{k+1} = dC0_{k+1} - H_{k+1}Q_k \times H_{k+1}^{\mathrm{T}} - R_{k+1} \tag{4.106}$$

$$d = \begin{cases} d_0, v_{k+1}v_{k+1}^{\mathrm{T}} \geqslant D \\ 1, v_{k+1}v_{k+1}^{\mathrm{T}} < D \end{cases} \tag{4.107}$$

自适应加权因子 d 根据估计残差 λ_{k+1} 的大小自动确定，D 为适当选取的估计误差方差限值。

3) 引入自适应调节量 β

引入自适应调节量 β 后，N_{k+1} 表达式变为

$$N_{k+1} = dC0_{k+1} - H_{k+1}Q_k H_{k+1}^{\mathrm{T}} - R_{k+1} + \beta$$

自适应调节量 β 由下式确定：

$$\beta = [\widehat{x}_i(k+1) - \widehat{x}_i(k)]^2 \eta$$

式中，$\widehat{x}_i$ 为突变的状态变量；η 为调节系数。系统中可能只有某一状态变量发生突变，因此希望加大这一突变的状态变量对 λ_{k+1} 的影响，这便是引入 β 的目的。大量的计算机仿真结果表明，速度状态变量选为突变状态变量，对提高滤波器动态性能的效果较好。

引入自适应加权因子 d、自适应调节量 β 及调整系数 a 的结果，使滤波器动态性能得到明显改善，但滤波精度由最优变为次优，即牺牲了一定的最佳性能换取较好的动态性能，同时 λ_{k+1} 变为次优加权自适应因子。

2. 抗差估计

鲁棒估计源于统计学中的抗差性概念，它包含两方面的意义：一方面是估计方法当其根据的模型与实际模型有微小差异时，其估计方法的性能只受到微小的影响，估计方法具有一定的"稳定性"。但是，则该理论模型假设下的估计值的优良性不仅没有体现出来，还可能导致巨大误差。另一方面是当观测样本中混入少量粗差时，估计量的数值受其影响不大，估计方法具有一定的"抗干扰性"。但是，这些极少数的观测粗差都可能导致估计值面目全非[16]。

影响函数是描述在大子样的情况下，一个观测值对参数估值的影响。顾名思义，影响函数越小，估值对粗差越不敏感，如果一个估计量的影响函数无界，则表

明粗差对该估计量的影响可能相当严重。崩溃污染率和影响函数一样，也是定量抗差性的一个重要指标，它是指在已知有限观测样本中，加入粗差测值而又不使平差解完全 "崩溃" 的最大比率。可以根据影响函数或者崩溃污染率构造一种基于等价权的抗差估计算法，其抗差实质体现在等价权的选择上。

基于 Kalman 滤波的动态定位中，动态观测量及其相应的动态模型可能存在异常，若数据处理不考虑对这些异常的特别处理，则模糊度的估值及其所提供的动态信息将极不可靠，不仅影响定位速度，而且会影响到定位的可靠性。抗差 Kalman 滤波解有效地抵制了观测值和状态向量异常对定位解精度的影响，但同时下一步进行算法优化时也需要考虑的是迭代计算对动态定位速度的影响。

3. 基于相关等价权的抗差滤波解

在实验中定义等价权时，曾假设观测数据相互独立，但实验中数据总会存在某种相关性。传统的方法是对相关的观测值进行变换，使之变换成独立观测值，但这样做会出现粗差定位不准的现象，因此在实验中改进抗差估计直接考虑观测值相关性，这时的等价权称为相关等价权 [17,18]。

$$\psi(v_i, v_j) = \begin{cases} v_j, & |v_j| \leqslant k_0 \\ k_0((k_1 - |v_j|)/(k_1 - k_0))^2, & k_0 < |v_j| \leqslant k_1 \\ 0, & |v_j| > k_1 \end{cases} \quad (4.108)$$

$$\overline{p_{ij}} = \begin{cases} P_{ij}, & |v_j| \leqslant k_0 \\ P_{ij}\alpha_j, & k_0 < |v_j| \leqslant k_1 \\ 0, & |v_j| > k_1 \end{cases} \quad (4.109)$$

式中，$\alpha_j = d_j^2 \times k_0/|v_j|, d_j = (k_1 - |v_j|)/(k_1 - k_0), 0 \leqslant \alpha_i \leqslant 1, 0 \leqslant d_i \leqslant 1$; k_0 和 k_1 可分别取 1.5~3.0 和 2.5~5.0; v_j 对应基本 Kalman 滤波方程式 (4.56d) 中的信息; P_{ij} 对应式 (4.56e) 中的估计误差方差阵。权函数采用三段法，即正常段采用 Kalman 滤波估计 (以提高估值效率)，对可用观测采用 α_j 降权，α_j 中的 $k_0/|v_j|$ 类似于权函数，d_j 是在 [0, 1] 上变化的因子。当 $|v_j|$ 达到淘汰界 k_1 时，$d_j = 0$; 当 $|v_j|$ 位于正常界 k_0 时，$d_j = 1$。由于 d_i 总是小于 1，故等价权 $\overline{p_{ij}}$ 总在估计权 P_{ij} 和淘汰权 $\overline{p_{ij}} = 0$ 之间变化，$|v_j|$ 越大，$\overline{p_{ij}}$ 越小。这种估计方案充分考虑了航天器观测的实际情况，是一种适合处理航天器观测数据的抗差方案。

4.5 组合导航数据融合系统

在组合导航系统 [19] 中，Kalman 滤波是最成功的信息处理方法。利用 Kalman 滤波技术对组合导航系统进行最优组合有两种途径：集中 Kalman 滤波和分散 Kalman 滤波。集中 Kalman 滤波采用严格最优估计方法对所有导航子系统的信息进行集中处理。集中 Kalman 滤波虽然在理论上可给出状态的最优估计，但存在几种缺点：一是集中 Kalman 滤波的状态维数高，因而计算负担重，严重影响了滤波器的动态性能和实时性，降维滤波又损失滤波精度，甚至导致滤波的真实发散；二是集中 Kalman 滤波容错性能差。为解决这一矛盾，人们对分散化滤波技术进行了研究，在众多的分散化滤波方法中，Carlson 提出的联邦滤波器法以其设计的灵活性和计算量小、容错性好而备受重视，目前世界上已将联邦滤波器列为组合导航系统通用的滤波器 [20-22]。

4.5.1 北斗/GPS/罗兰 C 组合导航系统的状态估计

动态系统都可以用状态方程和量测方程来描述其内部的规律，状态方程描述系统的状态和输入之间的关系；量测方程描述系统状态与输出之间的关系。本节针对北斗/GPS/罗兰 C 组合导航系统，以 Kalman 滤波为基本的状态估计方法，设计可行的滤波器。状态估计的目的是对目标过去的运动状态进行平滑，对目标现在的运动状态进行滤波和对目标未来的运动状态进行预测。在多传感器跟踪系统中广泛使用的状态估计技术是 Kalman 滤波方法，它是研究多传感器综合跟踪和多传感器信息融合估计的基础。

1. 联邦滤波器

组合导航系统具有提供高精度、高容错性及高可靠性的导航信息的潜力，而传统的集中 Kalman 滤波器应用到组合导航系统，具有以下问题：①计算量大；②容错性差；③无法处理串联滤波的解。由于以上局限性，使得多传感器组合导航系统的潜力无法充分实现，并行处理技术的应用以及对于系统容错能力的重视以及多种类传感器的研制成功，促进了分散 Kalman 滤波技术的发展。各种分散滤波技术虽然可以有效地减少集中 Kalman 滤波技术的计算量问题，但却没有充分实现和利用系统的容错性能。联邦滤波器采用信息分配原理把系统中的动态信息分配到每一个局部 Kalman 滤波器中，是一种特殊的分散化滤波方法。由于联邦滤波器的计算量小和设计灵活，且容错性好而备受重视。

联邦滤波器采用信息分配原理，把系统中的动态信息分配到每一个局部 Kalman 滤波器中，是一种特殊的分散化滤波方法，利用信息分配原则以消除各子状态估计的相关性，进行简单、有效的融合，从而得到全局最优或次优估计。该方法的主滤波器的融合周期可选定，从而计算量可大大减少，并且由于信息分配因子的引入使得系统的容错性得到很大改善。

联邦滤波器由若干个子滤波器和一个主滤波器组成。各子滤波器独立地进行时间更新和测量更新。主滤波器的功能有两个：一是进行时间更新；二是将各个滤波器的结果进行融合以得到全局最优估计。联邦滤波器分为无重置的联邦滤波器和有重置的联邦滤波器。两者的差别在于：有重置的联邦滤波器将全局最优估计值和协方差反馈到各滤波器，以重置各滤波器的估计值和协方差。

2. 联邦滤波器设计

以下设计的三种滤波器的结构实质上接近集中滤波，但同时又类似于联邦滤波，因为全局滤波器中的数据融合算法都可以进行信息的分配与子滤波器的重置，所以这里称之为类联邦滤波器[20-22]。

1) 结构 1

在对导航系统的定位解算原理不清楚的情况下，可以采用结构 1 先对导航系统的定位结果进行数据融合，采取比较好的融合方案可以获得较优的融合结果，能够保证组合定位精度的提高和稳定性的增强。对于接收机输出的用户时间、位置以及速度等数据进行独立处理，这种组合结构的优点在于实施简单，对于原有的导航系统的硬件和软件都无需改动过大。可以将数据融合算法模块化，嵌入到组合接收机中就可以实现实时有效的定位，这里所使用的数据融合方案可以选择第 4 章中的两种。因为 GPS 的定位精度可以由 Kalman 滤波得到最优的估计，所以在图 4.21 中对 GPS 定位系统使用了局部滤波器，在全局滤波中首先做时间的更新，然后对 GPS[23] 的最优估计和北斗 + 罗兰 C 的组合定位结果再做数据融合，便可以得到最优的组合定位结果。

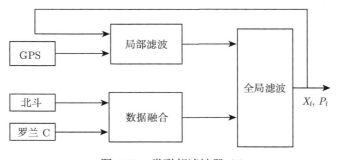

图 4.21　类联邦滤波器 (1)

2) 结构 2

如图 4.22 所示，先实时监控每个导航系统的状态，再选择使用哪个局部滤波器。该组合系统中并没有设定参考系统，可以通过对每个导航系统的故障检测来确定哪一个传感器发生故障，从而选择使用的局部滤波器。

3) 结构 3

这种结构是先直接对各导航系统两两进行局部滤波，北斗/GPS/罗兰 C 组合导航系统的结构如图 4.23 所示。其中，北斗/GPS 组成第一个局部滤波器，GPS/罗兰 C 组成第二个局部滤波器，北斗/罗兰 C 组成第三个局部滤波器，每个滤波器根据各自的原始测量信息更新进行状态估计。这里的局部滤波器都采用伪距级的组合 Kalman 滤波方案，里面加入第 6 章中的自适应 Kalman 滤波技术和抗差 Kalman 滤波法。这个组合系统通过对局部滤波器的结果做故障检测来确定是该局部滤波器是否正常工作，并通过比较可信度来确定是哪一个导航系统发生故障。

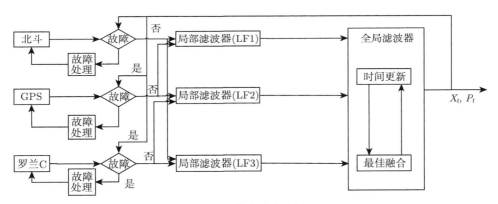

图 4.22 类联邦滤波器 (2)

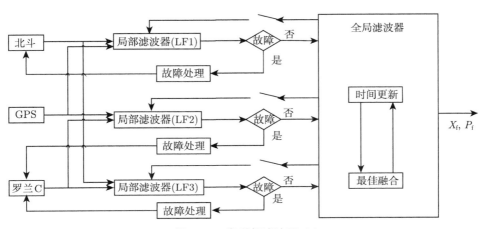

图 4.23 类联邦滤波器 (3)

3. 联邦滤波器故障检测

根据故障诊断所依据的信息来源，故障检测算法可以归纳为以下四类。

(1) 直接来自接收机本身的检测：每一类导航设备本身的内置检验可以在最低的级别上实现检测和隔离故障传感器。

(2) 根据导航设备的系统知识设置的预滤波器信息进行故障检测和隔离：

① 数据合理性检验，即根据物理上的合理性设置传感器量测信息应该具有的上下界，以发现故障的发生。

② 数据一致性检验，即对传感器量测输出数据变化量的合理性进行检验。

(3) 基于局部 Kalman 滤波器的检测：

① 根据经验设置物理上合理的被估计状态的上、下界。

② 定义与故障有关的残差，通过残差的大小来检测与隔离故障[24]。

(4) 多滤波器间结构比较。可进行多滤波器间残差检验表决：对局部滤波器残差检验的结果进行演绎推理，以隔离出现故障的传感器。

第 (1)、(2) 种检测算法可以提供非常有效和便于实现的传感器量测信息的筛选，直接保护滤波器不会融入故障量测数据和快速地进行传感器故障的检测；第 (3)、(4) 种检测算法比较复杂，但是由于基于系统的统计学特性，因此更为敏感。在该组合导航系统的局部滤波器中，可以根据各导航系统的可靠性和精度，来初步衡量接收机的正常情况。

局部滤波器 1：北斗/GPS 故障，认为北斗故障。

局部滤波器 2：GPS/罗兰 C 故障，认为罗兰 C 故障。

局部滤波器 3：北斗/罗兰 C 故障，认为罗兰 C 故障。

当局部滤波器的故障检测算法检测到故障后，主滤波器就能很容易地确定哪个传感器失效，拒绝接纳它的信息，融合剩余子系统的信息。这种结构的全局滤波器按照各系统当前的误差将局部滤波器输出的位置和速度修正信息相融合，其融合法则由信息分配因子的选择法则决定。将融合后的误差量与估计均方误差阵按信息分配原则进行局部滤波器的重置，以便在下一次的观测信息到来时进行运算。

4.5.2   局部滤波器模型

1. 北斗/GPS 的伪距级组合

因为北斗和 GPS 两个定位系统都属于卫星导航系统，而这两者是不同的，各自又存在其优缺点，所以人们设想把这两个系统集成起来。对于 1 个轨道面和 3 颗卫星星座的北斗导航系统，以及拥有 6 个轨道面 24 颗卫星星座的 GPS 导航系统[25-28]，由于它们的轨道倾角不同，在不同的纬度地区有着明显不同的使用价值。北斗的定位精度在经纬度上存在着明显的差异，而 GPS 相对适合于中纬度地区，随着轨道倾角的增加，这种影响变得也越来越明显。同时应用北斗和 GPS 两个系统，可以用一个系统来弥补另一个系统在特定纬度上的局限性，从而可获得最佳的定位结果。

北斗和 GPS 的伪距定位模型为

$$\rho_1^i = R_1^i + c\Delta t_1 - c\Delta t_1^i + c\Delta t_{\text{ion1}}^i + c\Delta t_{\text{tro1}}^i + \varepsilon_1^i \tag{4.110}$$

$$\rho_2^i = R_2^i + c\Delta t_2 - c\Delta t_2^i + c\Delta t_{\text{ion2}}^i + c\Delta t_{\text{tro2}}^i + \varepsilon_2^i \tag{4.111}$$

$$i = 1, 2, \cdots, n; \quad j = 1, 2, \cdots, m;$$

式中，R 为接收机与卫星 i、j 之间的真实几何距离；下标 1、2 分别代表对 GPS 和北斗卫星的观测；i 为观测的 GPS 卫星序号；j 为观测的北斗卫星序号；ρ_1^i，ρ_2^j 分别为接收机对卫星 i、j 的观测伪距；Δt_1 和 Δt_2 分别为接收机时钟相对 GPS 和北斗系统时的偏差；Δt_1^i 和 Δt_2^j 分别为 GPS 和北斗卫星时相对于其系统时的偏差：$\Delta t_{\text{ion1}}^i, \Delta t_{\text{ion2}}^j$ 和 $\Delta t_{\text{tro1}}^i, \Delta t_{\text{tro2}}^j$ 分别为电离层和对流层时延误差；c 为光速；n、m 分别为同步观测的 GPS、北斗的卫星数；ε_1、ε_2 为测量噪声。设 (x, y, z) 为接收机的三维位置坐标，(x_1^i, y_1^i, z_1^i) 和 (x_2^i, y_2^i, z_2^i) 分别为卫星 i 和 j 在地心空间直角坐标系中的三维坐标，则

$$\begin{aligned} R_1^i &= \sqrt{(x - x_1^i)^2 + (y - y_1^i)^2 + (z - z_1^i)^2}, \\ R_2^j &= \sqrt{(x - x_2^j)^2 + (y - y_2^j)^2 + (z - z_2^j)^2} \end{aligned} \tag{4.112}$$

在定位模型式中共有 5 个未知量，即接收机位置坐标 (x, y, z) 和接收机时钟相对 GPS 与北斗系统时的偏差 Δt_1、Δt_2，因此至少需要同时观测 5 颗卫星才能求解。另外，在 GPS 的导航电文中给出了电离层和对流层时延的修正参数，可以确定式 (4.110) 中的对应项。而北斗系统没有给出相应的参数，如果无法获得，只能为测量误差的一部分。由于 (x_1^i, y_1^i, z_1^i) 以 WGS-84 坐标系为参考，(x_2^i, y_2^i, z_2^i) 以 BJ54 坐标系为参考，因此计算时应将卫星坐标归到一个坐标系。

在式 (4.110) 两边对时间微分，此时电离层和对流层时延针对时间的变化率很小，可令为零，得

$$\dot{\rho}_1^i = \frac{(x - x_1^i)(\dot{x} - \dot{x}_1^i) + (y - y_1^i)(\dot{y} - \dot{y}_1^i) + (z - z_1^i)(\dot{z} - \dot{z}_1^i)}{[(x - x_1^i) + (y - y_1^i)^2 + (z - z_1^i)^2]^{1/2}} + c\Delta t_1 - c\Delta t_1^i \tag{4.113}$$

$$\dot{\rho}_2^j = \frac{(x - x_2^j)(\dot{x} - \dot{x}_2^j) + (y - y_2^j)(\dot{y} - \dot{y}_2^j) + (z - z_2^j)(\dot{z} - \dot{z}_2^j)}{[(x - x_2^j) + (y - y_2^j)^2 + (z - z_2^j)^2]^{1/2}} + c\Delta t_2 - c\Delta t_2^j \tag{4.114}$$

式中，$\dot{\rho}_1^i$ 和 $\dot{\rho}_2^j$ 分别为 GPS 卫星和北斗卫星信号的伪距率；$(\dot{x}, \dot{y}, \dot{z})$ 为接收机运动速度；Δt_1、Δt_2 分别为接收机钟差的变化率；$(\dot{x}_1^i, \dot{y}_1^i, \dot{z}_1^i)$ 和 $(\dot{x}_2^i, \dot{y}_2^i, \dot{z}_2^i)$ 分别为

GPS 和北斗卫星的运动速度；$\Delta \dot{t}_1^i$ 和 $\Delta \dot{t}_2^{ij}$ 分别为 GPS 和北斗星上时钟的漂移率。在上述各项中，接收机的运动速度和星上时钟的漂移率可以用导航电文求得。式 (4.113) 和式 (4.114) 就是组合定位的测速模型。将定位、测速的模型按照 Kalman 滤波 [29,30] 的步骤来对导航参数进行解算，得到该局部滤波器的最优估计。

2. 北斗/罗兰 C 的伪距级组合

在组合系统中，只要北斗系统和罗兰 C 系统时间同步，就可按四伪距进行定位解算。首先对于罗兰 C 导航系统来说，用户距台站的大圆伪距离表达式为

$$r_{L1} = (N + h) \cdot \arccos[\sin\varphi_1 \sin\varphi + \cos\varphi_1 \cos\varphi \cos(\lambda - \lambda_1)] + C\delta t \qquad (4.115)$$

$$r_{L2} = (N + h) \cdot \arccos[\sin\varphi_2 \sin\varphi + \cos\varphi_2 \cos\varphi \cos(\lambda - \lambda_2)] + C\delta t \qquad (4.116)$$

式中，所用 2 个罗兰台站的球面经度和纬度分别为 $L1(\varphi_1, \lambda_1)$ 和 $L2(\varphi_2, \lambda_2)$；用户 P 点的球面经度和纬度分别为 $P(\varphi, \lambda)$，$N = \dfrac{a}{\sqrt{1 - e^2 \sin^2\varphi}}$(卯酉曲率半径)$\left(e^2 = \dfrac{a^2 - b^2}{a^2}\right.$，$a$ 是椭球长半轴，b 是椭球短半轴，e 是椭球第一偏心率$\left.\right)$，φ 是纬度，λ 是经度，C 是电磁波速度，δt 是用户钟差。

对于北斗导航系统来说，用户与卫星间的直线距离表达式为

$$r_{S1} = \sqrt{(x - x_{S1})^2 + (y - y_{S1})^2 + (z - z_{S1})^2} + C\delta t \qquad (4.117)$$

$$r_{S2} = \sqrt{(x - x_{S2})^2 + (y - y_{S2})^2 + (z - z_{S2})^2} + C\delta t \qquad (4.118)$$

式中，所用 2 个卫星的大地坐标分别为 $S_1(x_{S1}, y_{S1}, z_{S1})$ 和 $S_2(x_{S2}, y_{S2}, z_{S2})$；用户 P 点的大地坐标为 $P(x, y, z)$；δt 是用户钟差。用牛顿迭代法解式 (4.115) ～ 式 (4.118)，求出解向量 x，将 $x_0 + x$ 作为新的迭代初值计算下一次迭代运算如此反复，直到 $\|x\|_2 / \|x_0 + x\|_2 < M$ 为止，M 是经验门限，此时认为已求得满足精度要求的解。若迭代计算在规定的最大迭代次数内达不到上述精度要求，则停止迭代，认为此次求解失败。以上是两颗北斗卫星和两个罗兰 C 台组合导航时的四伪距定位解算过程，当接收机只能收到 3 个台的信息时，也可以进行 3 个伪距定位解算，此时只能求出用户的平面二维坐标，高度 h 需事先给出。对组合定位结果进行 Kalman 滤波，即可得到该局部滤波器的最优估计值。

4.6　实　验　研　究

实验是对空间直角坐标系下的位置、速度等状态量进行 Kalman 滤波以及组合导航的数据融合，有些是做了转换后体现在大地坐标系下经纬度和高度方向上

的滤波效果图。对滤波效果的说明主要选用在某个坐标系下各个方向上的定位值的误差、均值和均方差等来描述。

4.6.1 GPS 导航系统的 Kalman 估计实验

1. Kalman 滤波程序流程

GPS 导航系统中 Kalman 滤波程序的编写流程如图 4.24 所示。

当 GPS 的可视卫星较多时，实时记录下当前时刻取得 GDOP 最小值对应的那一组卫星，这样可以降低下一步定位解算的运算量。在组合导航系统中利用同样的方法，可以用几何精度衰减因子来选择当前所有的可视卫星，用衰减因子最小的那组卫星进行组合导航的参数估计和解算。图 4.25 详细介绍了 GDOP 在具体编程上的实现。例如，在北斗和罗兰 C 的组合导航时[31]，存在对 3 颗卫星和 3 个台站实时测量到伪距的使用选择问题。因为在盲区海域收不到罗兰 C 两个台站信号的地方，所以组合方式定为北斗三星 + 罗兰 C 一台站，计算 GDOP 值如表 4.2 所示。

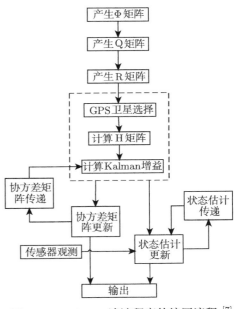

图 4.24 Kalman 滤波程序的编写流程[7]

2. 静态定点实验

实验的原始观测数据是以 JUPITER 的 GPS-OEM 板实测静态定点接收数据为基础，在 Matlab 的环境下实现 GPS 的最小二乘解和 Kalman 滤波解。图 4.26 是空间直角坐标系下各轴上的定位误差。

从图 4.26 中发现，Kalman 滤波可以较好地跟踪最小二乘法的定位结果，在最小二乘定位的一些突跳时刻，Kalman 滤波可以在一定程度上将定位结果平滑，更为准确地实时反映接收机的真实状态。

在相同时间内，对 GPS 接收机做的静态测速试验，把最小二乘法和 Kalman 滤波在三维坐标轴上对速度的解算值对比，如图 4.27~ 图 4.29 所示。从图 4.27~ 图 4.29 空间直角坐标系下三个轴上的定位误差可以看出，Kalman 滤波的测速精度明显高于最小二乘法，利用多普勒观测量来测速，再加上 Kalman 滤波便可以获得厘米/秒级精度的测速结果。

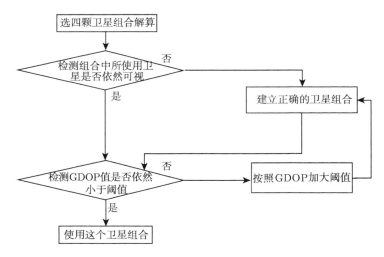

图 4.25   卫星选择算法 [7]

表 4.2   北斗三星 + 罗兰 C 一台站在盲区海域的 GDOP 值 [7]

北纬/(°)	GDOP 值									
	东经 113°	东经 114°	东经 115°	东经 116°	东经 117°	东经 118°	东经 119°	东经 120°	东经 121°	东经 122°
20	15.7	14.8	14.1	13.6	13.4	13.4	13.6	13.9	14.4	15.0
21	17.3	15.9	14.7	13.8	13.4	13.5	13.9	14.6	15.5	16.4
22	21.0	18.5	16.1	14.3	13.5	13.8	14.9	16.4	18.1	19.8
23	35.0	29.3	23.0	16.8	13.5	15.9	20.1	24.4	28.3	31.9
24	407.8	172.4	79.0	29.8	10.9	28.6	69.5	150.6	379.6	5589
25	27.3	20.7	15.4	12.0	10.8	11.5	13.8	17.4	22.1	27.6
26	16.6	14.2	12.4	11.3	10.8	11.0	11.6	12.7	14.3	16.2
27	13.7	12.5	11.6	11.1	10.9	10.9	11.2	11.6	12.4	13.3
28	12.6	11.9	11.4	11.0	10.9	10.9	11.0	11.3	11.7	12.2

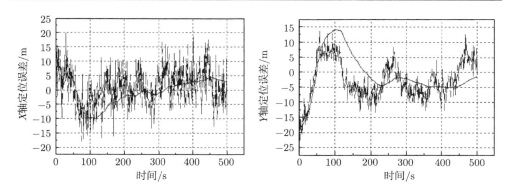

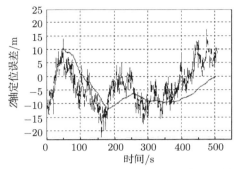

图 4.26 空间直角坐标系下各轴上的定位误差 [7]

实线表示 Kalman 滤波解；虚线表示最小二乘解

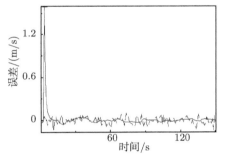

图 4.27 静态定点实验时 X 轴上的测速误差

实线表示 Kalman 滤波解；虚线表示最小二乘解

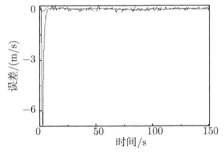

图 4.28 静态定点实验时 Y 轴上的测速误差

实线表示 Kalman 滤波解；虚线表示最小二乘解

3. 动态跑车实验

从图 4.30 的动态测速效果可以看出，在接收机处于动态时，Kalman 滤波对速度的平滑效果，以及加入提高滤波速率和防止滤波发散的算法，能够保证 Kalman 滤波的实时有效性。这里 GPS 的原始观测数据是跑车速度在 50km/h 左右，路线是遮挡比较少的高速路，用 Matlab 仿真产生最小二乘法和抗差 Kalman 滤波的定位结果。图 4.31 ～图 4.36 是用上述两种估计方案的定位和测速结果与高精 GPS 的测量结果在 WGS-84 坐标系下求差得到的误差曲线，都将时间段 0～100s 的定位误差放大以便于比较和分析。

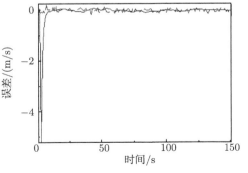

图 4.29 静态定点实验时 Z 轴上的测速误差 [7]

实线表示 Kalman 滤波解；虚线表示最小二乘解

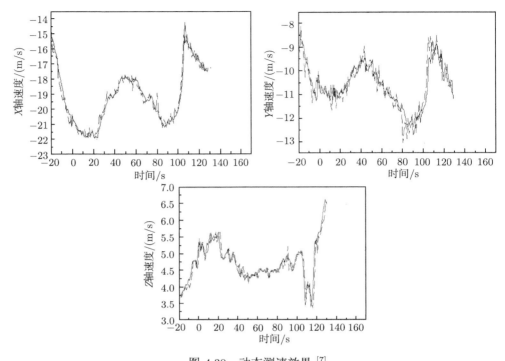

图 4.30 动态测速效果 [7]

实线表示 Kalman 滤波解；虚线表示最小二乘解

从图 4.31～ 图 4.36 中可以看出，Kalman 抗差滤波可以很快跟踪动态接收机的真实位置变化，而且滤波结果稳定性强，具有较好的抗差能力。

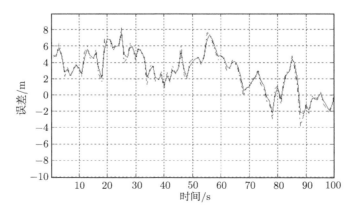

图 4.31 动态跑车实验时 X 轴上的定位误差

实线表示 Kalman 滤波解；虚线表示最小二乘解

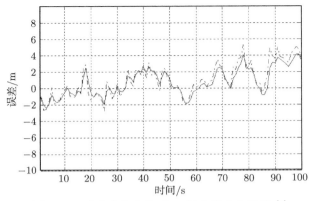

图 4.32　动态跑车实验时 Y 轴上的定位误差 [5]

实线表示 Kalman 滤波解；虚线表示最小二乘解

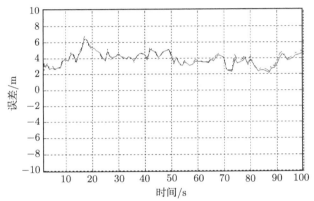

图 4.33　动态跑车实验时 Z 轴上的定位误差 [7]

实线表示 Kalman 滤波解；虚线表示最小二乘解

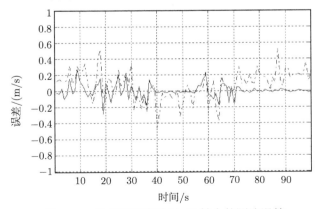

图 4.34　动态跑车实验时 X 轴上的测速误差

实线表示 Kalman 滤波解；虚线表示最小二乘解

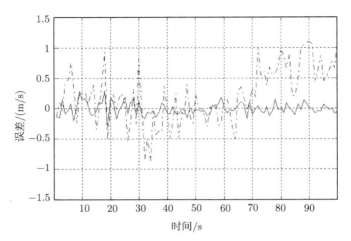

图 4.35   动态跑车实验时 Y 轴上的测速误差
实线表示 Kalman 滤波解；虚线表示最小二乘解

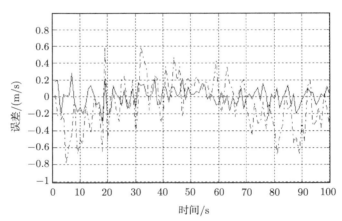

图 4.36   动态跑车实验时 Z 轴上的测速误差 [7]
实线表示 Kalman 滤波解；虚线表示最小二乘解

4.6.2   组合导航系统的 Kalman 滤波实验

在组合导航系统的 kalman 滤波实验中，由于北斗和 GPS 都属于卫星导航系统，对 Kalman 滤波的使用和在单一 GPS 导航系统上使用类似，这里不再赘述。

1. 静态定点实验

从图 4.37 可以看出，Kalman 滤波在静态的连续定位情况下，可以大大减小定位值由于各种误差源引起的抖动，定位结果相对平滑稳定。

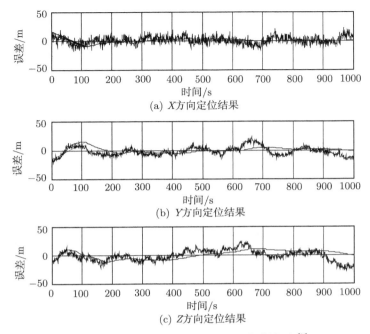

图 4.37　直角坐标系中组合定位滤波效果 [7]

　　图 4.38 是将定位结果转换到大地坐标系下观察 Kalman 滤波在经度和纬度方向上的滤波情况。因为组合系统中的北斗卫星导航系统在纬度上面的误差比经度

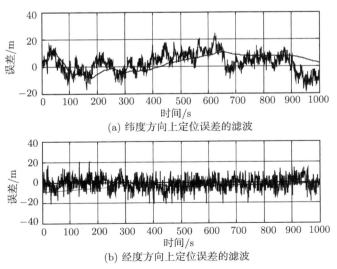

图 4.38　大地坐标系中组合定位滤波效果 [7]

方向上要大得多, 所以在经度和纬度方向上定位误差的抖动差异符合实际情况。同时发现 Kalman 滤波能较好地除去高频的噪声, 但对于大致的抖动的定位趋势还是能稳定到标校值。

2. 动态飞行实验

在试验区 (能接收到相应罗兰 C 台站信号的实验区域) 对用户做高动态试验, 下面是飞机以 300km/h 飞行时的定位结果, 采用北斗双星以及罗兰 C 的一主台和一副台进行组合定位, 并对定位结果进行高动态强跟踪的 Kalman 滤波效果。

图 4.39 描述的是八维状态量的 Kalman 滤波效果, 分别是纬度、经度和高度的误差。图 4.40 描述的是将三维方向上滤波后的速度转换到平面速度的组合系统测速的滤波效果图。图 4.41 描述的是加入三维加速度后共十一维状态量的 Kalman 滤波效果图。图 4.42 描述的是三维方向上滤波后的速度转换到平面速度的描述速度方向的航向滤波效果图。

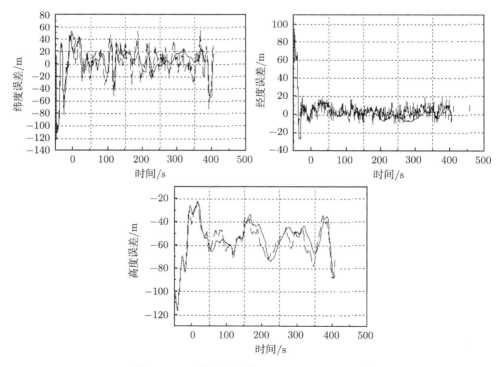

图 4.39   八维状态量的 Kalman 滤波效果 [7]

实线表示 Kalman 滤波结果; 虚线表示原始组合定位结果

组合系统的测速初步采用的是利用定位结果求差, 然后经过了间隔 100s 的采样时间来对速度进行平滑。

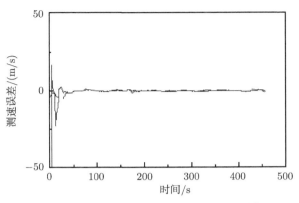

图 4.40 组合系统测速的滤波效果图 [7]

实线表示 Kalman 滤波结果；虚线表示测速结果

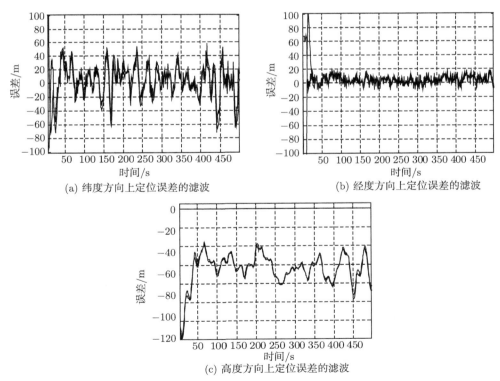

(a) 纬度方向上定位误差的滤波

(b) 经度方向上定位误差的滤波

(c) 高度方向上定位误差的滤波

图 4.41 改进后十一维状态量的 Kalman 滤波效果图

实线表示 Kalman 滤波结果；虚线表示原始定位误差

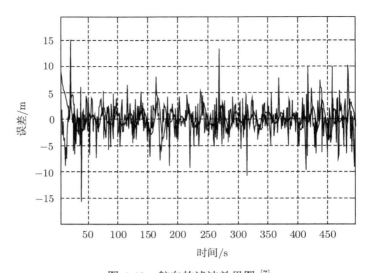

图 4.42　航向的滤波效果图 [7]

实线表示 Kalman 滤波结果；虚线表示原始组合定位结果

　　这组实测数据中，在 200s 的时候，飞机转弯飞行。在图 4.38 中可以看到前 200s 的滤波效果和后面的滤波效果不一样。在 200s 的时候，八维状态量的 Kalman 滤波不能很快跟踪上位置上面的变化，而十一维状态量的 Kalman 滤波却可以立即跟踪上，说明状态量维数的增加可以提高组合导航系统的 Kalman 滤波性能。但是在实际应用中，也要注意滤波算法的运行时间和由运算舍入误差造成的滤波发散等，状态变量的选择要根据实际需要和对定位精度的要求来定。

4.6.3　数据融合方案的实现

1. 基于熵值判别和线性均方误差最小的原则

　　在北纬为 23.××°，东经为 113.××° 处，放置了罗兰 C 和北斗三星的接收机，分别对两个接收机做长时间的定位测量，选取其中一段时间内的 1763 个定位点进行分析，对定位点的经纬度应用熵值判别和线性均方估计的方法进行数据融合。先对数据进行预处理，由于熵值判别法是根据熵的上界对应解的最大不确定度，利用每个实测数据的离散熵信息量来判断该数据是否含有粗大误差，同时可以完成对病态子系统的监控，剔除掉病态系统的野值，可以保证组合导航系统的正常工作，再利用线性均方最小原则对有效数据进行融合。

　　从图 4.43 中可知，北斗三星的定位误差在纬度和经度上分别是 100m 和 10m，罗兰 C 的定位误差在纬度和经度上分别是 100m 和 12m，而组合定位误差在纬度和经度上分别是 50m 和 5m。这和实际情况相符，北斗的三颗同步静止卫星在赤道上的几何分布是呈现东西走向，使其纬度和经度方向上的定位精度有很大的差别。罗兰 C 接收机的定位与它选择台链的主副台地理位置有关。该实验考虑接收机所在的地方，基于接收信号的强弱以及避免包周差的影响，选择的 6780 台链引起在纬度和经度上的定位精度差异是合理的。因此，组合后的定位精度仍然存在纬度和经度方向上的差异，但就误差来说是明显降低了，总体提高了定位的精度。若是长期定位，罗兰 C 与北斗三星相比较，前者的重复定位精度较高，后者的绝对定位精度较高，那么对于组合导航系统来说还可以呈现互补的优势。

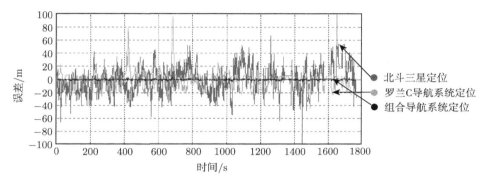

图 4.43   定位值的误差图 [7]

图 4.44 是两个子系统以及利用线性均方最小原则组合的定位效果图，通过各系统的原始定位图可以看出组合系统的定位精度优于任意子系统。

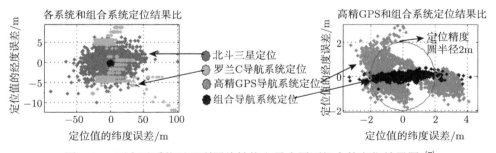

图 4.44   两个子系统以及利用线性均方最小原则组合的定位效果图 [7]

2. 基于小波熵的数据融合

在编程过程中，具体融合步骤如下：

(1) 利用小波的多分辨率特性，将两个系统的定位经、纬度分解到六个尺度上。

(2) 分别在各个尺度上，对两个系统在经度和纬度方向上的每个实测数据计算小波方差，并归一化得到该组数据的能量序列，同时计算基于这组能量分布的小波熵。

(3) 基于传统的熵值判别法: 信息论中用信息熵与数理统计中的方差 σ 之间存在 $H(x) = \lg(A\sigma)$, A 为与 p_k 有关的常数。以 e 为底的对数时, $H(x) = \ln(A\sigma)$, 可得 $\mathrm{e}^{H(x)} = A\sigma$。当置信概率为 95% 时, 计算不确定度 $\Delta x = \pm \dfrac{3}{4}\mathrm{e}^{H(x)}$, 来判别每个观测值的误差 $\Delta x_i = x_i - \dfrac{1}{N}\sum\limits_{i=1}^{N} x_i$ 是否出界。在这里用能量序列的分布 $P = (p_1(E), p_2(E), \cdots, p_m(E))$ 取代信号的概率分布, 将小波熵用于传统的熵值判别法中。

(4) 根据上一步的计算, 对每个尺度的两个系统定位的经度和纬度方向上, 用每个实测数据归一化后的能量和不确定度做比较, 用后者作为阈值, 剔除掉能量大、可靠性低的实测数据, 同时输出这组消噪后的数据和总体的熵。

(5) 基于线性均方误差最小原则 (使均方误差函数 $E\{(\hat{X} - X_{真值})^2\}$ 最小, 保证估计的无偏性、一致性和有效性), 利用上面计算的每个系统在每个层次上的熵, 对两个系统的两组数据进行加权平均得到每个层面上的一组实测融合数据。

(6) 同步骤 (2), 计算每层融合后数据的小波熵, 基于小波反变换公式, 对小波分解的高频系数进行小波熵的加权处理, 重构得到原始频率上面的定位结果作为最终组合结果进行输出。

图 4.45 是定位数据分别在经度和纬度上的概率分布图, 可以清楚地看出组合定位的概率比高精度的 GPS 定位数据分布集中, 也证明了在定位可靠性和稳定度方面, 组合定位系统的优越性。

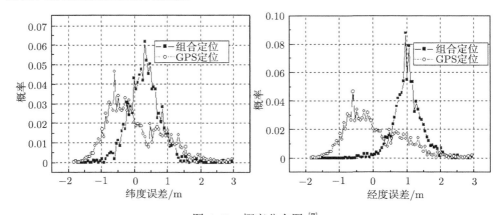

图 4.45　概率分布图 [7]

图 4.46 是 GPS 和组合系统的定位分布图, 在定位偏差为 2m 的精度圆内, 组合定位结果有 98.87% 的数据落于其中, 而 GPS 只有 75.95% 的数据。这充分证明, 组合定位的可靠性和稳定度都高于高精度 GPS 的定位结果。

以信息融合为基础理论，本章研究并验证两种数据融合方案在组合导航上应用的可行性，并通过实验验证北斗/GPS/罗兰 C 组合导航系统的总体方案，其中包括组合导航系统的状态估计方法和容错方案等。以 Kalman 滤波作为北斗/GPS/罗兰 C 组合导航系统的状态估计方法，分析联邦滤波器中信息的结构和分配，设计相应的类联邦式滤波结构，并提出类联邦滤波器的概念。用几何精度因子对组合定位结果进行衡量，并加入自主完善监控技术在组合导航中的应用。研究表明，北斗/GPS/罗兰 C 组合导航系统能够有效地利用各子系统的信息，使最后提供给用户的位置、速度信息的可靠性得到极大提升，定位精度可比任何单一导航系统的精度提高 20%~60%。

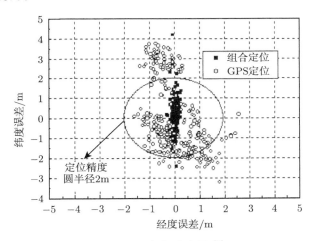

图 4.46　定位分布图 [7]

参 考 文 献

[1] 柯熙政. 亚音速飞行器组合导航方案研究 [D]. 西安: 第二炮兵工程学院, 2002.

[2] 杜燕, 柯熙政. 关于中国导航定位的时间平台 [J]. 宇航计测技术, 2003, 23(4): 47-50.

[3] 柯熙政. 熵理论在组合导航系统信息结构中的应用研究 [J]. 宇航学报, 2004, 25(6): 632-636.

[4] 任亚飞, 柯熙政. 基于小波熵对微机电陀螺仪中噪声的研究 [J]. 西安理工大学学报, 2010, 26(2): 156-160.

[5] 陈建萍. 多尺度熵方法用于电子器件噪声分析 [D]. 西安: 西安电子科技大学, 2007.

[6] 刘晓婷. 基于加速度的人体步态信息多尺度熵研究 [D]. 天津: 天津大学, 2008.

[7] 任亚飞. 北斗/GPS/罗兰 C 组合导航系统及其实验研究 [D]. 西安: 西安理工大学, 2007.

[8] 张国良, 曾静, 邓方林. 基于全局估计的联邦卡尔曼滤波信息同步方法 [J]. 航天控制, 2004, 10(5): 42-46.

[9] 张国良, 邓方林, 李呈良. 一类多传感器系统信息分析及其滤波器设计 [J]. 弹箭与制导学报, 2003, 23(3): 22-26.

[10] 张国良, 柯熙政, 陈坚, 等. 卡尔曼滤波的集结法降阶设计与应用 [J]. 弹箭与制导学报, 2005, 25(1): 1-4.

[11] 徐绍铨, 张华海, 杨志强, 等. GPS 测量原理基础及应用 [M]. 武汉: 武汉大学出版社, 2001.

[12] 何海波. 高精度 GPS 动态测量及质量控制 [D]. 郑州: 解放军信息工程大学, 2002.

[13] 邵占英, 葛茂荣, 刘经南. GPS 定位中对流层折射率随机模型的研究 [J]. 地壳形变与地震, 1996, 16(2): 1-7.

[14] 王惠南. GPS 导航原理与应用 [M]. 北京: 科学出版社, 2003.

[15] Kaplan E D. GPS 原理与应用 [M]. 邱致和, 万方义, 译. 北京: 电子工业出版社, 2002.

[16] 房建成, 万德钧. GPS 组合导航系统在车辆导航中的应用 [J]. 东南大学学报, 1996, (3): 26-34.

[17] 朱海, 莫军. 水下导航信息融合技术 [M]. 北京: 国防工业出版社, 2002.

[18] 申功勋, 孙建峰. 信息融合理论在惯性/天文/GPS 组合导航系统中的应用 [M]. 北京: 国防工业出版社, 1998.

[19] 袁建平, 方群, 郑谔. GPS 在飞行器定位导航中的应用 [M]. 西安: 西北工业大学出版社, 2000.

[20] 李智, 张若禹. GPS/GLONASS 组合导航中的星历计算与数据融合 [J]. 装备指挥技术学院学报, 1999, 10(6): 19-22.

[21] 尤红建. GPS 和 GLONASS 集成的定位系统及应用 [J]. 测绘通报, 1996, (5): 3-6.

[22] 刘瑜, 刘俊, 徐从安, 等. 非均匀拓扑网络中的分布式一致性状态估计算法 [J]. 系统工程与电子技术, 2018, 40 (9): 26-34.

[23] 陈家斌, 袁信. GPS/GLONASS 组合接收机自备完善性监测和导航性能研究 [J]. 中国惯性技术学报, 1996, 4(4): 7-14.

[24] 骆毅, 程力, 段钰锋, 等. 扩展卡尔曼滤波在 Hg-CEMS 中的信号处理研究 [J]. 自动化仪表, 2017, (12): 63-66.

[25] 任超, 欧吉坤, 刘根友. 双星系统中 GLONASS 在基线解算中的作用 [J]. 工程勘察, 2001, (2): 50-54.

[26] 陈俊勇. GPS 和 GLONASS 定位成果的坐标转换 [J]. 测绘通报, 2002, (7): 1-2.

[27] 高星伟, 葛茂荣. GPS/GLONASS 单点定位的数据处理 [J]. 测绘通报, 1999, (4): 8-11.

[28] 胡国荣, 崔伟宏. 组合 GPS/GLONASS 加权单点定位方法 [J]. 兵工学报, 2002, 23(1): 59-64.

[29] 杨元喜. 动态系统的抗差 KALMAN 滤波 [J]. 解放军测绘学院学报, 1997, 14(2): 79-85.

[30] 朱军, 李香君, 付融冰, 等. 双重遗忘卡尔曼滤波 PMLSM 无位置传感控制研究 [J]. 系统仿真学报, 2018, 30(2): 329-335.

[31] 迈迪. 长河二号工程远程无线电导航系统 [M]. 北京: 电子工业出版社, 1993.

第 5 章　组合 MEMS 陀螺技术

微机电系统 (micro-electro-mechanical system, MEMS) 陀螺仪具有成本低、体积小和可靠性高等特点，在工程领域受到了人们的广泛重视。目前 MEMS 陀螺仪的测量精度还不够高，为了提高测量精度，多模式多尺度数据融合是人们探索的方向之一。因此，研究多模式多尺度数据融合算法在 MEMS 陀螺仪领域的应用很有必要。

5.1　研究背景及意义

5.1.1　MEMS 陀螺仪的发展

陀螺仪是法国物理学家傅科在 1852 年发明的，后来相继出现了机械转子式陀螺、动力调谐陀螺等机电类陀螺 [1,2]。原始的陀螺仪可以认为是将一个高速转动的陀螺固定在一个万向支架上面，陀螺在高速旋转的过程中保持稳定。随着技术的发展，陀螺仪逐渐衍生出多种分支，其中 MEMS 陀螺仪以其轻便小巧、低成本和高可靠性的特点 [3] 引起了人们的广泛重视。受目前技术水平的限制，MEMS 陀螺仪测量精度普遍较低，严重制约了 MEMS 陀螺仪的推广应用。目前有两种研究方向：①从 MEMS 陀螺仪的制作工艺和电路设计着手，设法突破目前集成电路设计和机械制造工艺水平的限制，以期研制出精度更高的 MEMS 陀螺仪；②根据 MEMS 陀螺仪内部工作机理，分析各个类型的误差及误差来源的不同，建立相应误差模型，对混有噪声信号的原始信号进行一系列后期处理，以达到提高陀螺仪数据精度的目的。两种方法均是解决当前 MEMS 陀螺仪所面临的数据精度不高的有效手段。

数据融合技术就是一种基于多传感器的信息估计、检测、综合的数据处理过程 [4]。20 世纪 90 年代，Basseville 提出多尺度估计理论框架 [4]，此后多尺度数据融合技术受到了业界广泛的重视 [5]。柯熙政等提出以小波分解原子时算法为应用背景的多尺度分解融合技术，并应用于工程实践 [6-9]。

5.1.2　MEMS 陀螺仪技术

根据其测量的物理量，MEMS 传感器可以分为物理、化学和生物传感器三大类。三类又包含很多子类，其中物理大类下所包含的子类最多。MEMS 陀螺仪就属于物理大类下的力学传感器子类中的一种，也叫作 MEMS 角速度计。1962 年，第一个采用 MEMS 技术的压力传感器 [3] 问世。1970 年后，MEMS 技术开始兴起，它将电子和机械两个学科联系起来，集传感器、机械、控制集成电路等模块为一体，极大地促进了自动化测量等行业的发展。到了 20 世纪 80 年代，MEMS 技术的优势逐渐显现，很多研究机构和高等院校纷纷投入到 MEMS 技术的研发中。

1987 年，德国著名的卡尔鲁研究中心提出 LIGA(LIGA 是德文 lithographie, galvanoformung 和 abformung 三个词，即光刻、电铸和注塑的缩写) 工艺 [3]。1991 年，成立了德国 MEMS 研发中心，并投入了巨大财力开展 MEMS 的研发 [10,11]。

1991 年，Draper 实验室研制出一款 MEMS 陀螺仪，被认为是 MEMS 陀螺仪的雏形。该陀螺仪采用平板电容驱动的双框架式结构，其工作原理是当陀螺仪处于转动过程中时，内部的框架结构和质量块也会跟着振动。振动方向以检测轴为中心，输入的角速度越大，其振动幅度也越大，振动幅度的大小会导致敏感电容之间的电容不同，这样通过检测电容就可以间接得到输入的角速度 [12]。

1994 年，密西根州立大学研发出一种环形 MEMS 陀螺仪，该陀螺仪将传统的平板式的支撑框架变为了对称环形，对称的结构设计使得两个模态具有相同的固有频率，其在 25Hz 的带宽下具有 $0.5°/s$ 的分辨率 [13]。

1997 年，美国加州大学伯克利分校提出了振动轮式机械陀螺仪的概念，实验表明，双轴交叉耦合随着驱动模态和干预模态自然频率的接近而剧增，随机游走系数最低为 $10°/h$，通过频率匹配，分辨率可以提高到 $2°/h$[14]。

1997 年，美国加州大学洛杉矶分校开发出一款四叶式微机械陀螺 [15]，该陀螺仪采用体微加工技术设计。实验表明该陀螺的标度因子为 $24mV/(°/s)$，偏置稳定性为 $70°/h$，角速度随机游走为 $6.3°/h$。

2001 年，中国科学院上海微系统与信息技术研究所研制了一种栅状结构的 MEMS 陀螺仪；2003 年又研制出一种音叉式微机械陀螺仪，该款陀螺仪较之前灵敏度提高了 2 倍多，非线性也有一定程度的改善 [16]。

2005 年，北京大学研制出一种基于水平轴和不等高梳齿检测电容结构的陀螺仪，使其在大气空间中的工作灵敏度提高到了 $0.8mV/(°/s)$，后来又对该陀螺检测梳齿进行改进优化 [17]。

哈尔滨工业大学采用双自由度设计的 MEMS 陀螺仪，具有较大的检测带宽及高灵敏度 [18]。西安工业大学利用 ANSYS 软件研究了 Z 轴 MEMS 陀螺仪的空气阻尼问题 [19]，分析了减小 MEMS 陀螺仪空气阻尼的方法。

5.1.3　MEMS 陀螺仪数据融合

除了从制作工艺和电路设计着手进行 MEMS 陀螺仪的改进和优化之外，从后期的数据处理入手，对陀螺仪的原始的或经过初期处理后的数据进行融合处理，能够极大地提高测量精度 [20]。与单个陀螺仪相比，多个陀螺仪数据的融合之所以能够有效提高系统性能，关键就在于多传感器融合技术可以提高传感器资源的利用率, 最大限度地挖掘测量目标的真实数据。

5.1.4 陀螺仪误差的 Allan 方差表示

陀螺仪中通常存在五种噪声: 角随机游走、速率随机游走、偏差不稳定性、量化噪声和速率斜坡, 对应的 Allan 方差如表 5.1 所示, 表中 f_0 为截止频率, τ 为间隔, T_c 为相关时间。

表 5.1 陀螺仪噪声 Allan 方差

随机模型	Allan 方差 $\sigma(\tau)$ 渐进特性
误差系数	$\sigma_\Omega^2(\tau)$
角随机游走	$N_\Omega^2(\tau)$
偏差不稳定性	$2N_{F\Omega}^2 \ln 2/\pi \approx (0.6643 N_{F\Omega})^2$
速率随机游走	$N_{\dot\Omega}^2 \tau/3$
量化噪声	$3Q^2/\tau^2$
速率斜坡	$\dot\Omega(0)^2 \tau^2/2$
Markov 速率	$[(N_{c\Omega}\tau_c)^2/\tau][1 - (T_c/2\tau)(3 - 4\mathrm{e}^{-\frac{\tau}{T_c}} + \mathrm{e}^{-\frac{2\tau}{T_c}})]$
周期速率	$\sigma^2(\tau) = \Omega_0^2 \left[\sin^2(\pi f_0\tau)/(\pi f_0\tau)\right]^2$

实验表明, 大多数情况下不同随机误差项出现在不同的簇时间 τ 区域。假设所有随机噪声过程均是统计独立的, 则 Allan 方差可以表示为不同随机噪声过程的 Allan 方差之和:

$$\sigma_{\text{total}}^2 = \sum_{k\in[R]} \sigma_k^2(\tau) \tag{5.1}$$

根据表 5.1, 式 (5.1) 可以展开为

$$\sigma_{\text{total}}^2 = \frac{N_{\dot\Omega}^2}{3}\tau + (0.6643 N_{F\Omega})^2 + \frac{N_\Omega^2}{\tau} + \frac{3Q^2}{\tau^2}$$

$$+ \frac{(N_{c\Omega}\tau_c)^2}{3}\left[1 - \frac{T_c}{2\tau}(3 - 4\mathrm{e}^{-\frac{\tau}{T_c}} + \mathrm{e}^{-\frac{2\tau}{T_c}})\right] + \Omega_0^2 \frac{\sin^4(\pi f_0\tau)}{(\pi f_0\tau)^2} \tag{5.2}$$

根据不同的 τ 和相应的 Allan 方差, 可以利用逐步回归的方法对式 (5.2) 进行参数估计。Allan 方差的最大优点是可以简便地细化分离和辨识系统的各项误差, 同时确定各误差项对总误差的贡献。其缺点是在高频段的白化角、闪烁角和量化噪声以及在低频段的速率斜坡和闪烁速率斜坡不唯一, 可以采取修正 Allan 方差解决。

5.2　组 合 陀 螺

5.2.1　组合陀螺总体架构

　　组合陀螺包括陀螺仪模块、协处理器模块和主处理器模块。其功能分别为陀螺仪模块负责实时原始数据采集;协处理器模块负责将陀螺仪模块采集的原始数据读取出来,然后去掉帧头等非有效数据,进行校验转发给主处理器,最后将主处理器处理后的数据利用串口发送给上位机;主处理器负责接收协处理器处理过的数据,然后进行小波算法融合处理,并将处理后的数据进行格式转换并返回给协处理器。整个系统的整体框图如图 5.1 所示。

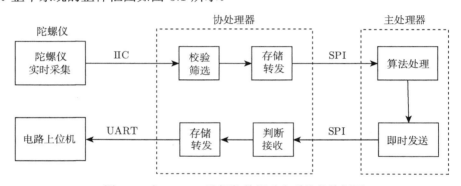

图 5.1　多 MEMS 陀螺仪数据融合系统整体框图

　　如图 5.1 所示,三个模块之间利用 IIC 接口和 SPI 接口进行连接,三个模块的硬件框架如图 5.2 所示。在陀螺仪模块中,需要实现的是陀螺仪的相关附属电路,包括陀螺仪的电源模块以及 IIC 接口的外围电路,还需要预留出能够和协处理器的扩展 I/O 口进行连接的 IIC 接口。在协处理器模块中,首先需要实现 FPGA 最小系统,考虑到主处理器电路板上电路模块较多,将主处理器和协处理器的电源模块都在协处理器电路板上实现,然后预留出相关的电源输出接口。为了提高可扩展性和可移植性,需要预留出足够的扩展 I/O 口。

　　如图 5.3 所示,协处理器上主要实现的是 IIC、SPI 和 UART 三个接口程序,主处理器上主要实现的是 SPI 接口的从机程序以及融合算法程序。协处理器中的 IIC 主机接收模块把陀螺仪采集的原始数据读进协处理器中,然后进行筛选打包后转发给下级模块 ——SPI 主机模块,SPI 主机模块将 IIC 模块转发来的数据转发给主处理器。主处理器在正确接收到协处理器发送来的数据后,进入小波融合算法处理程序中进行数据处理,处理完一帧后就返回等待接收下一帧数据。协处理器收到主处理器处理后的数据后,就以特定的波特率将处理结果通过串口输出。

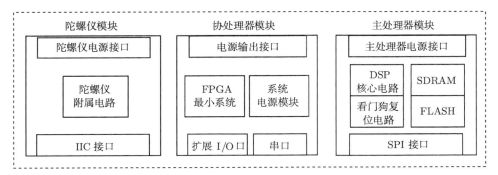

图 5.2 硬件系统结构框架

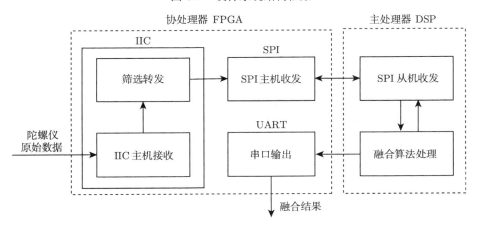

图 5.3 系统模块接口结构

5.2.2 器件选型及相关参数

选择 ALTERA 公司的 Cyclone IV EP4CE6F17C8 作为主控制器,其相关性能参数如表 5.2 所示。

表 5.2 EP4CE6F17C8 主要参数

资源	参数
逻辑单元	6272
乘法器	392
RAM	276480bit
I/O	179
内核电压	1.15~1.25V
工作温度	0~85℃

主处理器核心处理芯片主要负责高速运算,实现算法的实时处理,必须要保证

具有比较高的主频。选择 TI 公司的 C6000 系列达芬奇架构的 TMS320DM642 来作为主处理器芯片，TMS320DM642 的主要资源和参数如表 5.3 所示。

表 5.3　TMS320DM642 主要参数

资源	参数
10/100Mbit/s 以太网接口 (EMAC)	1 个，符合 IEEE 802.3 标准
多通道带缓冲音频串行端口 (McASP)	1 个，支持 I2S 等音频格式
多通道带缓冲串行端口 (McBSP)	2 个，RS232 电平驱动
VCXO 内插控制单元 (VIC)	1 个，支持 I2S 等音频格式
主/从 PCI 接口	32 位，66MHz，3.3V，PCI2.2 规范
增强型直接内存访问控制器 (EDMA)	1 个，具有 64 路独立通道
I2C 总线模块	1 个
定时器	3 个，32 位
JTAG 接口	1 个，符合 IEEE 1149.1 标准
通用输入/输出端口 (GPIO)	1 个，16 位
内核电压	1.4V

协处理器的 FLASH 存储器芯片，需要有足够的擦写次数和存储空间，还要保存时间足够长，结合存储空间大小和成本因素，选择 M25P16 作为协处理器的 FLASH 存储芯片。该存储器具有 2M 字节的存储空间，同时具有可擦写次数多和数据保存期限长的特点。

复位监控电路是一种常见的监控电路，其作用是防止非程序本身问题而导致程序处于跑飞状态。看门狗电路可以提高电路的可控性和安全性。主处理器模块中选择 SP706SEN 作为 MCU(microcontroller unit，微控制单元) 复位监控芯片。其关键特性有：低电平复位，复位脉冲宽度 200ms，精密的 2.93V 低电压监控；独立的看门狗定时器：1.6s 超时。

5.2.3　硬件系统设计

1. 陀螺仪模块

陀螺仪模块选用 MSG101，+5V 单电源供电，采用 PLCC44 的测试座封装，引脚间距为 1.27mm。

1) 陀螺仪电源电路

系统输入电压为 +5V，陀螺仪需要的电压也是 +5V。为了保持电压稳定，选择 AMS1117-5V 作为稳压芯片，生成陀螺仪所需的 +5V 稳定电压，典型电路如图 5.4 所示。

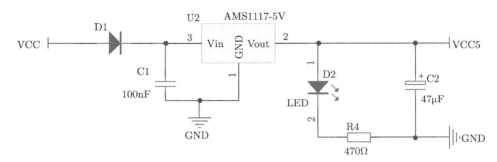

图 5.4 陀螺仪电源电路

2) IIC 接口电路

IIC 总线是高性能串行总线,在多主机系统中,裁决功能保障了互相之间通信互不影响。在主从机分别为高低速设备时,可以实现设备同步功能。IIC 接口上只需要挂载一个从机陀螺仪,不存在多从机挂载问题。因为 IIC 接口的输出端从模拟电路角度来说是漏极开路或集电极开路,所以在设计 IIC 接口电路的时候,必须要考虑外接上拉电阻。在选择上拉电阻大小的时候,要考虑功耗、信号上升时间和从机的个数等因素。根据 IIC 总线频率的不同,当工作在 100kHz 标准模式下时,典型值为 10kΩ;当工作在 400kHz 快速模式下时,为了减少上升时间,满足上升时间要求,典型值为 1kΩ。图 5.5 即为陀螺仪 IIC 总线接口电路。

2. 协处理器模块

在协处理器上需要实现的电路模块有:协处理器电源电路、JTAG 接口及保护电路、FLASH 存储电路、串口电平转换电路和主处理器电源电路。下面对这几部分依次进行介绍。

1) 协处理器电源电路

协处理器选择 ALTERA 公司的 Cyclone IV 系列的 EP4CE6F17C8 FPGA 处理器。EP4CE6F17C8 供电有 3 种不同的电压:核心电压、I/O 电压和辅助电压。其中,核心电压为 +1.2V,I/O 电压为 3.3V,辅助电压为 2.5V。各个电源的说明如表 5.4 所示。

选择 AMS1117 的固定输出芯片作为协处理器的电源稳压芯片。对于 EP4CE6F 系列 FPGA,由于电源不止一个,为了稳妥建议考虑上电顺序。I/O 电源后上电,要保证 I/O 电源不能比核心先上电。对于 +2.5V 的 PLL 模拟电源,主要用于 PLL 和 JTAG(joint test action group,联合测试工作组) 接口电路。对于 JTAG 接口电路的电压问题,在后面的 JTAG 部分会有更详细的介绍。协处理器的电源电路如图 5.6 所示。

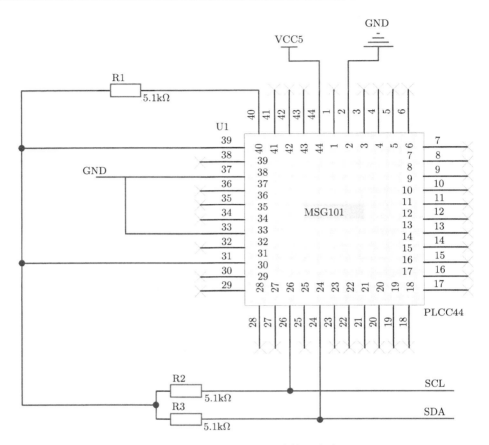

图 5.5   陀螺仪 IIC 总线接口电路

表 5.4   FPGA 常用电源

电源管脚	电压电平/V	说明
VCCINT	1.2	内核电压电源
VCCA	2.5	PLL 模拟电源
VCCIO	3.3	I/O 供电电源

2) JTAG 接口及保护电路

1990 年, IEEE 建议把 JTAG 作为国际标准, 称为测试访问端口和边界扫描结构标准。JTAG 有 4 线的标准接口, 即测试模式选择 (TMS)、测试时钟 (TCK)、测试数据输入 (TDI) 和测试数据输出 (TDO)。协处理器的 JTAG 接口选择 10pin 的标准, 供电电压选择 PLL 模拟电源 +2.5V。JTAG 接口及其保护电路的原理图如图 5.7 所示。

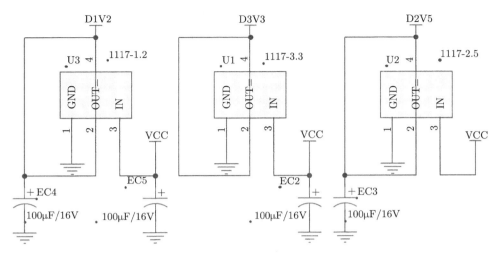

图 5.6　协处理器的电源电路

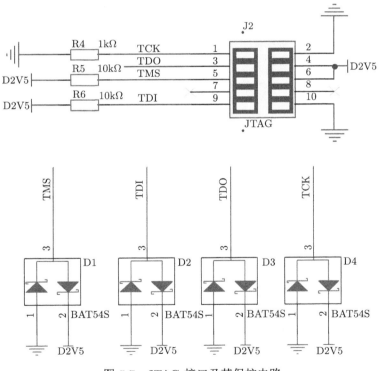

图 5.7　JTAG 接口及其保护电路

3) FLASH 存储电路

FPGA 有主动配置方式、被动配置方式以及 JTAG 配置方式。所谓主动配置,就是在 FPGA 外部放置串行存储器或并口 FLASH 等能够掉电但数据不丢失的存储器，并搭配相应的外围电路。而在 FPGA 芯片内部，则设计一个主动去读取这个外部存储器中的数据的硬件电路，目的是希望系统上电后就主动去读取外部存储器中的有效数据到内部 SRAM(static random-access memory，静态随机存取存储器) 中。外部配置芯片为 M25P16，是 ST 公司生产的 16Mbit 的串行 FLASH 芯片，最高读写速率可以达到 50Mbit/s。该芯片兼顾了成本和性能，广泛应用于 FPGA 的外部配置芯片电路中，如图 5.8 所示。

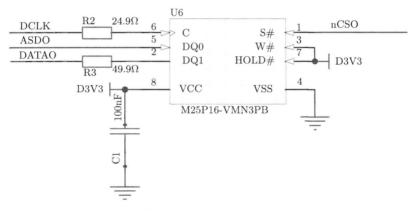

图 5.8　FLASH 存储电路

4) 串口电平转换电路

如图 5.9 所示，处理过后的融合结果需要通过串口输出，计算机的串口标准 RS232 的电平为 +12V 为逻辑负，−12V 为逻辑正，因为这样的电平逻辑与 TTL 电平不兼容，所以必须使用电平转换电路。采用 MAX3232 作为电平转换芯片，为了节省电路板空间，将 9 针的 DB9 接口精简为只保留发送数据 (TD)、接收数据 (RD) 和信号地 (GND) 三个引脚即可。

5) 主处理器电源电路

主处理器采用 TI 公司的 TMS320DM642。DM642 内核电压为 +1.4V，I/O 接口电压为 +3.3V，选用 TI 公司的电源芯片 TPS54331 来获得内核电压和 I/O 电压，上电掉电顺序则通过芯片的 PH(电源输出有效) 引脚和 EN(允许电压输入) 引脚来保证，电路原理图如图 5.10 所示。

3. 主处理器模块

1) 看门狗电路

看门狗电路就是一个监视电路，一旦系统陷入上述所说的死循环中，看门狗电路可以及时进行自动复位，避免系统停滞，重新进入正常的运行状态。复位芯片选用 Exar 公司的 SP706SEN，典型电路如图 5.11 所示。

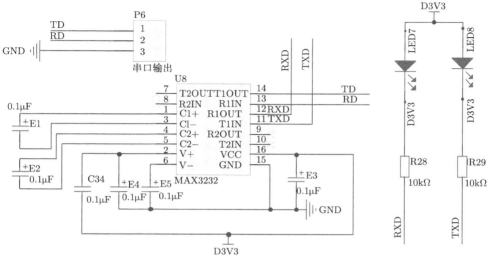

图 5.9 串口电平转换电路

2) JTAG 配置电路

主处理器的 JTAG 配置电路[21]，相比较协处理器，主要有两点不同：一个是主处理器 DSP 选择的是 14PIN 的 JTAG 接口；另一个则是表现在电源上，协处理器上的 JTAG 接口电源为 +2.5V，而主处理器上的电源为 +3.3V。主处理器的 JTAG 配置电路如图 5.12 所示。

3) FLASH 存储电路

采用 S29GL032 作为 FLASH 存储器[22]，该存储器具有 4M×8bit 的存储空间，位宽是 8bit。因为 CE1 可寻址的存储器空间只有 20 根地址线，这导致 CE1 的可寻址空间大小比 FLASH 的容量小，所以复杂可编程逻辑器件 (complex programmable logic device，CPLD) 中给 FLASH 增加三根地址线，然后把 FLASH 分成了 8 页，每页 512K 字节。复位时 FLASH 位于起始页，在初始化完成后，可以控制选页完成对 FLASH 各个页的读写。FLASH 电路如图 5.13 所示，其中低 19 位地址线 A[0..18] 和 DSP 的地址 DSP_A[4..22] 相连，DQ15/A-1 是一个数据和地址复用线，将它同 DSP 的地址 DSP_A3 相连；8 位数据线 DQ[0..7] 和 DSP 的数据管脚 DSP_D[0-7] 相连；输出使能管脚 OE 同 DSP 的 DSP_SDRAS 相连，两者都是低电平有效；输入使能管脚 WE 同 DSP 的 DSP_SDWE 引脚相连；复位信号直接同 DSP 的复位信号相连；FLASH 的片选和页选信号 CE 同 DSP_CE1 相连，这也就是 FLASH 的 4M×8bit 的存储空间会映射到 CE1 空间控制寄存器上的原因所在。

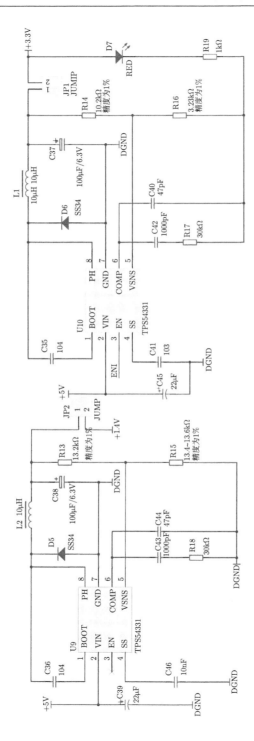

图 5.10　主处理器电源电路

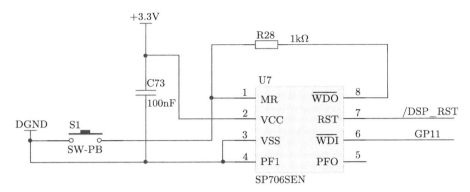

图 5.11 看门狗复位电路

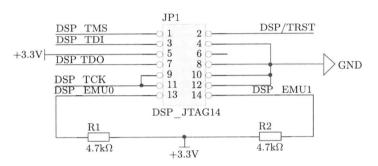

图 5.12 主处理器 JTAG 配置电路

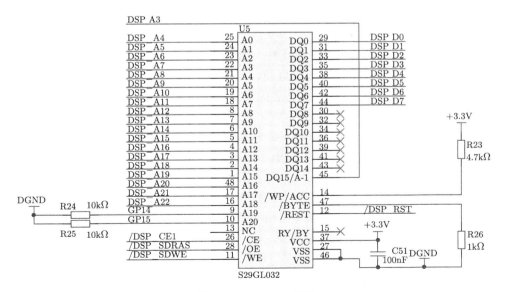

图 5.13 FLASH 电路

5.3 软 件 设 计

软件主要分为接口协议部分和融合算法部分，其中接口协议在协处理器和主处理器上都有涉及，主要包括 IIC 接口 (协处理器和陀螺仪的接口)、UART 接口 (协处理器和电脑的数据接口) 以及 SPI 接口 (协处理器和主处理器的接口) 三部分。而融合算法只在主处理器上实现。

5.3.1 IIC 接口

陀螺仪和协处理器的接口采用 IIC 总线协议，在设计好 IIC 硬件接口后，需要根据不同陀螺仪的 IIC 协议时序要求，在协处理器上实现 IIC 协议，由主机提供相应的时钟和控制时序，从而读出陀螺仪中的实时数据。

1. IIC 协议

IIC 接口协议有固定的时序要求，虽然很多 IIC 协议芯片都对自己的协议做了个性化的修改，但是总体上都会遵循时序规定，如图 5.14 所示。

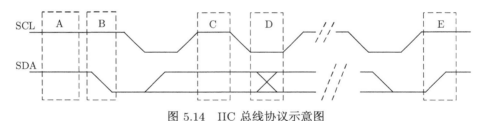

图 5.14 IIC 总线协议示意图

IIC 总线协议主要有五个特征区间：空闲、启动、数据传输、数据跳变和停止，分别对应于图 5.14 中的 A~E 五个区段。

A 段：总线空闲状态。在此状态之内，IIC 协议规定串行时钟总线 SCL 和串行数据总线 SDA 均保持高电平状态。

B 段：总线启动状态。在时钟总线 SCL 保持高电平的状态时，数据总线 SDA 开始拉低，直到 SDA 变为稳定的低电平后，SCL 仍然要保持为高电平状态，这个状态标示着 IIC 总线启动开始工作，接下来可以进行数据传输。

C 段：数据传输状态，或者称为数据有效状态。此状态一定是发生在启动后，当时钟线处于高电平期间，数据线 SDA 必须要保持稳定，SDA 线不能够在此期间进行电平跳变，这时数据线 SDA 上的 0/1 电平即为要传输的数据，一个时钟脉冲传输 1bit 数据。需要注意的是，应答 (包括非应答) 信号也发生在本段状态内，在传输 8bit 数据后，第 9 个时钟高电平期间的 SDA 线上的数据就是数据接收端的应答 (或非应答) 信号。如果在第 9 个时钟高电平期间 SDA 线是高电平，则表示非应答；反之，表示应答。IIC 总线是一个有着严格时序约束的总线协议，协议要求每传输 1 字节数据后，必须要有应答信号才能进行下一个字节的传输，否则将会中断传输，总线停止。

D 段：数据跳变状态。该状态发生在时钟总线 SCL 为低电平期间，IIC 总线规定数据传输过程中数据总线 SDA 只能在时钟总线 SCL 为低电平期间进行跳变。整个 IIC 传输过程中，除启动和停止状态，其他的时间内数据总线只能在 SCL 为低期间进行跳变。

E 段：总线停止状态。当数据传输完成后，时钟总线 SCL 先保持高电平，然后数据总线 SDA 开始拉高，再保持为高电平。整个过程结束后总线重新进入 A 状态中，即空闲状态。

在协处理器 FPGA 上实现 IIC 总线的主机端用来和从机陀螺仪进行通信，IIC 协议经常用于多机系统中，如图 5.15 所示。IIC 总线寻址字节的位定义如图 5.16 所示[23,24]。实际上寻址信号总共有 8 位，其中高 7 位为地址位，最低位则代表数据方向位，用以表明当前数据流的走向是读还是写操作。方向位为 0 表示写操作，方向位为 1 则表示读操作。主机寻找目标从机的方式就是将目标从机的地址给总线上的每一个从机都发送，当从机收到器件地址时会和自己的器件地址进行对比。如果相同，则给出应答信号 ACK；反之，不给应答信号。主机收到应答信号 ACK 后就正式和目标从机建立联系，可以进行正常的数据传输。

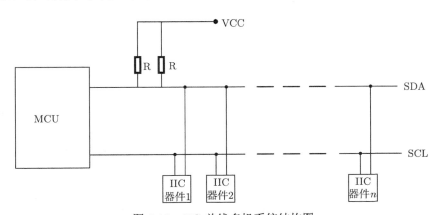

图 5.15　IIC 总线多机系统结构图

图 5.16　IIC 总线寻址字节的位定义 [24]

E2PROM 的写入方式一般有字节写入方式和页写入方式两种 [24]。在字节写入方式下，MCU 一次只能访问一个地址单元。在时钟启动后，必须先由主机发送 8bit 的控制字节，其中最低位应该设为 0，表示写操作；然后，发送 8bit 的数据地址，如果主机 MCU 所发送的上述信号都得到从机 E2PROM 响应后，就可以进行 8 位的数据写入操作了；最后，主机发送 1bit 的停止信号，写入数据格式如图 5.17 所示。

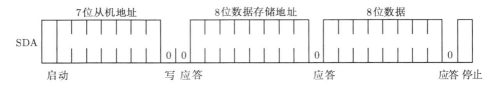

图 5.17　字节写入数据格式

页写入方式就是指主机微控制单元 (microcontroller unit, MCU) 在一个写周期内可以连续访问 8 个或 16 个 E2PROM 存储单元，不同的 MCU 会有差别。写入过程为先进入待启动后发送控制字节，再发送 8 位的存储器起始单元地址。主机 MCU 发送的每个字节都需要得到应答信号后才能进行下一步，然后在确保得到从机响应后，主机 MCU 就可以连续写入最多一页的数据，最后发送结束后发送停止信号。页写入方式的数据帧格式如图 5.18 所示。

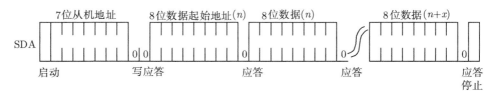

图 5.18　页写入方式的数据帧格式

读操作方式的第一种是指定地址读操作。和写操作不同的是，读操作需要进行两次启动。完整的过程是 [24]：首先 MCU 发送启动信号，然后发送器件地址。这个器件地址实际上是写控制信号，如果从机 E2PROM 有应答，主机再发送数据地址，这个数据地址本质上是读操作控制信号；如果主机收到应答，就重新发送启动信号，然后紧接着发送器件读地址，等收到应答后，从机中的数据就会同步出现在 SDA 上，这就是数据的读取；主机读完后需要主动发送一个非应答信号给从机，然后再发出停止信号。指定地址读帧格式如图 5.19 所示。

第二种读方式是指定地址连续读操作 [24]。此种操作跟指定地址读操作的区别在于这种操作会在每读一个字节数据后，从机 E2PROM 在没有检测到非响应信号并且收到响应的前提下，会自动将内部寄存器地址指针指向下一个字节数据，然后把这个地址上的数据发送到 SDA 上。指定地址连续读帧格式如图 5.20 所示。

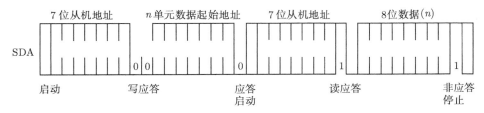

图 5.19 指定地址读帧格式

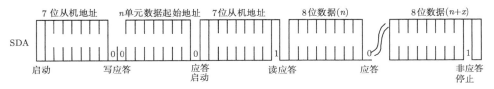

图 5.20 指定地址连续读帧格式

陀螺仪 MSG101 的总线和 E2PROM 的指定地址连续读操作相似。MSG101 的 7 位的器件地址为 0x48h，即用二进制表示就是 1001000，加上第 8 位的读操作表示符 1，8 位控制字就是 10010001，也就是 0x91h。主机协处理器 FPGA 生成总线串行时钟 SCL，时钟频率为 67kHz，然后主机 FPGA 发出启动信号，接着主机发送 0x91h 这个 8 位的读控制字信号，在第 9 个时钟内如果收到从机 MSG101 的响应信号，那么表明寻址成功。从机直接将数据输送到串行数据线 SDA 上，主机 FPGA 进行接收存储，同时每收到 1 个字节的数据后，在第 9 个时钟周期内需要给从机响应信号。按照 MSG101 的数据格式定义，一次需要连续读 12 字节的数据。完整的读操作时序图如图 5.21 所示。

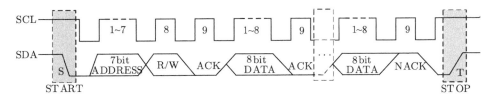

图 5.21 MSG101 的 IIC 读操作时序图

2. IIC 总线模块设计

IIC 总线的设计全部在协处理器 FPGA 上的 i2c 模块中实现。i2c 模块实现的功能是：先实现 IIC 总线主机端，读取从机陀螺仪 MSG101 中的数据，然后筛选校验通过后，转发给下级 FIFO 模块暂存。i2c 模块的原理图如图 5.22 所示，其对应的端口描述如表 5.5 所示。

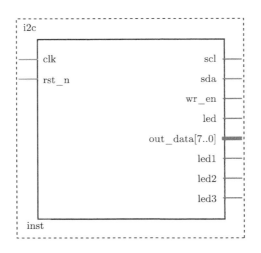

图 5.22　IIC 总线 i2c 模块原理图

表 5.5　IIC 总线 i2c 模块端口描述

端口名称	数据方向	数据宽度/bit	端口描述
clk	input	1	系统 50MHz 时钟
rst_n	input	1	模块复位, 低电平有效
sda	inout	1	双向 IIC 串行数据线
scl	output	1	67kHz 的 IIC 串行时钟
wr_en	output	1	FIFO 写使能, 高电平有效
out_data[7..0]	output	8	FIFO 并行数据输出
led/led1/led2/led3	output	1	测试 LED 灯

　　IIC 总线读取模块设计的核心是一个有限状态机, 该状态机状态转移图如图 5.23 所示。图 5.24 是 IIC 总线主机读取模块的流程图。IIC 总线主机读取模块的工作流程大概可以表述如下。

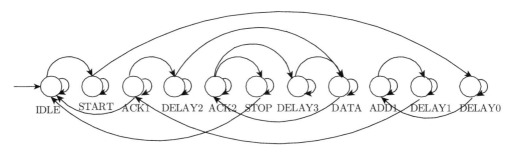

图 5.23　IIC 总线读取模块状态机状态转移图

(1) 进入 IDLE 状态，在这个状态内，首先，需要对系统复位，相关的寄存器做清零设置；然后，将 IIC 的串行时钟线 scl 和串行数据线 sda 全部置高，下级 FIFO 的写使能置为非有效状态，并行输出口 out_data[7..0] 清零；最后，需要在此状态中控制整个 IIC 读取模块的读取频率，因此在等待满足读取频率的时延后，状态机转入 START 状态，即启动状态。

(2) 状态机进入 START 状态后，主机 FPGA 把串行数据线 sda 拉低，然后转入 DELAY0 状态，时延 3~10 个左右的 scl 时钟周期，选择时延 5 个 scl 时钟周期后进入 ADD1 状态，也就是发送读控制字状态中。

(3) 状态转入 ADD1 后，主机 FPGA 顺序地将 8 位读控制字按照 scl 信号同步发送到串行数据线 sda 上。因为 sda 线是 inout 双向数据总线，所以此时 sda 线的数据方向是 output。8 位控制字发送完毕后，同样进入时延状态 DELAY1 中进行 5 个 scl 周期的时延，然后状态机转入 ACK1 中。

(4)ACK1 状态也就是从机 MSG101 对主机 FPGA 给响应的状态，在此状态中，主机 FPGA 需要检测 sda 线上收到的数据是否为 0。如果是 0，则表明从机对上一步主机所发送的读控制字给出了响应，状态机转入 DELAY2 中进行 5 个 scl 时钟周期的时延后，可以转入 DATA 状态中进行下一步操作；反之，则表明没有响应，不能进入下一状态中，状态机返回 IDLE 中，此时 sda 双向数据总线的数据方向是 input。

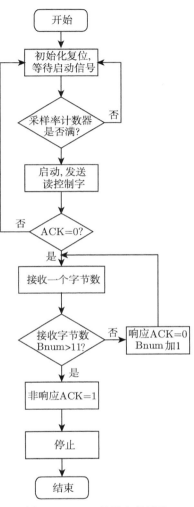

图 5.24　IIC 总线主机读取模块流程图

(5) 状态机进入 DATA 状态中进行数据读取操作。在该状态中，主机 FPGA 按位将读入的数据按照高位在前的规则存放在一个 8 位寄存器中，读够一个字节数据后，转入 ACK2 状态中。在 DATA 状态中，sda 双向数据总线的数据方向仍然是 input。

(6)ACK2 状态是主机 FPGA 给从机 MSG101 发送响应的状态，在该状态中，主机需要判断上一步读取的该字节数据是连续读取的第几个字节数据，因为按照

MSG101 规定的数据格式，一次连续读可以读出 12 字节的数据，所以如果是前 11 字节数据，则给出响应信号，同时转入 DELAY3 状态进行时延后返回 DATA 状态继续下一个字节的读取；如果读取的是第 12 字节数据，则给出非响应信号，然后转入 STOP 状态准备停止这一循环的数据读取。和 ACK1 状态不同，在该状态中，数据总线 sda 的数据方向是 output。从这里可以看出，响应信号总是数据接收方给出的，而不总是由从机给出。

(7)STOP 状态顾名思义就是 IIC 总线停止状态，在该状态中，主机 FPGA 将串行数据总线拉高，然后转入 IDLE 状态中，等待下一次读取时刻的到来。

3. UART 协议

UART 协议主要用于设备之间低速数据通信，不需要同时发送时钟，因此该协议为异步协议[25]。作为串行通信协议，一般以字符为单位进行数据传输，数据传输的帧格式由 1 个起始位、5~8 位数据位、可选的校验位、1~2 位的停止位以及若干空闲位组成。其数据传输帧格式如图 5.25 所示。数据传输过程为发送器先发送一个起始位，即将数据总线拉低；再发送 5~8 位数据位；接着可以选择发送一个奇偶校验位或者选择不发送校验位；最后发送 1 个、1.5 个或者 2 个高电平停止信号作为字符结束的标志。

图 5.25   UART 协议数据传输帧格式

5.3.2   SPI 接口

1. SPI 协议

SPI 是一种全双工、同步串行通讯方式，一般有三线制和四线制两种规格，两者不同之处在于有没有从机选择线，这里选择四线制规格。所谓四线制的四条线分别为串行时钟 (SCLK)、主入从出 (MISO)、主出从入 (MOSI) 和从机选择 (SS)[25,26]。SPI 协议和 IIC 协议不同，没有规定严格的时序，只是约定了四种模式，根据外设要求，可以按照表 5.6 中所述来配置串行同步时钟极性 (CPOL) 和相位 (CPHA)，从而决定选用哪一种模式来和外设通信。本节选取第四种模式，即 CPOL=1，CPHA=1。

表 5.6 SPI 协议四种模式配置标准 [25]

CPHA	CPOL	
	CPOL=0	CPOL=1
CPHA=0	(1) 空闲时刻 SCLK 为低； (2) 第一个边沿 (上升) 采样数据， 第二个边沿 (下降) 输出数据	(1) 空闲时刻 SCLK 为高； (2) 第一个边沿 (下降) 采样数据， 第二个边沿 (上升) 输出数据
CPHA=1	(1) 空闲时刻 SCLK 为低； (2) 第二个边沿 (下降) 采样数据， 第一个边沿 (上升) 输出数据	(1) 空闲时刻 SCLK 为高； (2) 第二个边沿 (上升) 采样数据， 第一个边沿 (下降) 输出数据

2. SPI 从机的 DSP 实现

对于 SPI 协议的设计，需要在主处理器，也就是从机上定义好相对应的模式。在主处理器 DSP 上进行 SPI 从机的设计，是通过 McBSP 来实现的。进行 McBSP 操作时，关键是要合理地配置相应的寄存器，主要的寄存器如表 5.7 所示。

表 5.7 McBSP 主要寄存器 [27]

寄存器名称	英文缩写	主要功能
串口控制寄存器	SPCR	联合 PCR 进行串口配置
引脚控制寄存器	PCR	联合 SPCR 进行串口配置
接收控制寄存器	RCR	接收操作参数配置
发送控制寄存器	XCR	发送操作参数配置
采样率发生器寄存器	SRGR	配置采样率发生器的各个参数

利用 McBSP 来实现 SPI，要注意区分 McBSP 是作为主设备还是从设备，图 5.26(a) 和 (b) 分别给出了 McBSP 作为主设备和作为从设备的配置方案。McBSP 为 SPI 从设备，串口时钟 CLKX 和使能信号 FSX 由外部主设备产生，因此在 DM642 中设置 CLKXM=FSXM=0，以表示 CLKX 和 FSX 为输入端。在 SPI 模式中，当 FSX 和 CLKX 用作输入端时，还有另一个作用，就是作为数据接收的内部 FSR 和 CLKR 信号。在数据传输之前，外部的主设备，也就是协处理器 FPGA，必须先将 FSX 拉低作为有效。McBSP 中的相关寄存器配置应该遵从规定。例如，为了保证要发送的数据的第一位可以立即出现在 DX 引脚上，必须将 RCR/XCR 寄存器中的 DATDLY 位置 0。

不管 McBSP 是从设备还是主设备，McBSP 都需要按照以下的步骤进行正确的初始化 [27]：

(1) 配置串口控制寄存器 SPCR 中的 $\overline{\text{XRST}} = \overline{\text{RRST}} = 0$，串口复位。

(2) 串口复位后，配置 McBSP 配置寄存器，设置相应的值到 SPCR 寄存器的 CLKSTP 字段中。

(3) 设置 SPCR 的 $\overline{\text{GRST}} = 1$，采样率发生器开始工作。

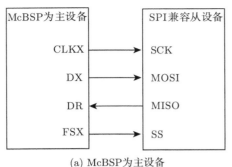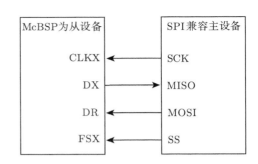

(a) McBSP为主设备   (b) McBSP为从设备

图 5.26   McBSP 作为主从设备的 SPI 配置方案

(4) 等待两个位时钟周期，确保 McBSP 的初始化过程中内部正确同步后，再进入下一步工作。这里要根据访问 McBSP 的方式不同分两种情况来讨论，如果采用 CPU 访问 McBSP，设置 $\overline{\text{XRST}} = \overline{\text{RRST}} = 1$ 使能串口，SPCR 寄存器其他位的设置不变；如果采用 DMA 访问 McBSP，则首先需要初始化 DMA，启动 DMA，等待 DMA 同步后，设置 $\overline{\text{XRST}} = \overline{\text{RRST}} = 1$ 使串口退出复位状态。

(5) 等待两个位时钟周期，确保接收器和发送器都变为有效。

3. SPI 主机的 FPGA 实现

在主处理器 DSP 端做好上述配置后，在主设备 FPGA 端需要按照从设备配置好的 SPI 模式进行时序设计。作为 SPI 的主机端，FPGA 需要生成 SPI 时钟以及完成从机使能端的控制，最重要的是数据传递。SPI 主机控制模块原理图如图 5.27 所示，主要端口的定义如表 5.8 所示。

SPI 主机模块主要由两个有限状态机实现，其中第一个状态机负责 SPI 时钟和 SPI 从机使能端的时序控制；另一个状态机负责数据的重新打包和数据传输。两个状态机的状态转移图分别如图 5.28 和图 5.29 所示，整个模块的工作流程如图 5.30 所示。

图 5.27   SPI 主机控制模块原理图

表 5.8 SPI 主机控制模块主要端口定义

端口名称	数据方向	数据宽度/bit	端口描述
rduse[3..0]	input	4	上级 FIFO 的满 8 字节标志
buf_empty0	input	1	上级 FIFO 空标志
buf_out0[7..0]	input	8	上级 FIFO 的 8 位数据输入端
rd_en0	output	1	上级 FIFO 的读使能, 高有效
wr_en	output	1	下级 FIFO 的写使能, 高有效
spi_miso	input	1	SPI 主机输入从机输出
spi_mosi	output	1	SPI 主机输出从机输入
spi_clk	output	1	SPI 时钟
ss	output	1	SPI 从机使能端, 低有效
buf_in[7..0]	output	8	下级 FIFO 并行数据输出
wr_en_ori	output	1	辅助数据输出使能, 调试用
TDX[7..0]	output	8	辅助数据输出端, 调试用

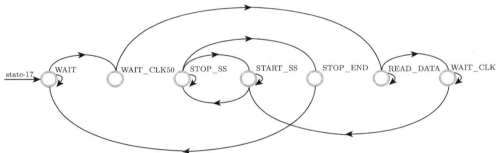

图 5.28 SPI 协议时钟和使能端的时序控制状态转移图

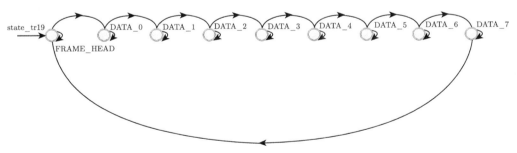

图 5.29 SPI 协议数据传输状态转移图

SPI 接收模块的工作过程如下:

(1) 首先进行初始化, 然后对上级 FIFO 进行检测, 判断是否是上级 FIFO 中缓存的数据并达到 8 字节 (一组完整的 4 个陀螺仪的原始采集数据)。如果满 8 字节, 则开启 FIFO 读使能, 将 8 字节数据全部读出到本模块中; 如果没有满 8 字节, 继续等待。

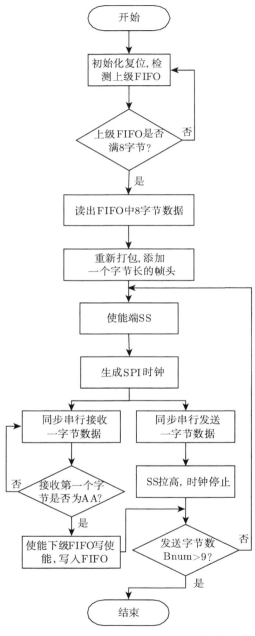

图 5.30　SPI 读写模块流程图 [28]

(2) 在读入 8 字节数据后，添加 1 个字节的校验帧头，将一组数据长度变为 9 字节。拉低从机选择线 SS 使之有效，再时延一段时间后开启 SPI 时钟。

(3) 根据高位在前的规则，将第 1 个字节数据按照 SPI 时钟串行发送出去。因为 SPI 协议是全双工的，发送和接收是同步进行，所以在发送数据的同时，要检测接收端收到的数据是否为约定好的帧头 AA。如果是，则准备接收后续来的数据；反之，则暂不接受继续检测帧头。

(4) 1 个字节发送 (或接收) 完毕后，随即将使能端 SS 拉高，然后停止 SPI 时钟。检测发送的数据字节数，如果 9 个字节全部发送完毕，则这一循环的发送和接收工作完成；反之，则在时延一段时间后拉低使能端 SS，重新开启 SPI 时钟，进行下一字节数据的发送和接受。

5.3.3 小波域多尺度融合算法

小波域多尺度融合算法主要负责接收数据后进行校验，对接收的数据进行多尺度分解融合处理，得到融合结果后进行格式转化，转成可以串口输出的数据格式后回传给协处理器 FPGA 进行输出即可，上述工作都在主处理器 DM642 中实现。

如图 5.31 所示，整个模块首先打开 SPI 接口准备接收数据，在接收数据之前需要验证数据帧头是否正确，只有帧头验证通过，才会进入正式读取数据阶段。每次读入 8 字节数据作为一组，其中第 1 个字节是第 1 个陀螺仪的低 8 位数据，第 2 个字节是第 1 个陀螺仪的高 8 位数据；第 3 个字节是第 2 个陀螺仪的低 8 位数据，第 4 个字节是第 2 个陀螺仪的高 8 位数据；以此类推，8 个字节正好代表了 4 个陀螺仪的一组完整数据。待接收 8 字节数据后，随即关掉 SPI，然后进入数据预处理阶段。预处理就是要将接收进来的一组数据进行拼接，使其成为 4 个完整的数据，分别代表 4 个陀螺仪的实时采集数据，然后对这 4 个完整数据进行格式转化，由十六进制转化为浮点型数据进行融合计算。融合处理过后，4 个陀螺仪的数据会融合成为一个融合值。为了方便串口输出，对其进行数据格式转化，和前面的转化相反，将浮点型的融合值转化为标准的 4 个十六进制数据进行输出。在把数据返回给协处理器的时候，因为 SPI 是全双工通信协议，所以只需要将上一组的融合结果存入 DSP 的 SPI 输出寄存器，等 SPI 打开后就可以进行自动输出，节省 DSP 的资源。

如图 5.32 所示，小波域多尺度融合算法的整个流程是一个顺序循环执行的过程，在接收到一组陀螺仪的完整数据后，先进行数据预处理，得到 4 个浮点型数据后，再对这 4 个陀螺数据进行零均值处理，并对处理结果进行小波分解。小波分解时先要选取一组正交性较好的小波基，再把这 4 个数据进行多尺度小波域分解，分解后将得到的每个数在不同尺度上的小波分解系数。分别在各个尺度上计算测量值的小波方差，归一化处理后得到对应的能量序列，由能量序列进一步可以得到小波熵。将小波熵作为数据融合的权值，来代替前面得到的小波分解系数对小波去噪的阈值进行换算和小波逆变换以及重构处理，得到原始频率上的融合数据，并利用原始信号的均值对融合数据进行一定的幅值补偿。

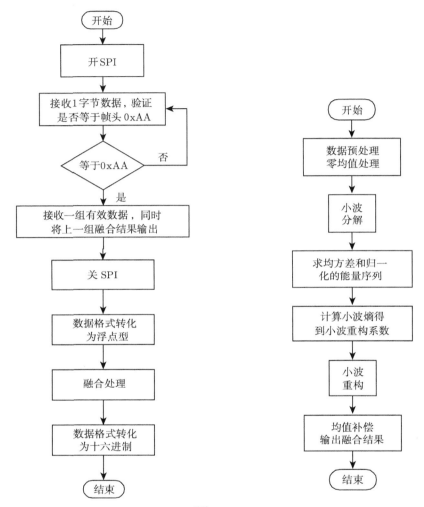

图 5.31   算法处理模块整体流程图[28]   图 5.32   小波域多尺度融合算法流程图[28]

5.4   实 验 研 究

实验采用某微电子公司型号为 MSG101 的 MEMS 陀螺仪，内部封装有 4 路 MEMS 陀螺仪，采样频率为 60Hz。实验过程分为三部分：静态实验、单轴位置速率转台实验和单轴角振动台实验。

5.4.1 静态实验

静态实验环境要求测试环境温度恒定, 测试系统在静态情况下的融合效果。首先对第一个测试内容进行实验验证。设置小波分解层数为 6 层, 数据窗口长度为 400, 采集 4 路陀螺仪的原始数据和系统融合后的数据, 结果如图 5.33 所示。图 5.33 中黑色部分为 4 路陀螺仪原始采集数据, 灰色部分为融合后的结果。从图 5.33 中可以看出, 较之融合前的 4 路原始数据, 经过融合后的数据均可以明显抑制 MEMS 陀螺仪的随机漂移, 显著提高陀螺仪的零偏稳定性。

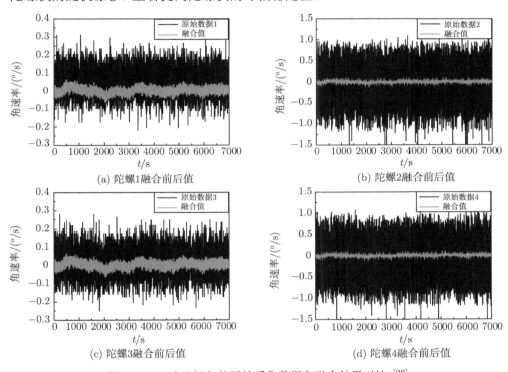

图 5.33 4 路陀螺仪的原始采集数据和融合结果对比 [28]

不同的窗口长度对于融合结果会有一定的影响, 在动态情况下, 窗口长度的影响尤为明显, 因此有必要分析融合窗口长度对融合结果的影响。选择同一组实测数据, 窗口长度分别设为 40、100 和 400, 实验结果如图 5.34 所示。

从图 5.34 可以看出, 在相对稳定的环境前提下, 窗口长度越大, 融合后的效果越好, 零偏稳定性越高, 但窗口长度过大会带来融合后的值的时延增大。窗口长度的选择需要在稳定性和时延之间做出合理的折中。

如表 5.9 所示, 计算不同窗口长度下融合前后的标准差大小, 以此来进一步说明多尺度小波域融合算法的有效性。表 5.9 中分别给出了窗口长度为 40、100 和

400 的情况下，融合前 4 路陀螺原始采样数据的标准差和融合值的标准差。从表
5.9 中可以看出，采用小波域多尺度融合算法的效果总体要比融合前的 4 路原始数
据提高一个数量级，而且随着窗口长度的增大，融合后的标准差会随之减小。

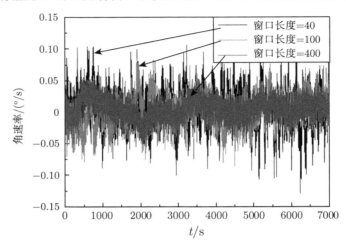

图 5.34   不同窗口长度下融合结果对比 [28]

表 5.9   静态情况下数据融合标准差对比

窗口长度	陀螺 1	陀螺 2	陀螺 3	陀螺 4	融合值
40	0.077	0.523	0.077	0.530	0.034
100	0.076	0.524	0.076	0.527	0.025
400	0.076	0.523	0.076	0.529	0.017

静态实验说明：第一，多 MEMS 陀螺数据融合系统的处理结果和离线仿真分
析结果相同，可以进行实时融合处理，经过长时间测试可以证明系统稳定可靠；第
二，经过该系统融合处理后，4 路原始陀螺数据的均方值整体降低一个量级，可以
有效抑制零偏误差，提高数据稳定性和精确性。同时可以发现在静态情况下，窗口
长度越长，融合后效果越好，但是窗口如何选取要根据实际应用情况来确定，不可
选得太长。

5.4.2   单轴位置速率转台实验

通过静态实验验证后，必须考虑整个系统在动态情况下的效果。这里所说的动
态是指当陀螺仪从静止开始加速到某一转速，然后保持这一转速进行匀速转动的
这一过程。整个过程可以分为两个阶段来研究，即以某一恒定的角加速度加速阶段
和以某一角速度匀速转动阶段。

整个动态实验一共分为两组：第一组设置转台从静止状态开始以不同的角加

速度加速到 100°/s，然后保持这个转速稳定，采集这个过程中的 4 路陀螺仪的原始数据和融合值；第二组设置转台从静止状态开始以不同的角加速度加速到 200°/s，然后保持这个转速稳定，采集这个过程中的 4 路陀螺仪的原始数据和融合值。最后对所采集到的数据进行分析，这里选择加速度为 20°/s²、100°/s² 和 200°/s² 三种情况的测试结果，如图 5.35 所示。

从图 5.35 可以看出，当陀螺仪处于高速加速过程时，融合结果相比较原始数据具有一定的时延，在原始数据已经达到预设的转速后，融合结果则是在一定的时延后才能达到预定的转速。对比图 5.35(a)~(c) 三幅图可以发现，在转台转速相同的情况下，角加速度越大，时延时间相对越长。例如，图 5.35(c) 中的时延时间比图 5.35(a) 中多 10~20 个左右的数据点的采样时间。对比图 5.35(c) 和 (f) 两幅图可以发现，转速为 200°/s 的情况，时延比转速为 100°/s 的要小。总地来说，加速过程持续的时间长短会影响融合值的时延长短，加速过程持续时间越短，时延相对就会越大，反之则会越小。

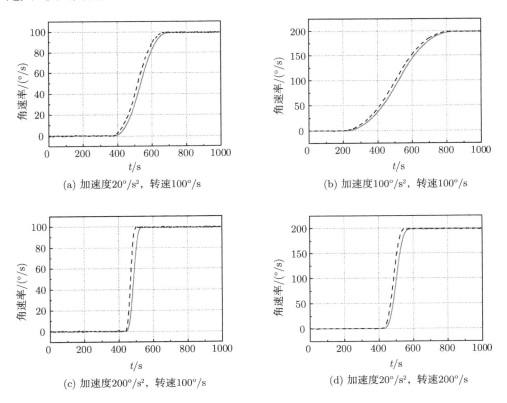

(a) 加速度20°/s²，转速100°/s　　　　　　　　(b) 加速度100°/s²，转速100°/s

(c) 加速度200°/s²，转速100°/s　　　　　　　　(d) 加速度20°/s²，转速200°/s

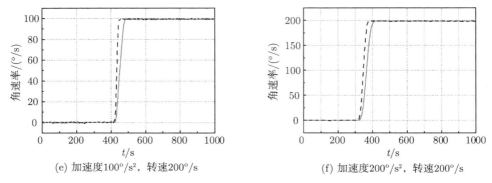

(e) 加速度100°/s²，转速200°/s　　　　　　　(f) 加速度200°/s²，转速200°/s

图 5.35　不同加速度和不同转速下融合结果和原始均值对比图 [28]

实线为融合数据值，虚线为原始数据均值

　　从算法原理考虑，融合结果的时延必然还和融合窗口长度有关，选择转速为 200°/s，角加速度分别为 20°/s² 和 200°/s² 这组数据来分析融合窗口长度分别为 40 和 100 时的融合值的时延，如图 5.36 所示。图 5.39(a) 和 (b) 分别为角加速度为 20°/s² 和 200°/s² 的情况下，窗口长度分别为 40 和 100 的融合结果同原始 4 路陀螺仪均值的对比，可以清楚地看出，在角加速度相同的情况下，融合窗口长度越大，时延也会越大，反之越小。在静态试验中已经分析，在相对稳定的环境前提下，窗口长度越大，融合效果越好，而在动态情况下，窗口太长会引起在加减速过程中的时延增大，因此窗口的选择需要根据具体情况来判断，最终要兼顾融合效果、时延时间以及实时性等因素。

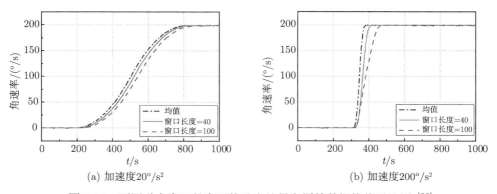

(a) 加速度20°/s²　　　　　　　　　　　　(b) 加速度200°/s²

图 5.36　不同融合窗口长度下的融合结果和原始数据均值对比图 [28]

　　最后对动态情况下的融合标准差进行分析，选择窗口长度为 40，分解层数为 6 层，分别计算转速为 100°/s 和 200°/s 的情况下，角加速度分别为 100°/s² 和 200°/s² 的融合前后的标准差，结果如表 5.10 所示。从表 5.10 中可以看出，在动态情况下，融合后的值较之融合前的原始数据，融合效果同样要提高一个量级。这说明该算法在动态情况下仍然可以有效抑制零点漂移，提高陀螺仪的稳定性和数据精度。

表 5.10 动态情况下数据融合标准差对比

转速/(°/s)	角加速度/(°/s^2)	陀螺 1	陀螺 2	陀螺 3	陀螺 4	融合值
100	100	0.420	0.231	0.428	0.229	0.043
100	200	0.423	0.215	0.426	0.214	0.039
200	100	0.349	0.178	0.354	0.176	0.053
200	200	0.344	0.187	0.370	0.195	0.060

5.4.3 单轴角振动台实验

通过单轴位置速率转台的测试发现，在陀螺仪系统处于加速过程中，融合值对于原始值相应会有一定的时延，这是融合算法必须要面对的问题，为了能够定量描述该时延，对其进行了单轴角振动台实验。表 5.11 为单轴角振动台主要参数。

表 5.11 单轴角振动台主要参数

主要指标	参数
位置精度	$3'' \sim 1.7'$
速率范围	$0.001°/s \sim 2000°/s$
速率精度	当 $\omega < 1°/s$时，精度 $\leqslant 1 \times 10^{-3}$ 当 $1°/s \leqslant \omega < 10°/s$时，精度 $\leqslant 1 \times 10^{-4}$ 当 $\omega \geqslant 10°/s$时，精度 $\leqslant 1 \times 10^{-5}$
工作频率范围	0.1~200Hz，其中大于 150Hz 为功能角振动
最大角加速度	$20000°/s^2$

实验中设置转动角度大小为 10°，也就是振动幅值的模值大小为 10，设振动频率从 1Hz 逐步开始增加，每次增加 1Hz，采集这个过程中的原始 4 路陀螺数据和相对应的融合值，观察融合值对原始值的响应效果。图 5.37 是实验结果中的 6 组数据的分析图。

图 5.37(a)~(f) 分别是振动频率为 1Hz、3Hz、5Hz、7Hz、9Hz 和 11Hz 时的 4 路原始陀螺数据和融合结果的对比图。从图 5.37(a) 和 (b) 中可以看到，当振动频率为 1Hz 和 3Hz 的时候，融合值和原始值的振动几乎保持一致，这说明在 1Hz 的情况下，融合值可以无延迟的响应原始值。随着振动频率的增加，可以发现融合值会逐渐跟不上原始值的振动幅度，这种现象随着振动频率越快会变得越明显。例如，当振动频率大于 5Hz 后，可以看出融合后的振动幅值开始明显减小，已经达不到原始值的 10° 大小，这就是融合值存在响应延迟导致的，如图 5.37(c) 和 (d) 所示。当振动频率达到 9Hz 以上的时候，融合前后的振动幅值差别已经非常大，如图 5.37(e) 和 (f) 所示。

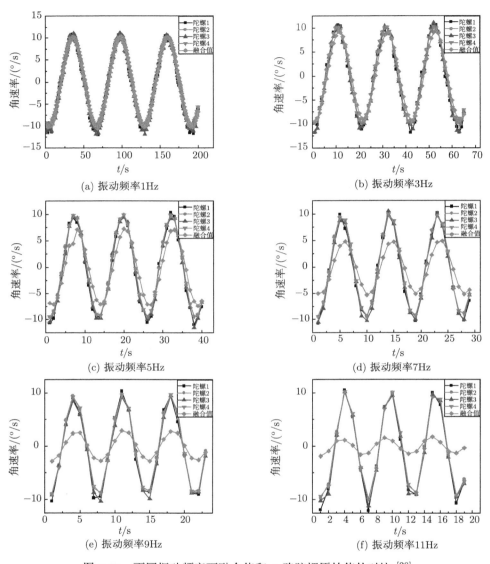

图 5.37　不同振动频率下融合值和 4 路陀螺原始值的对比 [28]

　　为了总结融合前后振动幅值随着振动频率变化的规律，将振动频率从 1~12Hz 这 12 组数据融合后的值的绝对峰值进行统计。已知原始陀螺数据的绝对振动峰值是 10.2(预设的是 10，但是由于设备惯性或者测试设备工装固定不够稳定等因素，实际的振动峰值应该略微大于 10) 左右，根据统计结果，就可以确定在陀螺仪采样率一定的前提下，小波域多尺度融合算法可以满足多大的振动频率响应，结果如图 5.38 所示。

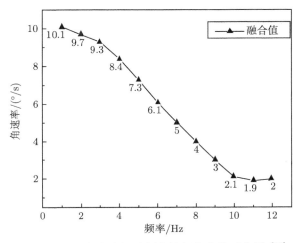

图 5.38 融合值随振动频率的幅值变化示意图 [28]

从图 5.38 可以看出，当振动频率小于等于 3Hz 的时候，融合结果的振动幅值均可以达到原始值的 90% 以上；随着振动频率的增加，当增加到 4Hz 的时候，融合结果的振动幅值随之降到 90% 以下；继续增加振动频率到 5Hz，融合幅值进一步降到原始值的 80% 以下；当振动频率增加到 10Hz 以上的时候，可以发现融合后的幅值大小已经达不到原始值的 20%。以 MSG101 陀螺仪为数据来源，陀螺仪的数据采集采样频率为 60Hz 的前提下，该系统在一般应用场合可以满足 5Hz 振动频率以下的频率响应。

5.5 组合陀螺信号突变时融合方法及切换方案

5.5.1 信号突变检测

首先介绍和比较几种常见的信号突变检测方法，然后根据对陀螺实测数据的分析，最后给出适合在线检测陀螺数据突变的方法。

1. 信号的突变与小波变换

小波变换的多分辨率分析方法具有良好的时频局部化特性，可以很好地刻画信号细节 [29]。信号当中的突变点在经过小波变换后会在不同的尺度上有所表现，能够清楚地反映信号的突变。

信号或时间序列如果有突变，那么在小波变换后，其模在突变点会出现极大值，且不同特性的信号在小波变换后的模局部极大值在不同的分解尺度上有着不同的衰减速度。假设小波函数 $\psi(t)$ 是一个连续变化的实函数，并且满足条件：$|\psi(t)| \leqslant K(1+|t|)^{-2-\varepsilon}(\varepsilon > 0)$。如果信号 $f(t) \in L^2(\mathbf{R})$ 在区间 I 上的李氏指数为 $\alpha(-\varepsilon <$

$\alpha \leqslant 1$)，$L^2(\mathbf{R})$ 为在 $\mathbf{R}$ 上所有满足平方可积分条件的函数组成的空间，那么可以推出该信号的小波变换满足如下条件 [29]：

$$|(Wf)(a,b)| \leqslant ca^{\alpha+0.5} \tag{5.3}$$

式中，c 是一个大于零的常数；a 和 b 是 I 上任意取的两个数。如果信号 $f(t)$ 在 t_0 时刻存在突变点，则 $|(Wf)(a,b)|$ 在 t_0 处就会有极大值。从式 (5.3) 能够看出，当 $\alpha < -0.5$ 时，小波模极大值会随着尺度增大而减小；当 $\alpha > -0.5$ 时，小波模极大值会随着尺度增大而增大；当 $\alpha = -0.5$ 时，无突变。因此，可以利用这一特性来判断信号突变类型。

利用小波方法对信号进行突变检测时需要先对信号进行平滑处理，其目的是为了去除待检测信号中的噪声，提高检测效率。对于平滑处理后的信号进行求导，其一阶导数的极值点和二阶导数的过零点对应了信号中突变点的位置。为了避免将信号中的突变点平滑掉，对信号进行的平滑操作应该是局部化的，在实际应用中经常使用高斯函数对信号进行平滑处理。除高斯函数外也可以使用其他函数进行平滑操作，但它们都满足下面条件：

$$\begin{cases} \displaystyle\int_{-\infty}^{+\infty} \theta(x)\,\mathrm{d}x = 1 \\ \displaystyle\lim_{x\to\infty} \theta(x) = 0 \end{cases} \tag{5.4}$$

如果令 $\theta_s(x) = \dfrac{1}{s}\theta\left(\dfrac{x}{s}\right)$，则由 $\theta(x)$ 可以定义两个小波函数 $\psi^1(x) = \dfrac{\mathrm{d}\theta(x)}{\mathrm{d}x}$ 和 $\psi^2(x) = \dfrac{\mathrm{d}^2\theta(x)}{\mathrm{d}x^2}$，因此信号 $f(x)$ 基于这两个小波的小波变换可表示为

$$W^1f(s,x) = f * \psi_s^1(x) \quad 和 \quad W^2f(s,x) = f * \psi_s^2(x) \tag{5.5}$$

利用卷积性质可得

$$W^1f(s,x) = f * \left(s\frac{\mathrm{d}\theta_s}{\mathrm{d}x}\right) = s\frac{\mathrm{d}}{\mathrm{d}x}(f * \theta_s(x)) \tag{5.6}$$

$$W^2f(s,x) = f * \left(s^2\frac{\mathrm{d}^2\theta_s}{\mathrm{d}x^2}\right) = s^2\frac{\mathrm{d}^2}{\mathrm{d}x^2}(f * \theta_s(x)) \tag{5.7}$$

从式 (5.6) 和式 (5.7) 可以看出，信号 $f(x)$ 的小波变换 $W^1f(s,x)$ 与平滑信号 $f * \theta_s(x)$ 的一阶导数成正比，而 $W^2f(s,x)$ 与平滑信号 $f * \theta_s(x)$ 的二阶导数成正比。因此，如果用光滑函数来作为小波，就可以通过检测变换之后的模极大值点或者过零点来确定信号突变点。

用小波方法对信号进行突变点检测时，为了减少一些噪声所引起的模极大值被误认为突变点的情况，应该综合多个尺度上的结果再做出判断，而不是根据单一尺度的结果随意做出判断。通常选择的是小波变换的几个较小尺度的信号，将它们乘积后的结果作为信号突变点判断的依据。

2. 累积和控制图方法

累积和控制图主要利用序贯分析方法, 将历次采样数据的偏差进行累积, 也就是对时间序列中的每个时间点与时间序列均值的偏差进行累积, 充分利用整个时间序列的信息, 因此能够灵敏地判断出时间序列的状态, 能有效地发现时间序列中的异常点。累积和控制图是一种基于原始时间序列构成的信号检测方法。经过多年的发展, 累积和控制图目前在气象预测、水文分析、金融、生产过程中的质量监控等领域都得到了广泛应用。累积和控制图方法在时间序列突变点检测中的应用可描述如下。

假设 $x_1, x_2, x_3, \cdots, x_n$ 为时间序列 $\{X\}$ 的 n 个点, 则序列 $x_1, x_2, x_3, \cdots, x_n$ 的均值 $\bar{x}$ 为

$$\bar{x} = \frac{x_1 + x_2 + x_3 + \cdots + x_n}{n} \tag{5.8}$$

接着令累积和 T_i 为 [27]

$$T_i = \sum_{1}^{i} (x_i - \bar{x}) \ , \ i = 1, 2, 3, \cdots, n \tag{5.9}$$

式 (5.9) 表明, 累积和并不是直接对序列 $x_1, x_2, x_3, \cdots, x_n$ 元素求和, 而是对序列中的各点与序列的平均值的偏差进行累加。对于突变点位置的估计是从累积和 T_i 中找出最大值 $T_{\max}$, 并假设它对应着第 m 时刻, 即

$$|T_{\max}| = \max\left(|T_i|\right) \tag{5.10}$$

则 m 时刻便是突变发生的开始位置, $m + 1$ 时刻就是突变后的第一个点。

3. Mann-Kendall 方法

用 Mann-Kendall 方法对序列进行分析时, 数据序列无需遵循特定的分布规律, 受异常值的影响小, 计算也相对简单。Mann-Kendall 方法是趋势检验与突变点检测的有效方法, 用于趋势检验时能够判断出系统状态是自然波动还是有确定的趋势存在, 如果存在确定的趋势还可以检测出其趋势是上升还是下降以及趋势变化程度。目前, Mann-Kendall 方法在气象分析、水文序列突变检测等方面使用广泛。

假设 $x_1, x_2, x_3, \cdots, x_n$ 是时间序列 x 的一个样本, 样本量为 n, 那么对于该样本可以构造一个秩序列 [30]:

$$S_k = \sum_{i=1}^{k} r_i \ (k = 2, 3, \cdots, n) \tag{5.11}$$

$$r_i = \begin{cases} 1, & x_i > x_j \\ 0, & x_i \leqslant x_j \end{cases} \ (j = 1, 2, 3, \cdots, i) \tag{5.12}$$

式中，r_i 表示的是 x_i 大于它前面的数的个数；S_k 是 r_i 的累加和。如果假设序列 $x_1, x_2, x_3, \cdots, x_n$ 是随机独立的，可将统计量定义为 [31]

$$\mathrm{UF}_k = \frac{[S_k - E(S_k)]}{\sqrt{\mathrm{Var}(S_k)}} \quad (k = 1, 2, 3, \cdots, n) \tag{5.13}$$

式中，$E(S_k)$ 表示 S_k 的期望；$\mathrm{Var}(S_k)$ 表示 S_k 的方差。在样本序列 $x_1, x_2, x_3, \cdots, x_n$ 相互独立并且具有相同的连续分布时，期望和方差可以通过下式计算得到 [27]：

$$\begin{cases} E(S_k) = \dfrac{k(k-1)}{4} \\ \mathrm{Var}(S_k) = \dfrac{k(k-1)(2k+5)}{72} \end{cases} \tag{5.14}$$

通过式 (5.13) 计算出的 UF 是服从标准正态分布的序列，从公式中可以看出它是按照样本序列 $x_1, x_2, x_3, \cdots, x_n$ 顺序计算出来的。如果把样本序列 $x_1, x_2, x_3, \cdots, x_n$ 进行逆序，得到 $x_n, x_{n-1}, x_{n-2}, \cdots, x_1$，然后对逆序列重复上述步骤，会得到新的 UF。这时，令 [32]

$$\begin{cases} \mathrm{UB}_k = -\mathrm{UF}_{k'} \\ k' = n + 1 - k \end{cases} \quad (k = 1, 2, 3, \cdots, n) \tag{5.15}$$

式中，$\mathrm{UB}_1 = 0$，就会得到一条新曲线 UB。将 UF 和 UB 画在同一张图中进行分析，如果 UF 或 UB 超出临界值范围时，说明序列的趋势变化明显，超出的那一部分被认为有突变发生；如果曲线 UF 和曲线 UB 在临界值内出现了交点，同样可以说明序列中有突变发生。

4. 启发式分割算法

Bernaola-Galvan 提出一种可以用于非线性非平稳时间序列突变检测的方法，即启发式分割算法 [32]。下面介绍关于启发式分割算法在时间序列突变点检测中的应用。

假设时间序列 $x_1, x_2, x_3, \cdots, x_n$ 一共由 n 个数据点组成，对于数据点 x_i，假设其左边数据点 $x_1, x_2, x_3, \cdots, x_{i-1}$ 的平均值为 μ_{left}，右边数据点 $x_{i+1}, x_{i+2}, x_{i+3}, \cdots, x_n$ 的平均值为 μ_{right}。用 t 检验的统计量 $T(i)$ 来衡量序列在数据点 x_i 左右两边的差异性，计算公式如下 [32]：

$$T(i) = \left| \frac{\mu_{\mathrm{left}} - \mu_{\mathrm{right}}}{S_D(i)} \right| \tag{5.16}$$

式中，$S_D(i)$ 为数据点 x_i 左右两边的合并偏差，可通过式 (5.17) 计算得到 [33]：

$$S_D(i) = \left(\frac{s_{\mathrm{left}}^2 + s_{\mathrm{right}}^2}{N_{\mathrm{left}} + N_{\mathrm{right}} - 2} \right)^{\frac{1}{2}} \times \left(\frac{1}{N_{\mathrm{left}}} + \frac{1}{N_{\mathrm{right}}} \right)^{\frac{1}{2}} \tag{5.17}$$

式中, s_{left} 和 s_{right} 分别为数据点 x_i 左边和右边的标准差; N_{left} 和 N_{right} 分别表示数据点 x_i 左右两边的数据个数。对时间序列 $x_1, x_2, x_3, \cdots, x_n$ 中的每个数据点都进行上述过程的计算, 可以得到与时间序列 $x_1, x_2, x_3, \cdots, x_n$ 一一对应的统计量序列 $T(i)$。$T(i)$ 值的大小反映了数据点左右两部分均值的差别, $T(i)$ 值越大, 均值差别就越大; 相反, $T(i)$ 值越小, 均值差别就越小。计算统计量序列 $T(i)$ 的最大值 $T_{\max}$, 其统计显著性为 [34]

$$P(T_{\max}) = \mathrm{prob}(T \leqslant T_{\max}) \tag{5.18}$$

式中, $P(T_{\max})$ 表示在随机过程中统计量 T 值小于 $T_{\max}$ 的概率大小。式 (5.18) 可以通过下式近似计算得到

$$P(T_{\max}) \approx (1 - I_x(\delta v, \delta))^\gamma \tag{5.19}$$

式中, $\gamma = 4.19 \ln N - 11.54$; $\delta = 0.40$; $v = N - 2$, N 是要进行分割序列的长度; I_x 表示不完全 β 函数。在序列检测过程中, 需要根据时间序列的特征预先设定一个阈值 P_0, 如果 $P(T_{\max})$ 大于阈值 P_0, 就需要将时间序列分割成两部分, 否则就不分割。对于进行分割得到的两个子序列, 也分别进行上述操作, 如果在子序列中计算的 $P(T_{\max})$ 大于 P_0, 那么就将子序列再进行分割, 如此重复下去, 直到所有的子序列都不能够再分割为止。为了保证统计的有效性, 必须让子序列的长度达到一定值, 设该值为 m_0。如果子序列的长度小于 m_0, 则不再分割。一般来说, m_0 要大于 25, P_0 为 0.5~0.95。经过上述操作之后, 时间序列最终会被分割成若干子序列, 而所有的分割点就是原时间序列对应的突变点。

5. 陀螺信号实时突变检测

将多 MEMS 陀螺数据融合处理系统固定在单轴位置速率转台上, 然后设置转台以 $20°/s^2$ 的恒定角加速度从静止加速到 $100°/s$。在转速达到 $100°/s$ 时保持一段时间后再慢慢减速直到静止, 采集这一过程中的陀螺原始数据, 图 5.39 是该过程中的 1 路陀螺仪的数据。利用小波突变检测方法对陀螺信号进行突变检测时, 使用的是 DB5 小波, 把陀螺信号进行 6 层分解, 并把突变位置表现明显的第五层和第六层细节信号相乘对突变位置进行判断, 检测结果如图 5.40 所示。可以看出, 在陀螺信号突变处有极值出现, 进而可以推断出突变点在原信号中的位置。

使用累积和控制图方法对陀螺信号进行突变检测的结果如图 5.41 所示, 图中菱形位置便是检测出的突变开始时刻。能够看出检测出的突变点虽然与实际位置很接近, 但是仍然不够准确。此外, 使用累积和控制图法只检测出了一个突变点, 而另一个没有检测到, 这与小波方法相比检测效果并不理想。Mann-Kendall 方法对陀螺信号进行突变检测的结果如图 5.42 所示, 图中两条水平线表示显著性水平

$\alpha = 0.05$ 时的临界值 $+1.96$ 与 -1.96。在临界值范围内统计量 UF 和 UB 只有一个交点，而此交点还不是陀螺信号对应的突变点位置。统计量 UF 和 UB 均超出了临界值范围，超出临界值的部分说明原信号在该部分有突变点，结合统计量 UF 和 UB 超出临界值的位置，大致可以推断出原信号突变点位置。

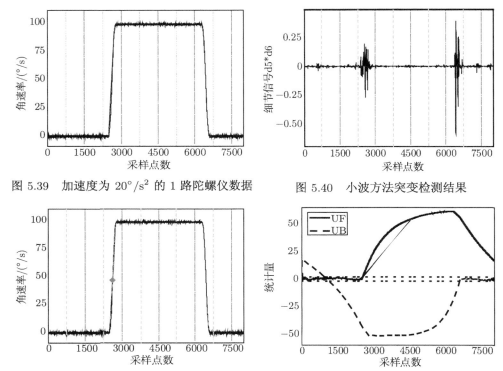

图 5.39　加速度为 $20°/s^2$ 的 1 路陀螺仪数据　　　　图 5.40　小波方法突变检测结果

图 5.41　累积和控制图方法突变检测结果　　　图 5.42　Mann-Kendall 方法突变检测结果

图 5.43 是基于启发式分割算法对陀螺信号进行突变检测的结果。在图 5.43 中，图 (a) 为陀螺原始信号，图 (b) 是第一次计算的统计量，此时的 $T_{\max 1}$ 便对应了陀螺信号第一个突变点位置。以 $T_{\max 1}$ 为分割点，把信号序列分成左右两个子序列，然后分别对左右两个序列进行突变检测分析，计算出的统计量如图 5.43(c) 所示。可以看出，左边子序列的统计量无显著性变化，表明该段陀螺信号不存在突变点；右边子序列的统计量有比较显著的变化，说明该段陀螺信号存在突变点，而突变点的位置便是 $T_{\max 2}$ 对应的时刻。

陀螺信号中突变点在序列中的实际位置以及上述几种方法检测出的突变点具体位置如表 5.12 所示。从检测结果能够看出，Mann-Kendall 方法检测出的突变点位置与实际位置最为接近，其他方法误差较大。但是，这些方法均是离线处理方法，不适合在线检测。

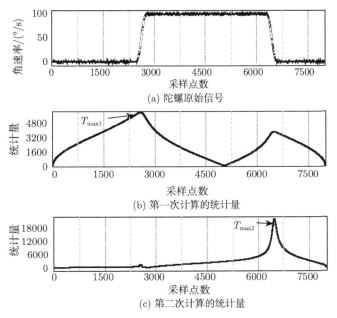

图 5.43 启发式分割算法突变检测结果

表 5.12 检测结果对比

实际位置	检测到突变点位置			
	小波方法	累积和控制图方法	Mann-Kendall 方法	启发式分割算法
2510	2578	2615	2531	2577
6580	6416	无	6566	6468

结合累积和控制图方法的基本原理，采用将该方法与阈值结合的方法对陀螺仪突变数据实现在线检测。方法叙述如下：先按照式 (5.6) 计算出陀螺量测数据 $x_1, x_2, \cdots, x_n$ 的平均值 $\bar{x}$，再把 $\bar{x}$ 代入到式 (5.7) 中计算出累积和 T_i，最后从 T_i 中找出 $T_{\max}$，使之满足 $|T_{\max}| = \max(|T_i|)$。为了能够在线、实时的检测陀螺突变数据，采用滑动窗口的策略来缓存最新的量测数据，然后计算窗口内数据的 $T_{\max}$ 值，数据窗口大小设为 40。当 $|T_{\max}| \geqslant T$ 时 (T 为预设阈值)，认为陀螺信号发生突变；否则，未发生突变。

阈值 T 的选取是为了能够把陀螺突变数据全部检测出来，而未发生突变的数据则不被检测到。阈值 T 的取值将会直接影响到突变数据的检测效果，如果取值太大，就有可能漏掉一些突变数据点。图 5.44 表示的是阈值 T 取 40 时的陀螺突变数据检测结果，可以看出在陀螺仪加速与减速阶段均有部分突变数据未检测到。如果阈值太小就会导致检测出的突变数据点过多，图 5.45 是阈值 T 取为 2 时的陀螺突变数据检测结果。从图 5.45 中可以看出，在陀螺仪处在静止状态时有部分数据被误判为突变数据，这就是由于阈值太小而检测灵敏度过于灵敏，误把一些未突变数据当作了突变数据导致的。

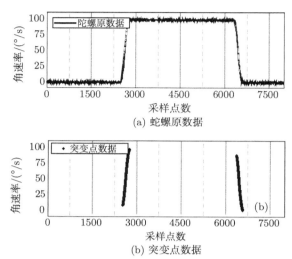

图 5.44   阈值为 40 时突变数据检测结果

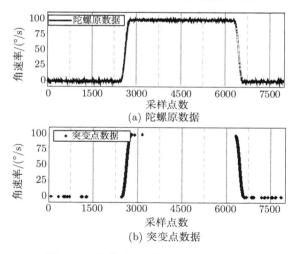

图 5.45   阈值为 2 时突变数据检测结果

阈值的选取对陀螺突变数据的检测结果影响较大。在数据窗口为 40 的前提下，对陀螺仪在加速、角振动等不同情形下的陀螺信号进行分析后才能确定阈值 T 的取值，使得不同情形下陀螺仪突变数据能够被检测到。当阈值 T 取 3.45 时，陀螺信号突变数据检测结果如图 5.46 所示。由图 5.46 可以看出，陀螺加速与减速阶段的突变数据全部被检测出来，达到了预想的效果。为了进一步验证累积和控制图与阈值结合的检测方法的有效性以及阈值选取是否合理，对图 5.47 中的陀螺数据进行检测，其结果如图 5.48 所示。从图 5.48 中可以看出，发生跳变的数据都被检测出来，检测准确度较高，证明了该检测方法的有效性。

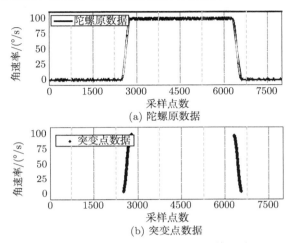

(a) 陀螺原数据

(b) 突变点数据

图 5.46 阈值为 3.45 时突变数据检测结果

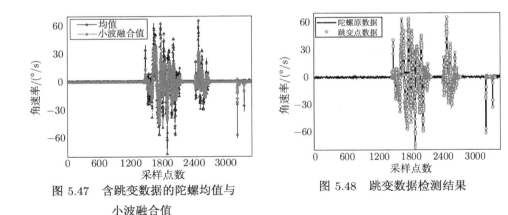

图 5.47 含跳变数据的陀螺均值与
小波融合值

图 5.48 跳变数据检测结果

5.5.2 动态陀螺信号融合方法及切换方案融合方法

1. 自适应 Kalman 滤波融合算法

Kalman 滤波作为一种经典的滤波方法在数据融合里也有着广泛应用，如在组合导航系统中经常用 Kalman 滤波对信号进行预处理以降低噪声，提高导航精度。

传统的 Kalman 滤波在线性系统中是适用的，而且滤波效果良好，但在非线性系统中滤波效果不理想。因此，有学者提出 Kalman 滤波的改进方法，希望能够在非线性系统中应用，扩展 Kalman 滤波就是其中一种。但是，把非线性系统线性化处理时会引入线性化误差，这就会使得对系统状态的估计不够准确，从而影响滤波精度。此外，在利用扩展 Kalman 滤波时需要计算雅可比矩阵，如果雅可比矩阵计算得不准确，还会出现滤波发散。20 世纪 90 年代，周东华教授提出的强跟踪滤波是利用时变的渐消因子，迫使残差正交，以此来增强滤波器关于系统模型不确定的鲁棒性。强跟踪滤波器指的是一类滤波器而非单一的某一个滤波器，可以理解为是具有对系统突变有较强跟踪能力的滤波器 [35]。对于一个非线性系统的状态估计，有如下方程 [36]：

$$X(k+1) = f[k, u(k), X(k)] + \Gamma(k) w(k) \tag{5.20}$$

观测方程为

$$z(k+1) = h[k+1, X(k+1)] + v(k+1) \tag{5.21}$$

式中，整数 $k \geqslant 0$ 表示时间变量；$X(k)$ 表示系统在 k 时刻的状态；$u(k)$ 表示输入向量；$z(k)$ 表示 k 时刻关于目标的观测量；f 和 h 均为非线性函数；Γ 为已知矩阵。$w(k)$ 为系统噪声 $v(k)$ 为测量噪声，假设 $w(k)$ 和 $v(k)$ 都为高斯白噪声，并且满足下面的统计特性：

$$E[w(k)] = E[v(k)] = 0 \tag{5.22}$$
$$E[w(k) v^{\mathrm{T}}(k)] = 0 \tag{5.23}$$
$$E[w(k) w^{\mathrm{T}}(j)] = Q(k) \delta_{kj} \tag{5.24}$$
$$E[v(k) v^{\mathrm{T}}(j)] = R(k) \delta_{kj} \tag{5.25}$$

式中，$Q(k)$ 是对称非负定阵；$R(k)$ 是对称的正定阵。

当系统达到稳态时，预测误差协方差 $P(k+1|k)$ 会趋于一个较小的平稳值，进而会使增益 $K(k+1)$ 趋向极小值。在系统状态 $X(k+1)$ 发生突变时，预测残差会增大，但是此时的 $P(k+1|k)$ 和 $K(k+1)$ 变化较小，致使扩展 Kalman 滤波丧失了对系统突变状态的跟踪能力。强跟踪滤波的出发点就是希望可以找到一种方法，使得滤波增益 $K(k+1)$ 能够跟着系统状态的变化不断地自我调整，始终保持较强的对系统状态的跟踪能力。使一个普通滤波器成为强跟踪滤波器，关键在于找到一个时变的增益，满足下面条件 [32]：

$$E\left\{[X(k+1) - X(k+1|k+1)][X(k+1) - X(k+1|k+1)]^{\mathrm{T}}\right\} = \min \tag{5.26}$$
$$E\left\{\gamma(k+1+j) \gamma^{\mathrm{T}}(k+1)\right\} = 0, \ k = 0, 1, 2, \cdots; j = 1, 2, \cdots \tag{5.27}$$

式中，$\gamma(k+1)$ 为预测残差。式 (5.26) 是 Kalman 滤波的性能指标，式 (5.27) 则要求预测残差在不同的时刻保持正交性。在实际问题当中，模型的建立都不可避免地存在一定的不确定性，这会使滤波器关于状态的估计值偏离系统状态。出现这种情况时，滤波器的输出残差在均值和幅值上都会有所体现，此时，如果引入渐消因子来减弱旧数据对当前值的估计，通过调整预测误差的协方差及增益迫使式 (5.27) 成立，就能够增强滤波器的跟踪能力。引入的渐消因子可通过下式计算 [36]：

$$\lambda\left(k+1\right)=\begin{cases} \lambda_0, & \lambda_0 \geqslant 1 \\ 1, & \lambda_0 < 1 \end{cases} \tag{5.28}$$

式中，

$$\lambda_0=\frac{\operatorname{tr}\left[N\left(k+1\right)\right]}{\operatorname{tr}\left[M\left(k+1\right)\right]} \tag{5.29}$$

tr 表示矩阵的迹即主对角线上全部元素之和，$N\left(k+1\right)$ 和 $M\left(k+1\right)$ 分别为 [35]

$$N\left(k+1\right)=S\left(k+1\right)-H\left[k+1,X\left(k+1|k\right)\right]\Gamma\left(k\right)Q\left(k\right)\Gamma^{\mathrm{T}}\left(k\right)$$
$$\cdot H^{\mathrm{T}}\left[k+1,X\left(k+1|k\right)\right]-\beta R\left(k+1\right) \tag{5.30}$$
$$M\left(k+1\right)=H\left[k+1,X\left(k+1|k\right)\right]F\left[k,u\left(k\right),X\left(k|k\right)\right]P\left(k|k\right)$$
$$\cdot F^{\mathrm{T}}\left[k,u\left(k\right),X\left(k|k\right)\right]H^{\mathrm{T}}\left[k+1,X\left(k+1|k\right)\right] \tag{5.31}$$

其中，$S\left(k+1\right)$ 可由式 (5.17) 求出。

$$S\left(k+1\right)=\begin{cases} \gamma\left(1\right)\gamma^{\mathrm{T}}\left(1\right), & k=0 \\ \dfrac{\rho S\left(k\right)+\gamma\left(k+1\right)\gamma^{\mathrm{T}}\left(k+1\right)}{1+\rho}, & k\geqslant 1 \end{cases} \tag{5.32}$$

$$\gamma\left(k+1\right)=z\left(k+1\right)-h\left[k+1,X\left(k+1|k\right)\right] \tag{5.33}$$

在式 (5.32) 中，$\rho\left(0<\rho<1\right)$ 为遗忘因子。式 (5.30) 中的 β 为弱化次优因子，是一个大于 1 的实数，具体取值要依据实际情况和以往的经验而定，主要起平滑状态估计值的作用。综上，可得强跟踪滤波对式 (5.20) 的状态估计值为 [34]

$$X\left(k+1|k+1\right)=X\left(k+1|k\right)+K\left(k+1\right)\gamma\left(k+1\right) \tag{5.34}$$

系统预测误差协方差为

$$P\left(k+1|k\right)=\lambda\left(k+1\right)F\left[k,u\left(k\right),X\left(k|k\right)\right]P\left(k|k\right)F^{\mathrm{T}}\left[k,u\left(k\right),X\left(k|k\right)\right]$$
$$+\Gamma\left(k\right)Q\left(k\right)\Gamma^{\mathrm{T}}\left(k\right) \tag{5.35}$$

基于强跟踪滤波的多传感器自适应 Kalman 滤波数据融合模型如图 5.49 所示。假设测量系统共有 n 个传感器，对于每一个传感器的测量数据首先利用强跟踪滤波器进行滤波，得到最优估计值。根据滤波过程中的系统预测误差协方差，利用最小二乘法计算出权值序列 $w_1, w_2, w_3, \cdots, w_n$，将滤波得到的最优估计值进行加权融合，即可得出融合结果。

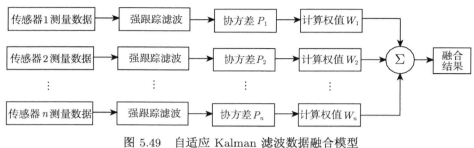

图 5.49　自适应 Kalman 滤波数据融合模型

2. 正交基神经网络算法

神经网络算法可以在一定程度上模仿人类神经系统的信息处理的方式，还具有学习、计算等功能，是一种智能算法。

1) 正交基神经网络模型

正交基函数集有着逼近非线性能力，在基于神经网络的多传感器数据融合中采用余弦基函数 $1, \cos(x), \cos(2x), \cdots, \cos(nx), x \in [0, \pi]$，能够实现对传感器数据的处理。若 $x \in [a, b]$ 为了更具有一般性，可做如下变换：

$$\hat{x} = \frac{\pi}{b-a}(x-a) \tag{5.36}$$

因此，正交基函数集为 $1, \cos(\hat{x}), \cos(2\hat{x}), \cdots, \cos(n\hat{x})$，以此作为神经网络的激励函数，其模型如图 5.50 所示。其中，输入层至隐含层的权值均为 1，隐含层至输出层的权值为 $w_0, w_1, \cdots, w_n$。神经网络的训练样本集为 $\{x_i, \bar{x} | i = 0, 1, 2, \cdots, m\}$，其中，$\bar{x} = \dfrac{1}{m+1} \sum\limits_{i=0}^{m} x_i$。

2) 正交基神经网络算法描述

根据图 5.50 的正交基神经网络模型，其输出可表示为 [36]

$$y(x_k) = \sum_{i=1}^{N} w_i \cos\left[\frac{\pi}{b-a}(x_k - a)\right] \tag{5.37}$$

假设神经网络激励函数向量为 $C(k,:) = \left[1, \cos\left(\dfrac{\pi}{b-a}(x_k - a)\right), \cdots, \cos\left(\dfrac{N\pi}{b-a}\right.\right.$

$\left.\left.(x_k - a)\right)\right]$，权值向量为 $W = [w_0, w_1, w_2, \cdots, w_n]^{\mathrm{T}}$，则式 (5.37) 可改写成矩阵形式为

$$y(x_k) = C(k,:) W \tag{5.38}$$

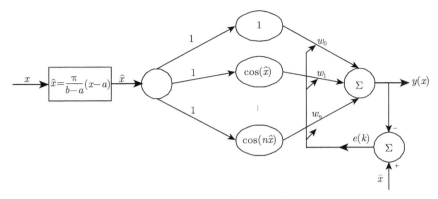

图 5.50 正交基神经网络模型

假设误差函数为[34]

$$e(k) = \bar{x} - y(x_k) \tag{5.39}$$

性能指标定义为[36]

$$J = \frac{1}{2} \sum_{k=0}^{m} e^2(k) \tag{5.40}$$

能使式 (5.40) 取最小值的权值向量，便是所要求的神经网络权值向量 W。求 J 的最小值是一个多变量线性优化问题，把 J 对向量 W 求导并令其为零，即 $\frac{\partial J}{\partial W} = 0$，可以得到神经网络权值向量的最小二乘递推计算方法为[37]

$$W(k+1) = W(k) + Q(k)[\bar{x} - C(k,:)W(k)] \tag{5.41}$$

$$Q(k) = \frac{P(k)C^{\mathrm{T}}(k,:)}{1 + C(k,:)P(k)C^{\mathrm{T}}(k,:)} \tag{5.42}$$

$$P(k+1) = [I - Q^k C(k,:)]P(k) \tag{5.43}$$

权值初始向量随机产生为 $W(0) = \mathrm{rand}(N+1,1)$，$P(0) = \alpha, I \in R(N+1) \times (N+1)$，其中 α 为一个较大的正数，$I \in R(N+1) \times (N+1)$ 表示单位阵。采集一定数量的传感器数据作为训练样本集，让神经网络进行学习之后便可以获得隐含层至输出层的权值向量 W。

5.5.3 最优加权递归最小二乘融合算法

1. 最优权值的确定

在多传感器数据融合系统中，先假设实验中各传感器的观测量是一致的。传感器的测量数据可看作是被测量值与噪声迭加的结果，可用式 (5.44) 描述其测量模型：

$$Z_i = X + V_i \tag{5.44}$$

式中，X 是希望得到的估计量的真值；Z_i 表示传感器的量测值；V_i 表示量测噪声并且满足条件 $E[V_i]=0$，$D[V_i]=\sigma_i^2$，$E[V_iV_j]=0,(i\neq j)$。传感器的加权估计值 $\hat{X}$ 可表示为

$$\hat{X}=\sum_{i=1}^{m}\alpha_i Z_i \tag{5.45}$$

式中，α_i 为第 i 个传感器量测数据的加权系数，满足条件 $\sum\limits_{i=1}^{m}\alpha_i=1$。此时的加权估计均方误差可表示为

$$E\left[\left(X-\hat{X}\right)^2\right]=E\left[X-\sum_{i=1}^{m}\alpha_i\left(X+V_i\right)\right]^2=E\left[\left(\sum_{i=1}^{m}\alpha_i V_i\right)^2\right]=\sum_{i=1}^{m}\alpha_i^2\sigma_i^2$$
$$\tag{5.46}$$

式 (5.46) 表示的误差越小，说明融合结果受噪声的影响越低，其精度越高。

设 n 个传感器对同一目标参数进行测量，第 i 个传感器的量测方程可用式 (5.44) 进行描述，根据对多尺度融合分析的分析可知，对式 (5.44) 中的 X 进行估计时，均方误差最小的加权因子和最小均方差分别为

$$\alpha_i=\frac{1/\sigma_i^2}{\sum\limits_{i=1}^{n}1/\sigma_i^2},\quad E[(X-\hat{X})^2]=\frac{1}{\sum\limits_{i=1}^{n}1/\sigma_i^2} \tag{5.47}$$

由加权因子表达式可知，测量噪声小的传感器应该给其分配大的权重，而测量噪声大的传感器应该给其分配小的权重，这样得到的融合值方差才会最小。最小均方差公式表明，系统中传感器的数量越多，最优加权估计的均方误差越小。

2. **量测噪声的方差估计**

由式 (5.47) 可知，各传感器的权系数由量测噪声方差决定。传感器量测噪声方差确定的准确与否，直接影响融合估计值的准确性。一般情况下，在用传感器对某一个物理量进行测量时，该物理量的真实值是未知的，从而导致各个传感器的量测噪声方差无法确定。此时，常用的做法是将各个传感器同一时刻采样得到的数据进行平均，将平均值作为该时刻的无偏估计，然后将各个传感器的测量值与该时刻计算出的平均值的偏差平方作为各传感器的方差分配。传感器的量测噪声除了受环境因素影响之外，还与传感器自身的内部噪声有关。为了有效抑制传感器内部噪声的影响，可以将传感器历次的方差与当前方差的平均值作为当前量测噪声方差的估算。

设 $Z_i(k)$ 表示第 i 个传感器第 k 次量测结果，则第 i 次量测时各传感器量

测均值为 $\bar{Z}(k) = \frac{1}{n}\sum_{i=1}^{n}Z_i(k)$，第 i 个传感器第 k 次量测时量测噪声方差的估计为 [35]

$$\sigma_i^2(k) = E\left[\left(Z_i(k) - \bar{Z}(k)\right)^2\right] \tag{5.48}$$

对各传感器量测噪声方差在历次量测时的估计分配 $\sigma_i^2(k)$ 值求均值，则有 $\bar{\sigma}_i^2(k) = \frac{1}{k}\sum_{j=1}^{k}\sigma_i^2(j)$，$\bar{\sigma}_i^2(k)$ 即为第 k 次量测时的第 i 个传感器量测噪声方差的估计值。将 $\bar{\sigma}_i^2(k)$ 代入式 (5.30) 中的加权因子公式，即可得到第 i 个传感器的权系数 $\alpha_i(k)$。

本书为了减少 MEMS 陀螺自身量测精度低对融合值的影响，更加充分利用量测精度高的陀螺数据，定义和陀螺仪自身量测精度有关的权值因子 $Q = [q_1, q_2, \cdots, q_n]$，其中 q_i 表示第 i 个 MEMS 陀螺的权值因子。假设第 i 个 MEMS 陀螺在静态条件下量测值的方差为 s_i，则其权值因子 q_i 定义为

$$q_i = \frac{1/s_i}{\sum_{i=1}^{n}1/s_i} \tag{5.49}$$

通过权值因子的定义可以看出，陀螺仪的权值因子越高，表明该陀螺传感器量测精度越高，量测数据可信度越高；反之，量测精度越低，量测数据的可信度越低。因此，综合考虑权系数 $\alpha_i(k)$ 与权值因子 Q，便可得出第 i 个 MEMS 陀螺第 k 次量测时的权值为

$$w_i(k) = \alpha_i(k)q_i \tag{5.50}$$

3. 递归最小二乘法

按式 (5.50) 表示的权值对传感器数据进行处理，可以有效降低噪声的干扰。为了将噪声对估计值的影响降到最低，可以用递归最小二乘法进一步减小噪声对测量值的干扰。选取第 k 次量测数据 $Z_k = [Z_{1k}, \cdots, Z_{nk}]^{\mathrm{T}}$，定义 [37]：

$$R_k^{-1} = \frac{1}{\lambda}\left[S_D(k-1) - \frac{S_D(k-1)Z_kZ_k^{\mathrm{T}}S_D(k-1)}{\lambda + Z_k^{\mathrm{T}}S_D(k-1)Z_k}\right] \tag{5.51}$$

式中，λ 为遗忘因子，且 $0 \leqslant \lambda \leqslant 1$；$S_D(0) = \delta I$，$\delta$ 为小的正实数，I 为 N 阶单位阵。递归最小二乘法的递推过程可以表示为 [37]

$$W_k = W_{k-1} + e_kR_k^{-1}Z_k \tag{5.52}$$

式中，$e_k = d_k - Z_k^{\mathrm{T}}W_{k-1}$。迭代时的初始值为 $W_0 = [w_1(k), w_2(k), \cdots, w_n(k)]$，$N$ 次迭代后会得到：

$$W_k = [w_1, w_2, \cdots, w_n] \tag{5.53}$$

因此，最优加权递归最小二乘融合方法对传感器量测数据的融合公式为 $\sum\limits_{i=1}^{n} w_i Z_i$。

4. 数据融合方法的分析比较

自适应 Kalman 滤波方法是在传统 Kalman 滤波的基础上改进而来，在一定程度上增加了其自适应性，渐消因子的增加使得该方法对于动态信号的跟踪能力明显增强。自适应 Kalman 滤波方法理论成熟，运算量适中，应用范围较广。但是，对于 MEMS 陀螺这样非线性、非平稳信号尤其是数据发生跳变时，所建立的系统模型很难精确描述实际系统状况，一般都是近似模型，由此带来的误差必定会给滤波值带来影响。此外，滤波时假设的无偏性条件很难满足，也会给滤波结果带来影响。神经网络法虽然不需要精确的数学模型并有自我学习能力，但是也存在一些别的方法没有的缺陷。例如，神经网络需要一定训练样本集进行训练来获得神经网络权值，而且训练失败的可能性大；由于模拟人的思维方式，需要较强的理论基础；自我学习速度慢，自我学习方法还有待完善和提高。

最优加权递归最小二乘融合方法是将加权平均和最小二乘法结合起来的一种方法，它将一组传感器的测量数据进行分析后得出一个最优估计值，该方法直接对数据源进行操作，计算简单、直观，而且适应性强，在一些信号处理实时性要求较高的场合比较适用。最优加权递归最小二乘融合方法虽然简单，但仍需对每个传感器进行详细分析，获取它的权值。对实测的陀螺数据分析之后引入衡量各个陀螺传感器可信度的权值因子，权值因子越大，说明传感器的测量数据可信度越高，传感器的权重就越大，反之权重越小。

在动态条件下，陀螺数据融合方法首先要有较强的实时性，其次要保证融合结果的精度。下面就从这两个方面对上述三种方法做进一步比较，实验数据为多 MEMS 陀螺数据融合处理系统在转台上从静止开始以 $20°/s^2$ 的角加速度加速到 $100°/s$ 这一过程中采集的陀螺信号。观察图 5.51~ 图 5.53 可以发现，自适应 Kalman 滤波、正交基神经网络、最优加权递归最小二乘三种方法的融合值与陀螺均值相比并没有出现时延现象，说明这三种方法在实时性要求方面都是满足条件的。图 5.54~ 图 5.56 分别为自适应 Kalman 滤波、正交基神经网络和最优加权递归最小二乘三种方法融合结果的动态 Allan 方差，是把时间、观测时间长度 τ 和动态 Allan 方差值以三维形式表现在了一幅图中。与静态 Allan 方差相比，三维的表现形式可以从 Allan 方差值的变化看出信号的变化，如图 5.54~ 图 5.56 中"凸起"的部分就对应了信号的突变状态。三种方法融合结果的陀螺噪声系数如图 5.57

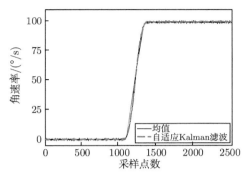

图 5.51 均值与自适应 Kalman
滤波融合值

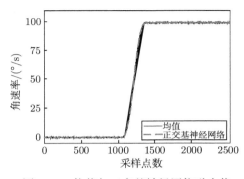

图 5.52 均值与正交基神经网络融合值

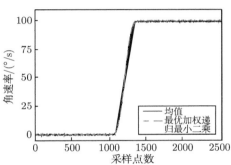

图 5.53 均值与最优加权递归最小二
乘融合值

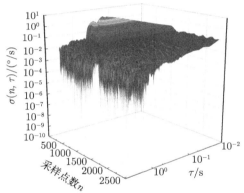

图 5.54 自适应 Kalman 滤波融合值动
态 Allan 方差

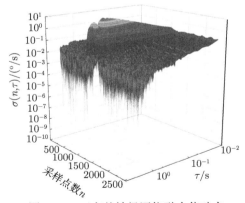

图 5.55 正交基神经网络融合值动态
Allan 方差

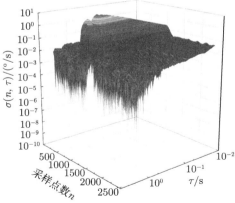

图 5.56 最优加权递归最小二乘融合值
动态 Allan 方差

所示,选取量化噪声、角度随机游走、零偏不稳定系数和角速率随机游走 4 项进行展示。从图 5.57 可以看出,一开始各项噪声变化比较平缓,后来迅速增大,这是由于陀螺仪静止后突然做加速运动引起的,当陀螺仪重新达到稳定状态后,各项噪声又趋于平稳。从三种方法融合结果的陀螺噪声对比来看,最优加权递归最小二乘相比于其他两种方法,其噪声系数要小一些,说明该方法融合精度要高一些。因此,综合实时性与融合结果精度两方面考虑,选取最优加权递归最小二乘融合方法作为陀螺跳变数据的融合处理方法。

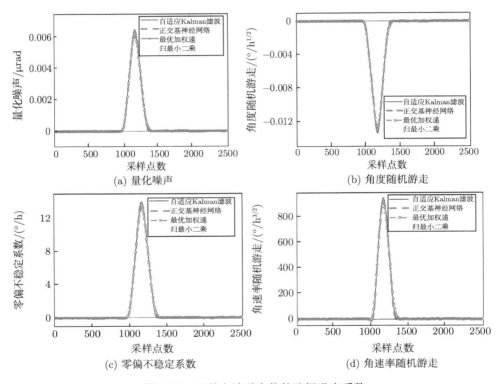

图 5.57 三种方法融合值的陀螺噪声系数

5. MEMS 陀螺数据融合切换方案

小波域多尺度数据融合算法处理陀螺仪动态数据表现出了该算法的适应性较差,对于陀螺数据跳变、加速等数据变化率较快的情况,该算法的响应较差。MEMS 陀螺数据融合方法切换方案就是先在线实现对陀螺信号的突变检测,再利用最优加权递归最小二乘融合方法来代替小波域多尺度数据融合算法对突变数据进行融合处理,最后信号平稳后使用小波域多尺度数据融合算法对陀螺信号进行融合处理。由于对陀螺信号的采样和处理都是实时的,相应的对陀螺信号进行处理的陀螺数据融合方法就会在小波域多尺度数据融合算法与最优加权递归最小二乘融合方法间来回切换,切换方案的实现可总结为图 5.58 描述的过程。

5.5.4 突变检测实验

实验利用多 MEMS 陀螺数据融合处理系统完成陀螺信号的采样与实时融合处理。该系统内部封装有 4 个 MEMS 陀螺仪,采样频率为 60Hz。通过静态实验、恒速率实验、匀加速实验、跳变实验和单轴角振动实验来对融合方法切换方案进行验证,利用普通 Allan 方差和动态 Allan 方差分别对静态和动态条件下的融合结果进行分析。

1. 陀螺数据融合结果性能评价

1) 普通 Allan 方差

Allan 方差可以用作对信号进行时频分析,其优点在于能够对信号中误差源的统计特性进行表征和辨识[38]。使用 Allan 方差对陀螺数据进行分析能够辨识出误差项,通过陀螺数据的双对数曲线,利用线性拟合可求出各项误差系数。

假设以采样时间 τ_0 对陀螺信号进行采样,采样时间为 T,则共采集了 $N = T/\tau_0$ 点。把采集的 N 个数据点分为不同的组,一组里包含 $M\,(M \leqslant (N-1)/2)$ 个点,这样共有 $K\,(K = N/M)$ 组,每一组的持续时间为[39]

$$\tau_M = M\tau_0 \qquad (5.54)$$

式中,τ_M 被称为相关时间,每一组数据的平均值可表示为[39]

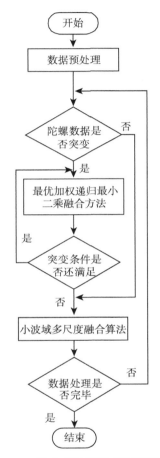

图 5.58 融合方法切换方案实现框图利用

$$\bar{\omega}_k = \frac{1}{M}\sum_{i=1}^{M}\omega_{(k-1)M+i}\ ,(k = 1,2,\cdots,K) \qquad (5.55)$$

Allan 方差计算公式为

$$\sigma_A^2\,(\tau_M) = \frac{1}{2\,(K-1)}\sum_{k=1}^{K-1}(\bar{\omega}_{k+1} - \bar{\omega}_k)^2 \qquad (5.56)$$

式中, $\sigma_A^2(\tau_M)$ 为相关时间 τ_M 对应的方差, 即 Allan 方差。将 $\sigma_A^2(\tau_M)$ 开平方得到 $\sigma_A(\tau_M)$, 即 Allan 标准差, 如果 τ_M 变化, 在坐标中就会得到 $\sigma_A(\tau_M)$ 与 τ_M 的曲线, 该曲线就是 Allan 方差曲线, 为了便于观察, 一般会将两个坐标分别取对数。Allan 方差与测量数据噪声项的功率谱密度 $S_\Omega(f)$ 有如下关系 [40]:

$$\sigma^2(\tau) = 4\int_0^\infty S_\Omega(f)\frac{\sin^4(\pi f\tau)}{(\pi f\tau)^2}\mathrm{d}f \tag{5.57}$$

通过公式推导进一步可以得到各误差项噪声同 Allan 方差的关系, 如表 5.13 所示。假设各噪声项是统计独立的, 那么 Allan 方差可以用各项误差的平方和来近似表示, 则有方程 [39]:

$$\sigma^2(\tau) = \sigma_Q^2(\tau) + \sigma_N^2(\tau) + \sigma_B^2(\tau) + \sigma_K^2(\tau) + \sigma_R^2(\tau) \tag{5.58}$$

式 (5.58) 可简写为

$$\sigma_A^2(\tau) = \sum_{n=-2}^{2} A_n^2\tau^n \tag{5.59}$$

利用最小二乘法可以求出系数 A_n, 进一步便可得到各项误差系数的计算公式分别为 [41] $Q = A_{-2}/\sqrt{3}$, $N = A_{-1}/60$, $B = A_0/0.6643$, $K = 60\sqrt{3}A_1$, $R = 3600\sqrt{2}A_2$。

表 5.13　Allan 方差与噪声对应关系

噪声类型	参数	斜率	Allan 标准差	单位
量化噪声	Q	-1	$\sqrt{3}Q/\tau$	μrad
角度随机游走	N	$-1/2$	$N/\sqrt{\tau}$	$°/\sqrt{\mathrm{h}}$
零偏不稳定系数	B	0	$B/0.6648$	$°/\mathrm{h}$
角速率随机游走	K	$1/2$	$K\sqrt{\tau/3}$	$(°/\mathrm{h})/\sqrt{\mathrm{h}}$
速率斜坡	R	1	$R\tau/\sqrt{2}$	$(°/\mathrm{h})/\mathrm{h}$

2) 动态 Allan 方差

Allan 方差分析方法也被称为经典 Allan 方差或普通 Allan 方差, 适合于静态陀螺数据噪声项的辨识, 而对于动态陀螺数据的时变特性其表现欠佳。动态 Allan 方差分析方法是在普通 Allan 方差的基础上得来的, 是普通 Allan 方差的扩展和延伸 [41]。此外, 动态 Allan 方差分析方法还以三维表现形式体现出信号的稳定性信息 [42]。利用动态 Allan 方差分析信号的具体过程可描述如下。

假设 $x(n)$ 为 MEMS 陀螺信号, 长度为 N。$P_L(t)$ 表示长度为 L 的窗口函数, 利用 $P_L(t)$ 对信号 $x(n)$ 进行截断, 设 n' 为窗口中心, 且 n' 满足条件 $n - L/2 \leqslant n' \leqslant n + L/2$, 则被截断的信号 $y(n, n')$ 可以表示为 [43]

$$y(n, n') = x(n)P_L(n - n') \tag{5.60}$$

设陀螺信号 $x(n)$ 的采样时间为 τ_0,截断信号由 L 个连续数据组成。把截断信号按照每 k 个数据点为一组进行分组,一组时间长度 τ 为 $k\tau_0$,τ 取 $\tau_0, 2\tau_0, \cdots, k\tau_0$,满足条件 $0 < \tau \leqslant \tau_{\max} (\tau_{\max} < L/2)$,则时间长度为 τ 的该组数据的均值为 [44]

$$\bar{y}_p(n,\tau) = \frac{1}{k} \sum_{i=p}^{p+k} y_i(n,\tau_0) \qquad (5.61)$$

式中,$\bar{y}_p(n,\tau)$ 表示 L 个连续的截断信号数据中从第 p 个数据点开始的一组数据的平均值,数组长度 τ 为 $k\tau_0$。对于一个给定的 τ 值,一共有 $L - k + 1$ 个这样的数组。相邻两个数组平均值之差为 [44,45]

$$\delta_{p+1,p} = \bar{y}_{p+1}(n,\tau) - \bar{y}_p(n,\tau) \qquad (5.62)$$

对于给定的 τ,式 (5.62) 表示一个元素为数组数据均值之差随机变量的集合,元素个数为 $L - k$。

由一个数据窗口内全部数组生成的,且时间长度为 τ 的所有数组的数组方差为 [45-47]

$$\sigma^2(n,\tau) = \frac{1}{2(m-k-1)} \sum_{p=1}^{m-k-1} (\delta_{p+2,p+1} - \delta_{p+1,p})^2 \qquad (5.63)$$

当 τ 取 $\tau_0, 2\tau_0, \cdots, k\tau_0 (0 < \tau \leqslant \tau_{\max})$ 时,就可以得到 $\sigma(n,\tau)$ 与 τ 的关系。将陀螺信号 $x(n)$ 在时间轴上依次向后移动窗口,计算窗口内数据的 Allan 方差,然后将其按照时间先后顺序排列在一起,绘制成三维图像,就会得到动态 Allan 方差。

2. 静态实验

实验中小波域多尺度数据融合算法的小波分解层数为 4 层,使用的小波为 DB4 小波,窗口大小为 40。在静态条件下,单一小波融合的结果如图 5.59 所示,切换方案融合方法的融合结果如图 5.60 所示。将图 5.59 和图 5.60 直观对比可以看出,它们的融合结果是接近的,两种融合结果的 Allan 方差及均值的 Allan 方差结果如表 5.15 所示。采用融合方法切换方案后的融合结果与单一使用小波域多尺度融合算法的结果是一样的,说明当陀螺处于静态状态下陀螺数据未发生跳变时,多 MEMS 陀螺数据融合处理系统一直用小波域多尺度数据融合算法来处理陀螺数据,这与设想是一致的。在整个实验过程中,陀螺数据未曾出现跳变,而数据融合方法也未曾改变,这也验证了累积和控制图结合阈值的突变检测方法是有效的。从表 5.14 中还可以看出,小波融合结果的各项噪声比直接取均值要明显减小,说明小波域多尺度数据融合算法对于抑制陀螺噪声是非常有效的。

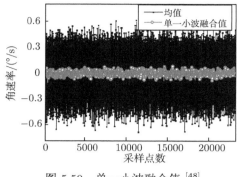

图 5.59   单一小波融合值 [48]

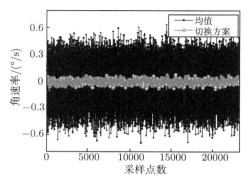

图 5.60   切换方案融合方法的融合值 [48]

表 5.14   不同方法对应的陀螺噪声系数

参数	均值	单一小波融合	切换方案融合方法
量化噪声 $Q/\mu\mathrm{rad}$	-6.7453×10^{-5}	-2.8606×10^{-6}	-2.8606×10^{-6}
角度随机游走 $N/\left(°/\mathrm{h}^{1/2}\right)$	1.6452×10^{-4}	5.8105×10^{-6}	5.8105×10^{-6}
零偏不稳定系数 $B/(°/\mathrm{h}^{1})$	0.0134	0.0046	0.0046
角速率随机游走 $K/\left(°/\mathrm{h}^{3/2}\right)$	-0.0117	-0.0019	-0.0019
速率斜坡 $R/(°/\mathrm{h}^{2})$	0.0069	0.0023	0.0023

3. 动态实验

动态实验包括恒速率实验、匀加速实验、跳变实验和单轴角振动实验共四部分。

1) 恒速率实验

恒速率实验是将多 MEMS 陀螺数据融合处理系统固定在单轴位置速率转台上, 先后设置转台以 $100°/\mathrm{s}$ 和 $200°/\mathrm{s}$ 的恒定角速率做匀速运动, 采集实验过程中的陀螺原始数据。图 5.61 和图 5.62 展示了不同方法对这两种速率下陀螺信号的融合结果, 表 5.15 为不同方法融合结果的方差。从图 5.61 和图 5.62 中不同方法的融

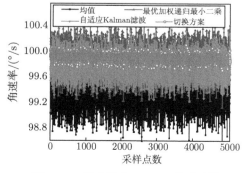

图 5.61   转台速率 $100°/\mathrm{s}$ 输出 [48]

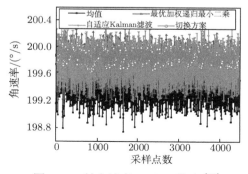

图 5.62   转台速率 $200°/\mathrm{s}$ 输出 [48]

合结果对比可以看出，切换方案具有更高的准确度和稳定性。表 5.15 中的方差也表明在恒速率条件下，使用单一的最优加权递归最小二乘和自适应 Kalman 滤波的融合方法对陀螺精度提高较小，但采用切换方案融合方法却可以使精度提高一个数量级左右。该实验证明在陀螺仪处于高速匀速运动下，系统能够选择出合适的融合方法，说明在此种情况下切换方案融合方法是可行的。通过计算两种角速率下融合结果的动态 Allan 方差，进而可以求出不同融合方法对应的陀螺仪噪声系数，结果如图 5.63 和图 5.64 所示。

表 5.15 不同方法融合结果方差的对比

转台速率/(°/s)	均值	最优加权递归最小二乘	自适应 Kalman 滤波	切换方案
100	0.07405	0.05158	0.02907	0.00320
200	0.04790	0.03437	0.03503	0.00495

从图 5.63 和图 5.64 可以看出，切换方案得到的融合值的各项噪声都相对较小，在整个过程中也是比较稳定，且变化范围较小的。说明在恒速率条件下，切换方案的融合值效果最好，输出的融合值精度最高，这与表 5.15 中计算出的普通方差结果也是一致的。

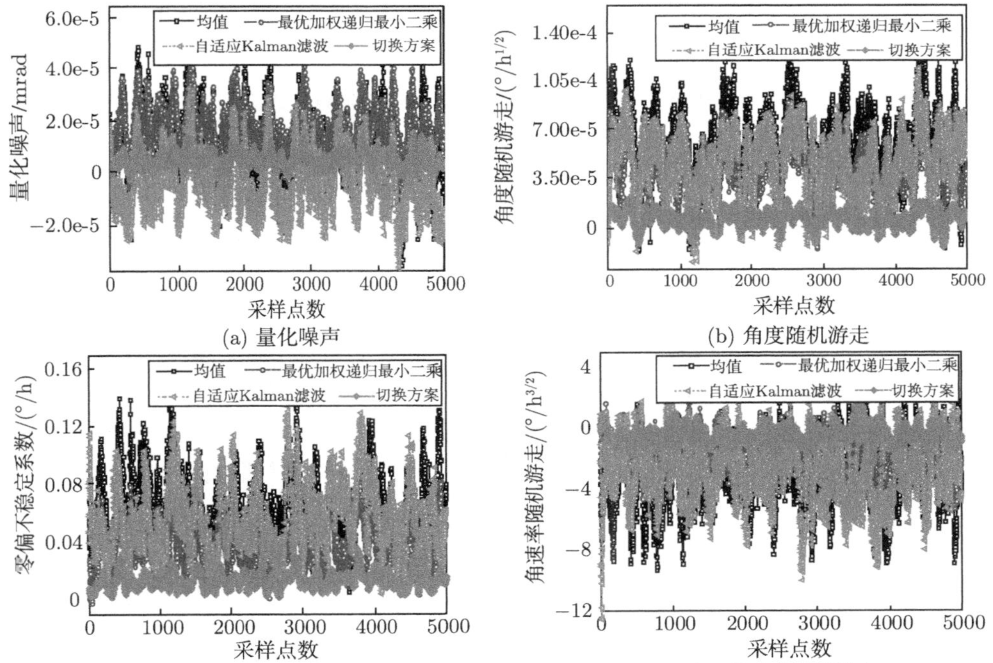

(a) 量化噪声 (b) 角度随机游走

(c) 零偏不稳定系数 (d) 角速率随机游走

图 5.63 转台速率为 100°/s 时不同方法的陀螺噪声系数 [48]

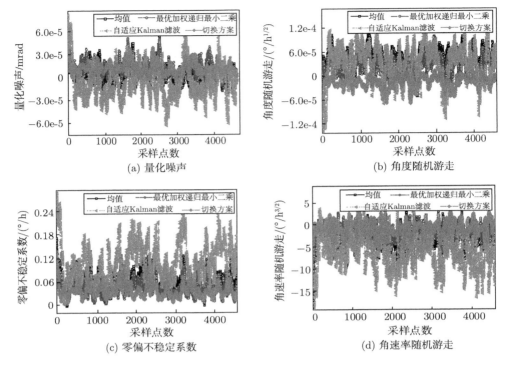

图 5.64　转台速率为 200°/s 时不同方法的陀螺噪声系数 [48]

2) 匀加速实验

匀加速实验同样是将多 MEMS 陀螺数据融合处理系统固定在单轴位置速率转台上，并设置转台从静止状态开始分别以 $50°/s^2$、$80°/s^2$、$100°/s^2$、$150°/s^2$、$180°/s^2$ 和 $200°/s^2$ 的角加速度加速到 200°/s 并保持转速稳定，采集该过程中陀螺原始信号。不同角加速度下的陀螺数据均值以及切换方案融合值和单一的小波融合结果如图 5.65 所示。对比图 5.65(a)～(f) 可以看出，在匀加速条件下，使用单一的小波域数据融合时，在角加速度为 $50°/s^2$ 时，小波融合带来的时延就已经较为明显，而且随着加速度的继续增大时延也会越大。但采用切换方案进行陀螺数据融合时，当加速度从 $50°/s^2$ 一直增加到 $200°/s^2$ 时，融合结果均未出现时延，表明切换方案具有较强的跟踪原始数据变化的能力，适应性强，能够满足陀螺数据处理系统实时性的要求。选取加速度为 $100°/s^2$ 的一组实验数据，计算该过程的陀螺均值与切换方案融合值的动态 Allan 方差，结果如图 5.66 所示，陀螺均值与融合值的陀螺各项噪声在该过程的变化情况如图 5.67 所示。图 5.66 中动态 Allan 方差值的跃变反映出了陀螺仪由静止到加速这一状态的突变，当转速达到稳定后，动态 Allan 方差值也逐渐变小，趋于平稳。从图 5.67 中展现出的噪声变化情况来看，在陀螺仪处在加速阶段时，切换方案融合值比均值噪声小、精度高，证明了切换方案的有效性。

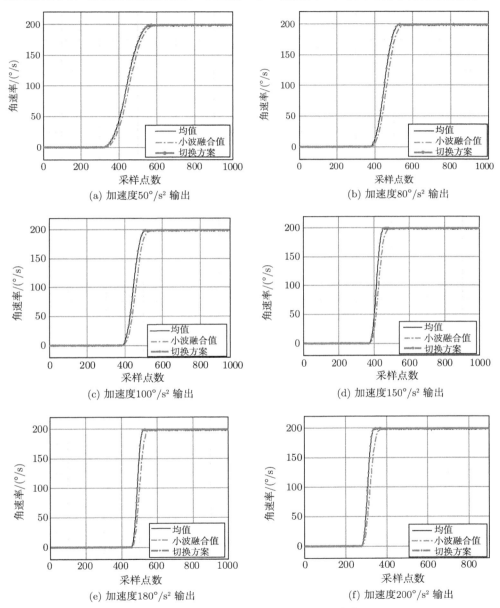

(a) 加速度50°/s² 输出

(b) 加速度80°/s² 输出

(c) 加速度100°/s² 输出

(d) 加速度150°/s² 输出

(e) 加速度180°/s² 输出

(f) 加速度200°/s² 输出

图 5.65 不同加速度输出结果对比 [48]

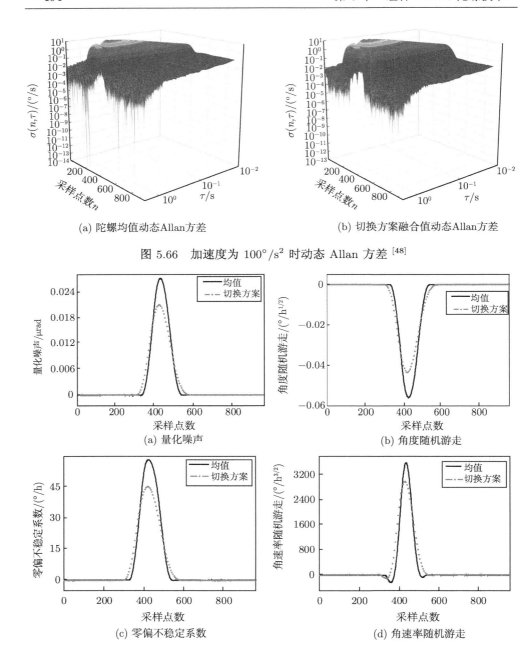

(a) 陀螺均值动态Allan方差

(b) 切换方案融合值动态Allan方差

图 5.66 加速度为 $100°/s^2$ 时动态 Allan 方差[48]

(a) 量化噪声

(b) 角度随机游走

(c) 零偏不稳定系数

(d) 角速率随机游走

图 5.67 加速度为 $100°/s^2$ 时陀螺噪声系数[48]

3) 跳变实验

分别对含跳变数据的陀螺均值与融合值进行动态 Allan 方差分析, 其结果如图

5.68 所示。图 5.69(a) 为陀螺均值的动态 Allan 方差,图 5.69(b) 为融合值的动态 Allan 方差,而陀螺仪的各项噪声系数在该实验过程中的变化情况如图 5.70 所示。图 5.69 把时间、观测时间长度 τ 和动态 Allan 方差值以三维形式表现在了一张图中。可以看出,随着时间的推移,动态 Allan 方差值能够大致表示出系统的变化过程:开始时变化较为平缓,说明系统无显著性变化,后来方差迅速增大,说明系统出现了显著性变化,而此刻就反映了图 5.68 中数据发生跳变的因素。从图 5.70 中陀螺均值与切换方案融合值的噪声系数的变化情况可以看出,各噪声系数不是恒定值,而是随机变化的,变换情况会受到外界环境的影响。

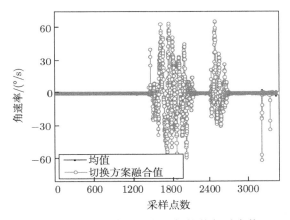

图 5.68   含跳变数据的陀螺均值与融合值

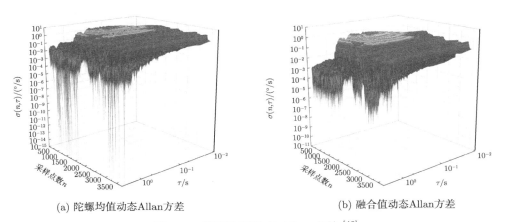

(a) 陀螺均值动态Allan方差   (b) 融合值动态Allan方差

图 5.69   跳变实验动态 Allan 方差 [48]

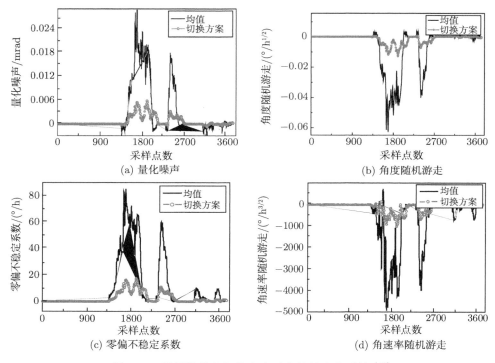

图 5.70　陀螺均值与切换方案融合值的噪声系数 [48]

4) 单轴角振动实验

单轴角振动实验是将多 MEMS 陀螺数据融合处理系统固定在单轴角振动台上,角振动台的主要参数可见小波域多尺度融合算法的陀螺数据融合处理的内容。实验中先设置转动角度大小为 10°,振动频率为 5Hz、20Hz、30Hz、50Hz、70Hz 和 140Hz。随后改变转动角度大小并提高振动频率,采集实验过程中的陀螺原始信号。实验过程中的陀螺原始数据以及相应的融合值如图 5.71 所示。从图 5.71(a) 可以看出,当振

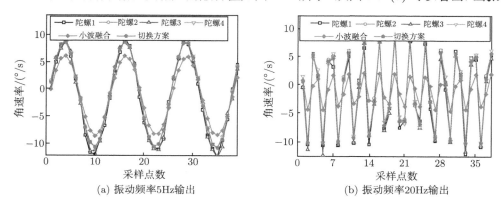

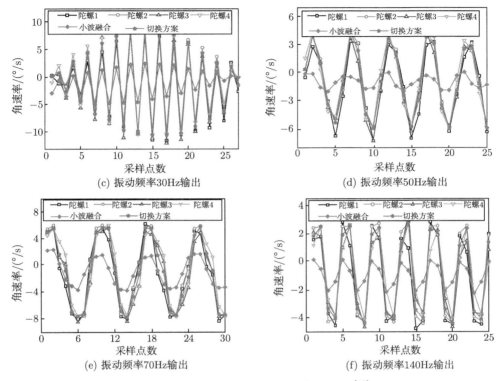

图 5.71　不同振动频率下输出结果对比 [48]

动频率为 5Hz 时，单一使用小波域多尺度数据融合已不能完全响应原始数据的变化，说明小波域多尺度数据融合对原始数据的频率响应小于 5Hz。从图 5.71(d)~(f) 可看出，当振动频率继续增大直至 140Hz 时，采用切换方案融合方法都能很好响应原始数据变化。

　　由实验可以看出，采用的切换方案融合方法是稳定和可行的 [49]。实验证明，多模式多尺度数据融合方法切换策略可以很好解决单一使用小波域多尺度数据融合时在动态条件下带来的时延问题。静态和动态实验结果表明，多模式多尺度融合结果较之陀螺原始数据，噪声明显减小，提高了系统输出精度。综合静态和动态实验来看，切换方案融合方法是有效和可行的 [49]。

　　多 MEMS 陀螺小波域多尺度融合算法处理平台可以较好地完成实时处理任务，多模式多尺度数据融合处理后的结果较之原始数据，零偏稳定性可以提高一个量级左右 [49]，算法处理时延控制在 2ms 内，可以满足实时任务。在动态情况下，当陀螺仪采样频率为 60Hz 时，融合处理响应频率可以达到 5Hz。综合静态和动态表现，该系统具有较好的实用价值。

参 考 文 献

[1] 王巍. 惯性技术研究现状及发展趋势 [J]. 自动化学报, 2013, 39(6): 723-729.

[2] Loveday P W. Analysis and compensation of imperfection effects in piezoelectric vibratory gyroscopes[D]. Blacksburg: Virginia Polytechnic Institute and State University, 1999.

[3] 王淑华. MEMS 传感器现状及应用 [J]. 微纳电子技术, 2011, 48(8): 516-522.

[4] 任亚飞. 基于 MEMS 的 MIMU 及其数据融合技术研究 [D]. 西安: 西安理工大学, 2010.

[5] 赵巍, 潘泉, 戴冠中, 等. 多尺度系统理论研究概况 [J]. 电子与信息学报, 2001, 23(12): 1427-1433.

[6] 柯熙政, 李孝辉. 关于小波分解原子时算法的频率稳定度 [J]. 计量学报, 2002, 23(3): 205-210.

[7] 柯熙政, 任亚飞. 多尺度多传感器融合算法在微机电陀螺数据处理中的应用 [J]. 兵工学报, 2009, 30(7): 994-998.

[8] 任亚飞, 柯熙政. 多尺度小波分解融合在微机电陀螺数据处理中的应用 [J]. 应用科学学报, 2010, 28(4): 394-398.

[9] 柯熙政, 任亚飞. 基于 MEMS 的小波域多传感器信息融合系统及融合方法: CN102023010A[P]. 2011-04-20.

[10] 徐春叶, 刘善喜. LIGA 工艺技术研究 [J]. 集成电路通讯, 2005, 23(1): 32-37.

[11] 焦正, 吴明红. 日本基于 MEMS 传感器的研究进展 [J]. 传感器世界, 2004, 10(1): 12-16.

[12] Greiff P, Boxenhorn B, King T, et al. Silicon monolithic micromechanical gyroscope[C]. TRANS-DUCERS'91: 1991 International Conference on Solid-State Sensors and Actuators. Digest of Technical Papers, IEEE, San Francisco, USA, 1991: 966-968.

[13] Chen L, Chen D Y, Wang J B. Micro-machined vibrating ring gyroscope[J]. 光学精密工程, 2009, 17(6): 1344-1349.

[14] Tang T K, Gutierrez R C, Wilcox J Z, et al. Silicon bulk micromachined vibratory gyroscope for microspacecraft[C]. SPIE's 1996 International Symposium on Optical Science, Engineering, and Instrumentation, Denver, CO, United States, 1996: 101-107.

[15] Tang T K, Gutierrez R C, Stell C B, et al. A packaged silicon MEMS vibratory gyroscope for microspacecraft[C]. Proceedings IEEE The Tenth Annual International Workshop on Micro Electro Mechanical Systems, Nagoya, Japan, 1997: 500-505.

[16] Xiong B, Che L, Wang Y. A novel bulk micromachined gyroscope with slots structure working at atmosphere[J]. Sensors and Actuators A: Physical, 2003, 107(2): 137-145.

[17] 陈尚, 张世军, 穆星科, 等. MEMS 陀螺技术国内外发展现状简述 [J]. 传感器世界, 2016, 22(4): 19-23.

[18] 陈伟平, 韩天, 王浩, 等. 一种双自由度双级解耦微机械陀螺的特性分析 [J]. 传感技术学报, 2008, 20(11): 2391-2394.

[19] 王伟, 刘军洁. Z 轴微机械陀螺仪的空气阻尼分析 [J]. 西安工业大学学报, 2010, 30(3): 219-223.

[20] 何友, 王国宏, 关欣. 信息融合理论及应用 [M]. 北京: 电子工业出版社, 2010.

[21] 赵红军, 杨日杰, 崔坤林, 等. 边界扫描测试技术的原理及其应用 [J]. 现代电子技术, 2005, 5(11): 20-24.

[22] 潘辉. STM32-FSMC 机制的 NOR flash 存储器扩展技术 [J]. 单片机与嵌入式系统应用, 2009, 9(10): 31-34.

[23] Lin Y C. AMBA-based SDRAM controller intellectual property design[J]. International Journal of Electronics, 2008, 95(6): 505-515.

[24] 郭天祥. 新概念 51 单片机 C 语言教程 [M]. 北京: 电子工业出版社, 2009.

[25] 赖万玖. UART 协议及其在光传输中的应用 [J]. 世界产品与技术, 2003, 5(7): 59-61.

[26] 郭玉忠, 谭志宏, 方波. 使用 C6000 上 McBSP 实现 SPI 接口的方法研究 [J]. 航空计算技术, 2008, 38(1): 120-122.

[27] 许永辉, 杨京礼, 林连雷. TMS320DM642 DSP 原理与应用实践 [M]. 北京: 电子工业出版社, 2012.

[28] 张伟志. 多 MEMS 陀螺数据融合处理系统的设计和实现 [D]. 西安: 西安理工大学, 2017.

[29] 刘贵忠, 邸双亮. 小波分析及其应用 [M]. 西安: 西安电子科技大学出版社, 1992.

[30] 杨艺, 李建勋, 柯熙政. 小波方差在信号特征提取中的应用 [J]. 传感器世界, 2006, 12(1): 33-35.

[31] 甄英, 杨珊, 何静, 等. 基于 M-K 检验法与 R/S 法的宜宾市降水量分析 [J]. 四川师范大学学报 (自然科学版), 2017, 40(3): 392-397.

[32] 张德丰.MATLAB 小波分析 [M]. 北京: 机械工业出版社, 2009.

[33] Bernaola-Galván P, Ivanov P C, Amaral L A N, et al. Scale invariance in the nonstationarity of human heart rate [J]. Physical Review Letters, 2001, 87(16): 168105-1-168105-4.

[34] 黄静, 李长春, 延皓, 等. 多尺度直线拟合法在时间序列突变点检测中的应用 [J]. 兵工学报, 2015, 36(6): 1110-1116.

[35] 文成林. 多尺度估计理论及其应用 [M]. 北京: 清华大学出版社, 2002.

[36] 刘聚涛, 方少文, 冯倩, 等. 基于 Mann-Kendall 法的湖泊稳态转换突变分析 [J]. 中国环境科学, 2015, 35(12): 3707-3713.

[37] 汪平平, 张歆, 刘深. 基于线性最小方差和递归最小二乘的融合算法 [J]. 探测与控制报, 2013, 35(2): 33-36.

[38] Bernaola-Galván P, Ivanov P C, Amaral L A N, et al. Scale invariance in the nonstationarity of human heart rate[J]. Physical Review Letters, 2001, 87(16): 168106.

[39] 李时辉. 一种多传感器温度数据动态融合方法 [J]. 科技通报, 2015, 31(1): 146-149.

[40] 胡振涛, 刘先省. 基于动态加权下测量方差适应的同质多传感器融合算法 [J]. 河南大学学报 (自然版), 2005, 35(3): 72-76.

[41] 任亚飞, 柯熙政. 基于阿伦方差的微机电陀螺误差建模及其粒子滤波 [J]. 中国计量学院学报, 2009, 20(2): 102-106.

[42] 张亚宁, 朱涛, 傅军. 基于 Allan 方差的 MEMS 陀螺误差分析 [J]. 自动化与仪器仪表, 2013, (3): 157-158.

[43] Li J, Fang J. Not Fully overlapping Allan variance and total variance for inertial sensor stochastic error analysis[J]. IEEE Transactions on Instrumentation & Measurement, 2013, 62(10): 2659-2672.

[44] 张娜, 李绪友. 动态 Allan 方差的理论改进及其应用研究 [J]. 光学学报, 2011, 31(11): 70-75.

[45] 邹学锋, 卢新艳. 基于 Allan 方差的 MEMS 陀螺仪性能评价方法 [J]. 微纳电子技术, 2010, 47(8): 490-493, 498.

[46] 王新龙, 李娜. MEMS 陀螺随机误差的建模与分析 [J]. 北京航空航天大学学报, 2012, 38(2): 170-174.

[47] 柯熙政, 张伟志, 刘娟花. MEMS 陀螺数据融合系的设计和实现 [J]. 仪器仪表学报, 2017, 38(8): 2062-2070.

[48] 房鸿才. 多微机电陀螺数据融合方法的切换策略研究 [D]. 西安: 西安理工大学, 2018.

[49] 柯熙政, 王明军, 张颖.用于提高微机电陀螺仪零偏稳定性的卡尔曼滤波软件:2010SR009692[P]. 2010-03-04.

第6章　多模式多尺度数据融合模型的数学基础

　　针对不可重复测量的物理量,如时间测量、飞行器位置、姿态以及惯性参数等,通过建立多模式多尺度数据融合模型,能解决不可重复测量物理量的真值估计问题。多模式多尺度数据融合模型采用多个传感器对同一物理量同时进行测量,对各个传感器的测量结果进行小波变换,在不同小波尺度域对各个传感器的测量值进行多尺度加权平均,最后通过逆小波变换得到待测物理量的真值估计。多模式多尺度数据融合模型能抑制测量过程中的噪声,本章对其有效性从数学上进行严格证明很有必要。

6.1　数据融合的数学基础

6.1.1　平稳过程单尺度数据融合

　　假设 1　传感器系统中,每个传感器的观测都是一致的。

　　定义 1　传感器的测量模型:

$$X_i = X + V_i, i = 1, 2, \cdots, m \tag{6.1}$$

式中,X_i 为各个传感器的测量值,假设它们彼此相互独立,且均为 X 的无偏估计; X 表示要估计的传感器的真值; $V_i \sim (0, \sigma_i^2)$ 且是服从高斯分布的测量噪声。

　　假设 2　m 个传感器的方差分别为 $\sigma_1^2, \sigma_2^2, \cdots, \sigma_i^2$(其中, $E(V_i^2) = E[(X_i - X)^2] = \sigma_i^2$),各传感器的归一化权值 $W_1, W_2, \cdots, W_i$($对各传感器的加权因子 W_1', $W_2', \cdots, W_i'$ 分别进行归一化:$W_i = W_i' / \sum_{i=1}^{m} W_i'$) 满足:

$$\sum_{i=1}^{m} W_i = 1, 0 \leqslant W_i \leqslant 1 \tag{6.2}$$

　　定义 2　时域融合估计为

$$\hat{X} = \sum_{i=1}^{m} W_i X_i \tag{6.3}$$

基于上述假设和定义,在最小均方误差准则下可获得测量结果的最优融合估计,下面给出时域加权融合定理。

引理 1[1]　　时域加权融合估计在加权因子满足 $W_i^* = 1/\left(\sigma_i^2 \sum\limits_{i=1}^{m} 1/\sigma_i^2\right)$ 时，有

最小均方误差估计：$\sigma_{\min}^2 = 1/\sum\limits_{i=1}^{m} 1/\sigma_i^2$。

证明　　由于 $X_1, X_2, \cdots, X_i$ 彼此独立，则时域融合后序列的方差为

$$\sigma^2 = E[(X - \hat{X})^2] = E\left[\sum_{i=1}^{m} W_i^2(X - \hat{X}_i)^2\right] = \sum_{i=1}^{m} W_i^2 \sigma_i^2 \tag{6.4}$$

可以看出总均方差是关于各加权因子的多元二次函数，因此必然存在最小值。该最
小值是加权因子 $W_1, W_2, \cdots, W_i$ 满足约束条件的多元函数极值。

构造拉格朗日函数：

$$F(W_i, \lambda) = \sum_{i=1}^{m} W_i \sigma_i^2 + \lambda\left(\sum_{i=1}^{m} W_i - 1\right) \tag{6.5}$$

令 $\dfrac{\partial F}{\partial W_i} = 0$，即

$$2\sigma_i^2 W_i + \lambda = 0 \tag{6.6}$$

得

$$W_i^* = -\lambda/2\sigma_i^2 \tag{6.7}$$

又由于 $\sum\limits_{i=1}^{m} W_i = 1$，代入式 (6.7) 得

$$-\frac{\lambda}{2} = 1/\sum_{i=1}^{m} \frac{1}{\sigma_i^2} \tag{6.8}$$

得

$$W_i^* = 1/\sigma_i^2 \sum_{i=1}^{m} \frac{1}{\sigma_i^2} \tag{6.9}$$

此为总均方误差最小时所对应的加权因子。进而可得到时域加权融合的最小均方
误差为

$$\sigma_{\min}^2 = \sum_{i=1}^{m} (W_i^*)^2 \sigma_i^2 = \sum_{i=1}^{m} W_i^*(W_i^* \sigma_i^2) = \sum_{i=1}^{m} W_i^* \frac{1}{\sigma_i^2 \sum\limits_{i=1}^{m} \dfrac{1}{\sigma_i^2}} \sigma_i^2$$

$$= 1/\sum_{i=1}^{m} \frac{1}{\sigma_i^2} \tag{6.10}$$

引理 1 得证。

6.1.2　平稳过程多尺度数据融合

若被测对象是平稳随机信号，则其测量噪声方差 σ_i^2 不随时间变化。多模式多尺度数据融合算法的测量方差不大于时域上最优加权的均方差，即 $\sigma_{wt\,\min}^2 \leqslant \sigma_{\min}^2$。

1. 多模式多尺度数据融合算法

柯熙政等最早将多模式多尺度数据融合算法应用于原子时计算领域 (小波分解原子时算法)[2-4]，随后将该算法推广应用于导航定位领域 [5,6]，可提高组合定位精度，并验证了该方法的优越性。柯熙政等 [7] 将这种多尺度融合算法应用到陀螺仪信号的处理，可使陀螺仪的零偏稳定性提高一个量级左右。

2. 理论基础

小波变换是对随机信号序列的相邻项进行加权平均，研究相邻项之间的相关性，会直接影响到信号的权值分配 [8]，因此有必要对其进行定性和定量分析。

设 $\varphi(t)$ 是小波分析的尺度函数，则由于 $\varphi(t) \in V_0 \subseteq V_1, h_n \in \mathbf{R}, g_n \in \mathbf{R}$，且 $\{2^{1/2}\varphi(2t-n)\}, n \in \mathbf{Z}$ 是 V_1 的基，故有

$$\varphi(t) = \sum_{n \in \mathbf{Z}} h_n \varphi(2t-n), \quad \sum_{n \in \mathbf{Z}} |h_n|^2 < +\infty \tag{6.11}$$

由 $V_1 = V_0 \oplus W_0$，生成 W_0 的小波 $\psi(t)$。如果 $\psi(t) \in W_0 \subseteq V_1$，则定义 V_1 中的函数 $\psi(t)$ 为

$$\psi(t) = \sum_{n \in \mathbf{Z}} g_n \varphi(2t-n), \quad \sum_{n \in \mathbf{Z}} |g_n|^2 < +\infty \tag{6.12}$$

根据文献 [1] 和 [9]，可得出关于小波分解系数之间的相关性的定理及推论。

定理 1

$$\sum_n h_n h_{n-2k} = \frac{1}{2}\delta_k \tag{6.13}$$

推论 1

$$\sum_n g_n g_{n-2k} = \frac{1}{2}\delta_k \tag{6.14}$$

定理 2

$$\sum_n h_n g_{n-2k} = 0 \tag{6.15}$$

推论 2

$$\sum_n g_n h_{n-2k} = 0 \tag{6.16}$$

3. 小波域统计特性分析

对某一尺度 i 上的任意随机序列 $X(i) = [\cdots, x(i, -1), x(i,0), x(i,1), \cdots, x(i,k),\cdots]$，满足：

$$E[x(i,k)x^{\mathrm{T}}(i,j)] = \begin{cases} R(i,k), & k = j \\ 0, & k \neq j \end{cases} \tag{6.17}$$

设 $R(i,k) \equiv R(i), \forall k \in \mathbf{Z}$，由小波变换式得

$$\begin{cases} x_V(i-1,k) = \sum_n h_{2k-n}x(i,n) = \sum_n h_n x(i,2k-n) \\ x_D(i-1,k) = \sum_n g_{2k-n}x(i,n) = \sum_n g_n x(i,2k-n) \end{cases} \tag{6.18}$$

则生成尺度 $i-1$ 上的一列平滑信号 $X_V(i-1)$ 和细节信号 $X_D(i-1)$。

$$\begin{cases} X_V(i-1) = [\cdots, x_V(i-1,-1), x_V(i-1,0), x_V(i-1,1), \cdots x_V(i-1,k), \cdots], \\ X_D(i-1) = [\cdots, x_D(i-1,-1), x_D(i-1,0), x_D(i-1,1), \cdots x_D(i-1,k), \cdots], \end{cases} \tag{6.19}$$

对小波变换后相邻项之间的相关性作定性和定量分析，可得到如下几个定理[10]。

定理 3

对 $k, j \in Z$，并令 $k \geqslant j$，则

$$E[x_V(i-1,k)x_V^{\mathrm{T}}(i-1,j)] = \begin{cases} R(i)/2, & k = j \\ 0, & k \neq j \end{cases} \tag{6.20}$$

定理 4

$$E[x_D(i-1,k)x_D^{\mathrm{T}}(i-1,j)] = \begin{cases} R(i)/2, & k = j \\ 0, & k \neq j \end{cases} \tag{6.21}$$

定理 5

$$E[x_V(i-1,k)x_D^{\mathrm{T}}(i-1,j)] = 0 \tag{6.22}$$

定理 6

$$E[x_D(i-1,k)x_V^{\mathrm{T}}(i-1,j)] = 0 \tag{6.23}$$

结论：经小波变换后，同一尺度上的平滑信号之间、细节信号之间互不相关，自相关性均减半，平滑信号与细节信号之间互不相关。

4. 多模式多尺度数据融合

1) 平稳多尺度数据融合定理

对于平稳随机过程, 在小波域进行多尺度数据融合时, 假设每个传感器的观测都是一致的。

假设 3　随机信号的重构公式:

$$X_J = \sum_k h_n(J,k)\varphi_{J,k} + \sum_j \sum_k g_n(j,k)\psi_{j,k} = X_V + X_D \tag{6.24}$$

式中, X_J 是经过 J 层分解后重构的数据, 可视为测量值的一个估计; $\varphi_{J,k}$ 是第 J 层的尺度函数; $\psi_{j,k}$ 是从 1 到 J 层的小波函数; $h_n(J,k)$ 是第 J 层上 k 个近似系数; $g_n(j,k)$ 是 $1 \sim J$ 层的 k 个细节系数。

定义 3　$\hat{X}$ 表示经过 J 层分解后重构回去的融合结果:

$$\begin{aligned}
\hat{X}_J &= \sum_{i=1}^m W_{h_i} \sum_k h_{i,n}(J,k)\varphi_{J,k} + \sum_{i=1}^m W_{g_i} \sum_j \sum_k g_{i,n}(j,k)\psi_{j,k} \\
&= \sum_{i=1}^m W_{h_i} X_{V,i} + \sum_{i=1}^m W_{g_i} X_{D,i}
\end{aligned} \tag{6.25}$$

式中, 各传感器相应近似信号和细节信号的加权因子分别为 W_{h_i} 和 W_{g_i}, 同理有权值的归一化条件。

根据小波分解系数之间的相关性结论式 (6.23), h_n, g_n 是独立且不相关的, 多尺度数据融合重构序列的方差为

$$\begin{aligned}
\sigma^2 &= \sigma_h^2 + \sigma_g^2 \\
&= E\left[\left(X_V - \sum_{i=1}^m W_{h_i} \sum_k h_{i,n}(J,k)\varphi_{J,k}\right)^2\right] \\
&\quad + E\left[\left(X_D - \sum_{i=1}^m W_{g_i} \sum_j \sum_k g_{i,n}(j,k)\psi_{j,k}\right)^2\right] \\
&= E\left[\left(\sum_{i=1}^m W_{h_i} X_V - \sum_{i=1}^m W_{h_i} X_{V,i}\right)^2\right] \\
&\quad + E\left[\left(\sum_{i=1}^m W_{g_i} X_D - \sum_{i=1}^m W_{g_i} X_{D,i}\right)^2\right] \\
&= E\left[\sum_{i=1}^m W_{h_i}^2 (X_V - X_{V,i})\right]^2 + E\left[\sum_{i=1}^m W_{g_i}^2 (X_D - X_{D,i})^2\right]
\end{aligned}$$

$$= \sum_{i=1}^{m} W_{h_i}^2 \sigma_{hi}^2 + \sum_{i=1}^{m} W_{g_i}^2 \sigma_{gi}^2 \tag{6.26}$$

根据相关函数和均方差之间的关系可知，相关函数值等于均方差加均值，这里的均值取为相应变量的无偏估计。关于各加权因子的多元二次函数，可结合加权因子的约束条件 $\sum_{i=1}^{m} W_{h_i} = 1, 0 \leqslant W_{h_i} \leqslant 1$ 和 $\sum_{i=1}^{m} W_{g_i} = 1, 0 \leqslant W_{g_i} \leqslant 1$，求取多元函数的极值。

根据拉格朗日乘数法求取多元函数的极值，即求拉格朗日函数的无条件极值。极值的必要条件可表示为下述若干个方程组的解，求解方程组即可得函数的驻点，可解出总均方误差最小时所对应的加权因子为 [1]

$$W_{h_i}^* = 1 / \left(\sigma_{h_i}^2 \sum_{i=1}^{m} \frac{1}{\sigma_{h_i}^2} \right), i = 1, 2, \cdots, m$$

$$W_{g_i}^* = 1 / \left(\sigma_{g_i}^2 \sum_{i=1}^{m} \frac{1}{\sigma_{g_i}^2} \right), i = 1, 2, \cdots, m \tag{6.27}$$

当各加权因子按式 (6.27) 取值时，所对应的最小均方误差为

$$\sigma_{\min}^2 = \sigma_{h\,\min}^2 + \sigma_{g\,\min}^2 = 1 / \sum_{i=1}^{m} \frac{1}{\sigma_{h_i}^2} + 1 / \sum_{i=1}^{m} \frac{1}{\sigma_{g_i}^2}$$

$$\leqslant 1 / \sum_{i=1}^{m} \frac{1}{\sigma_{h_i}^2 + \sigma_{g_i}^2} = 1 / \sum_{i=1}^{m} \frac{1}{\sigma_i^2} \tag{6.28}$$

小波域多尺度数据融合后有 $\sigma_i^2 = \sigma_{h_i}^2 + \sigma_{g_i}^2$。其中，$\sigma_{g_i}^2$ 对应于融合后的细节部分的方差，与时域融合后的方差 σ_i^2 相差不是很大，而 $\sigma_{h_i}^2$ 对应于融合后的平滑部分的方差，与时域融合后的方差 σ_i^2 相比较值很小。故由式 (6.28) 有

$$\sigma_{\min}^2 = \sigma_{h\,\min}^2 + \sigma_{g\,\min}^2 = 1 / \sum_{i=1}^{m} \frac{1}{\sigma_{h_i}^2} + 1 / \sum_{i=1}^{m} \frac{1}{\sigma_{g_i}^2} \approx 1 / \sum_{i=1}^{m} \frac{1}{\sigma_{g_i}^2} < 1 / \sum_{i=1}^{m} \frac{1}{\sigma_i^2} \tag{6.29}$$

式 (6.28) 表明，小波域数据融合方案的均方差小于时域上最优加权的均方差，从而有如下定理。

平稳过程多尺度数据融合定理：小波域多尺度数据融合后的方差不大于时域上最优加权的均方差，即 $\sigma_{wt\,\min}^2 \leqslant \sigma_{\min}^2$。

2) 多尺度数据融合模型

在式 (6.1) 中，把传感器的测量噪声分为 5 类，其中 $h_0 f^0$ 是白噪声，满足 $n(t) \sim (0, \sigma^2)$，σ^2 是白噪声过程的方差。白噪声过程的小波变换可以表示为

$$|W_{2^J} n(x)|^2 = 2^J \iint\limits_R n(i)n(j)\psi\left(2^J(i-x)\right)\psi\left(2^J(j-x)\right)\mathrm{d}i\mathrm{d}j \tag{6.30}$$

在不同小波变换尺度下白噪声的方差可以表示为

$$E\left|W_{2^J}n(x)\right|^2 = 2^J \iint_R \sigma^2 \delta(i-j) \psi\left(2^J(i-x)\right) \psi\left(2^J(j-x)\right) \mathrm{d}i\mathrm{d}j$$

$$= 2^J \sigma^2 \int \left|\psi\left(2^J(i-x)\right)\right|^2 = \sigma^2 \|\psi\|^2 \tag{6.31}$$

考虑到式 (6.28)，有

$$\sigma_{\min}^2 = 1 / \sum_{i=1}^m \frac{1}{\sigma_i^2 \|\psi\|^2} \leqslant 1 / \sum_{i=1}^m \frac{1}{\sigma_i^2} \tag{6.32}$$

引理 2　平稳随机过程的平均功率 (方差) 与小波变换的尺度 J 无关。

考虑研究的白噪声是一个平稳随机过程，由式 (6.32) 可得

$$\sigma_{\min}^2 = 1 / \sum_{i=1}^m 1/\sigma_i^2 \|\psi\|^2 \tag{6.33}$$

讨论：

(1) 当小波基为规范正交基时，有 $\|\psi\|^2 = 1$，此时有

$$\sigma_{\min}^2 = 1 / \sum_{i=1}^m \frac{1}{\sigma_i^2 \|\psi\|^2} = 1 / \sum_{i=1}^m \frac{1}{\sigma_i^2} \tag{6.34}$$

(2) 一般情形下 $\|\psi\|^2 < 1$，故有

$$\sigma_{\min}^2 = 1 / \sum_{i=1}^m \frac{1}{\sigma_i^2 \|\psi\|^2} < 1 / \sum_{i=1}^m \frac{1}{\sigma_i^2} \tag{6.35}$$

由式 (6.32) 可以得出如下推论：

推论 3　对于白噪声而言，多尺度数据融合后的最小方差 $\sigma_{\min}^2$ 在不同的小波基函数下趋向于一个极限，而这个极限与小波基函数有关。

6.1.3　非平稳过程单尺度数据融合

若被测对象是平稳随机信号，则其测量噪声方差 σ_i^2 不随时间变化；而对于非平稳情况，测量噪声方差是随时间变化的，可采用 Allan 方差 $\sigma_i^2(\tau)$ 表征 [1,11]。

1. Allan 方差定义

定义 4　Allan 方差的定义为 [12,13]：对于 N 个样本数据 y_i，采样时间为 τ_0，把 N 个样本数据分成 K 组，$K = N/M$，每组包含 $M = 1, 2, \cdots, [M < (N-1)/2]$ 个采样点，每一组的持续时间 $\tau(M) = M\tau_0$ 称为相关时间，每一组的平均值为

$$\bar{y}_k(\tau) = \frac{1}{M} \sum_{i=0}^{M-1} y_{M(k-1)+i}, k = 1, 2, \cdots, K。则 \text{ Allan 方差按下式估算}^{[12,13]}:$$

$$\sigma_y^2(\tau) = \frac{1}{2} < (\bar{y}_{k+1}(\tau) - \bar{y}_k(\tau))^2 \geqslant \frac{1}{2(K-1)} \sum_{k=1}^{K-1} (\bar{y}_{k+1}(\tau) - \bar{y}_k(\tau))^2 \qquad (6.36)$$

2. 非平稳过程单尺度数据融合原理

将测量噪声方差 σ_i^2 换为 $\sigma_i^2(\tau)$，相应的加权因子 W_i 换为 $W_i(\tau)$，τ 表示该变量是随时间变化的。对于非平稳随机过程，噪声模型与式 (6.1) 相同。其中，X_i 和 X 的定义也与式 (6.1) 相同，所不同的是这里 V_i 为均值为 0、方差为 $\sigma_i^2(\tau)$ 且服从高斯分布的测量噪声。

假设 4 设 m 个传感器的 Allan 方差分别为 $\sigma_1^2(\tau), \sigma_2^2(\tau), \cdots, \sigma_m^2(\tau)$，各传感器的加权因子分别为归一化权值 $W_1(\tau), W_2(\tau), \cdots, W_m(\tau)$[其中，对各传感器的加权因子 $W_1'(\tau), W_2'(\tau), \cdots, W_m'(\tau)$ 分别进行归一化 $W_i(\tau) = W_i'(\tau) / \sum\limits_{i=1}^{m} W_i'(\tau)$]，满足：

当 τ 给定时，

$$\sum_{i=1}^{m} W_i(\tau) = 1, 0 \leqslant W_i(\tau) \leqslant 1 \qquad (6.37)$$

定义 5 时域中基于 Allan 方差加权融合估计为

$$\hat{X}_A = \sum_{i=1}^{m} W_i(\tau) X_i \qquad (6.38)$$

引理 3 对于非平稳随机序列，基于 Allan 方差的时域加权融合估计结果在加权因子满足 $W_i^*(\tau) = 1/(\sigma_i^2(\tau) \sum\limits_{i=1}^{m} 1/\sigma_i^2(\tau))$ 时，有最小均方误差为 $\sigma_{\min}^2(\tau) = 1/\sum\limits_{i=1}^{m} 1/\sigma_i^2(\tau)$。

证明 根据定义 5，时域数据融合后的均方误差 $\sigma^2(\tau)$ 为

$$\sigma^2(\tau) = E\left[\sum_{i=1}^{m} W_i^2(\tau)(X - X_i)^2\right] = \sum_{i=1}^{m} W_i^2(\tau) \sigma_i^2(\tau) \qquad (6.39)$$

对于非平稳信号，其方差 $E[(X - X_i)^2]$ 用 Allan 方差 $\sigma_i^2(\tau)$ 来表征。

当 τ 取某一确定值时，由式 (6.34) 可以看出，融合后的均方误差 $\sigma^2(\tau)$ 是关于各加权因子 $W_1(\tau), W_2(\tau), \cdots, W_m(\tau)$ 的多元二次函数，$\sigma^2(\tau)$ 的极小值是加权因子满足约束条件式 (6.37) 的多元函数的条件极值。

类似于引理 1[14]，可得非平稳信号在时域加权融合 (即非平稳单尺度) 估计的结果 [6]。此时，加权因子和最小均方误差分别为

$$W_i^*(\tau) = 1/\left(\sigma_i^2(\tau)\sum_{i=1}^{m}1/\sigma_i^2(\tau)\right) \tag{6.40}$$

$$\sigma_{\min}^2(\tau) = 1/\sum_{i=1}^{m}1/\sigma_i^2(\tau) \tag{6.41}$$

同理，当 τ 取其他值时，也有上述结论。

6.1.4　非平稳过程多尺度数据融合

针对非平稳随机信号，多尺度数据融合时可选择小波方差对随机信号加权。这种情况下的随机信号的重构公式与式 (6.30) 相同。用 $\hat{X}_J$ 表示经过 J 层分解后重构的小波域融合结果：

$$\hat{X}_J = \sum_{i=1}^{m}W_{h_i}^{(J)}\sum_k h_{i,n}(J,k)\varphi_{J,k} + \sum_j\sum_{i=1}^{m}W_{g_i}^{(j)}\sum_k g_{i,n}(j,k)\psi_{j,k} \tag{6.42}$$

式中，各传感器相应近似信号和细节信号的加权因子分别为 $W_{h_i}^{(J)}$ 和 $W_{g_i}^{(j)}$，归一化条件为

$$\begin{cases} \sum_{i=1}^{m}W_{h_i}^{(J)} = 1, & 0 \leqslant W_{h_i}^{(J)} \leqslant 1 \\ \sum_{i=1}^{m}W_{g_i}^{(j)} = 1, & 0 \leqslant W_{g_i}^{(j)} \leqslant 1, \quad 1 \leqslant j \leqslant J \end{cases} \tag{6.43}$$

文献 [8] 已给出适用于平稳随机信号的多尺度数据融合定理，并结合相关文献给出多尺度数据融合方法 (基于小波方差加权)。这里给出非平稳随机信号的定理 [2,3,15]。

定理 7　对 m 组测量数据分别在时域和小波域进行加权融合估计，其中，小波域数据融合的具体方法为首先对 m 组的测量数据分别进行小波变换，然后在不同小波尺度域 (即不同分解层) 中对 m 组的测量数据在相应尺度基于小波方差进行加权平均，最后通过逆小波变换得到待测物理量的真值估计。小波域融合估计的效果不比时域数据融合估计的效果差，即 $D(\hat{X}_A) \geqslant D(\hat{X}_w^{(J)})$，其中，$D$ 定义为 Allan 方差算子。

证明　不失一般性，考虑 2 个传感器的测量数据 $X_i = \{x_0^{(i)}, x_1^{(i)}, \cdots, x_{N-1}^{(i)}\}$，$i = 1, 2$，分别进行时域融合估计 (结果为 $\hat{X}_A$) 和小波域融合估计 (结果为 $\hat{X}_w^{(J)}$)，J 为分解层数，并考察两种估计结果的 Allan 方差。不失一般性，小波函数取为 Haar 基。

1. 时域加权融合

根据定义, 时域加权融合是基于 Allan 方差进行加权融合估计, 有

$$\hat{X}_A = \sum_{i=1}^{2} W_i(\tau) X_i = W_1(\tau) X_1 + W_2(\tau) X_2 \tag{6.44}$$

式中, 加权因子 W_1, W_2 是基于 2 个传感器的测量数据 $X_i = \{x_0^{(i)}, x_1^{(i)}, \cdots, x_{N-1}^{(i)}\}$, $i = 1, 2$ 的 Allan 方差来表示的。

对于 $X_i = \{x_0^{(i)}, x_1^{(i)}, \cdots, x_{N-1}^{(i)}\}, i = 1, 2$, 则根据 Allan 方差的定义[12,13], 按式 (6.39) 估算, 有

$$\sigma_{X_i}^2(\tau) = \frac{1}{2} < (\bar{x}_{k+1}^{(i)}(\tau) - \bar{x}_k^{(i)}(\tau))^2 \geqslant \frac{1}{2(K-1)} \sum_{k=1}^{K-1} (\bar{x}_{k+1}^{(i)}(\tau) - \bar{x}_k^{(i)}(\tau))^2 \tag{6.45}$$

式中, $\bar{x}_k^{(i)}(\tau) = \frac{1}{M} \sum_{j=0}^{M-1} x_{M(k-1)+j}^{(i)}$, $k = 1, 2, \cdots, K$; 组相关时间 $\tau = M\tau_0, \tau_0$ 为采样时间, $K = N/M$, $M = 1, 2, \cdots$ 且 $M < (N-1)/2$。这里仅讨论 $M = 1$, 即 $\tau = \tau_1 = \tau_0$ 时的情形, τ 取其他值的情况与此类似。根据式 (6.38) 得 X_i 的 Allan 方差的估计值为

$$\begin{aligned}
\sigma_{X_i}^2(\tau_0) &= \frac{1}{2(N-1)} \sum_{k=1}^{N-1} (\bar{x}_{k+1}^{(i)} - \bar{x}_k^{(i)})^2 \\
&= \frac{1}{2(N-1)} \sum_{k=1}^{N-1} (x_k^{(i)} - x_{k-1}^{(i)})^2 \\
&= \frac{1}{2(N-1)} \left[\sum_{k=0}^{\frac{N}{2}-1} (x_{2k}^{(i)} - x_{2k+1}^{(i)})^2 + \sum_{k=0}^{\frac{N}{2}-2} (x_{2k+2}^{(i)} - x_{2k+1}^{(i)})^2 \right], \quad i = 1, 2
\end{aligned} \tag{6.46}$$

当 N 值较大时, $\sum_{k=0}^{\frac{N}{2}-1} (x_{2k}^{(i)} - x_{2k+1}^{(i)})^2 = \sum_{k=0}^{\frac{N}{2}-2} (x_{2k+2}^{(i)} - x_{2k+1}^{(i)})^2$, 代入式 (6.46) 有

$$\sigma_{X_i}^2(\tau_0) = \frac{1}{(N-1)} \sum_{k=0}^{\frac{N}{2}-1} (x_{2k}^{(i)} - x_{2k+1}^{(i)})^2 = \frac{A_i}{(N-1)} \tag{6.47}$$

式中, $A_i = \sum_{k=0}^{\frac{N}{2}-1} (x_{2k}^{(i)} - x_{2k+1}^{(i)})^2$, $i = 1, 2$。

根据引理 3，基于 Allan 方差进行加权，取 $W_i(\tau_1) = \dfrac{1}{\sigma_{X_i}^2(\tau_1) \sum\limits_{i=1}^{2} \dfrac{1}{\sigma_{X_i}^2(\tau_1)}}$，即

$$W_1(\tau_1) = \frac{\sigma_{X_2}^2(\tau_1)}{\sigma_{X_1}^2(\tau_1) + \sigma_{X_2}^2(\tau_1)} = \frac{A_2}{A_1 + A_2}$$

$$W_2(\tau_1) = \frac{\sigma_{X_1}^2(\tau_1)}{\sigma_{X_1}^2(\tau_1) + \sigma_{X_2}^2(\tau_1)} = \frac{A_1}{A_1 + A_2} \tag{6.48}$$

基于 Allan 方差加权融合取得最优估计为

$$\hat{X}_A = \sum_{i=1}^{2} W_i(\tau_0) X_i = \frac{\sigma_{X_2}^2(\tau_1)}{\sigma_{X_1}^2(\tau_1) + \sigma_{X_2}^2(\tau_1)} X_1 + \frac{\sigma_{X_1}^2(\tau_1)}{\sigma_{X_1}^2(\tau_1) + \sigma_{X_2}^2(\tau_1)} X_2 \tag{6.49}$$

类似地，当 $\tau = \tau_M = M\tau_1, M = 1, 2, \cdots$ 且 $M < (N-1)/2$ 时，有

$$\hat{X}_A = \sum_{i=1}^{2} W_i(\tau_M) X_i \tag{6.50}$$

2. 小波域加权数据融合

快速小波分解和重构算法 [6,16,17] 如下：

$$C_{j,k} = \sum_{l=-\infty}^{\infty} C_{j-1,l} h(l-2k) \tag{6.51}$$

$$D_{j,k} = \sum_{l=-\infty}^{\infty} C_{j-1,l} g(l-2k) \tag{6.52}$$

$$C_{j-1,l} = \sum_{k=-\infty}^{\infty} h(l-2k) C_{j,k} + \sum_{k=-\infty}^{\infty} g(l-2k) D_{j,k} \tag{6.53}$$

一般地，把 $C_{0,k} = f(k)$ 看作是尺度 $j = 0$ 的近似小波系数，而对 $j > 0$ 的"近似"小波系数和"细节"小波系数，可按式 (6.51) 和式 (6.52) 的递推关系求得。其中，$h(k)$ 和 $g(k)$ 分别为小波函数 $\psi(t)$ 和尺度函数 $\varphi(t)$ 所对应的滤波系数，且正交小波基满足 $g(k) = (-1)^k h(1-k)$。

同样，对于 $X_i = \{x_0^{(i)}, x_1^{(i)}, \cdots, x_{N-1}^{(i)}\}, i = 1, 2$，当进行小波域加权融合时，首先进行小波分解。一般取 $C_{0,k}^{(i)} = X_i = \{x_0^{(i)}, x_1^{(i)}, \cdots, x_{N-1}^{(i)}\}$，而所选的小波函数为 Haar 基，并有 $h(0) = h(1) = g(0) = -g(1) = \dfrac{1}{\sqrt{2}}$。将此系数和 $C_{0,k}^{(i)}$ 代入式 (6.51)

和式 (6.52), 可得测量数据 X_i 经过一层小波分解后的平滑系数 $C_{1,k}^{(i)}$ 和细节系数 $D_{1,k}^{(i)}$ 分别为 [18-20]

$$C_{1,k}^{(i)} = \frac{1}{\sqrt{2}}(C_{0,2k}^{(i)} + C_{0,2k+1}^{(i)}) = \frac{1}{\sqrt{2}}(x_{2k}^{(i)} + x_{2k+1}^{(i)}), \quad k = 0,1,2,\cdots, \frac{N}{2}-1 \quad (6.54)$$

$$D_{1,k}^{(i)} = \frac{1}{\sqrt{2}}(C_{0,2k}^{(i)} - C_{0,2k+1}^{(i)}) = \frac{1}{\sqrt{2}}(x_{2k}^{(i)} - x_{2k+1}^{(i)}), \quad k = 0,1,2,\cdots, \frac{N}{2}-1 \quad (6.55)$$

则根据小波方差的定义 [21-24], 可知序列 X_i 在尺度 $J=1$ 时的细节部分和平滑部分的小波方差分别为

$$\sigma_{w,X_i}^2(1) = \sum_{k=0}^{\frac{N}{2}-1} \frac{D_{1,k}^2}{N-1} = \frac{1}{N-1} \sum_{k=0}^{\frac{N}{2}-1} \left[\frac{1}{\sqrt{2}}(x_{2k}^{(i)} - x_{2k+1}^{(i)})\right]^2 = \frac{A_i}{2(N-1)} \quad (6.56)$$

$$\sigma_{h,X_i}^2(1) = \sum_{k=0}^{\frac{N}{2}-1} \frac{C_{1,k}^2}{N-1} = \frac{1}{N-1} \sum_{k=0}^{\frac{N}{2}-1} \left[\frac{1}{\sqrt{2}}(x_{2k}^{(i)} + x_{2k+1}^{(i)})\right]^2$$
$$= \frac{A_i + 4\Delta_i}{2(N-1)} = \frac{B_i}{2(N-1)} \quad (6.57)$$

式中, $\Delta_i = \sum_{k=0}^{\frac{N}{2}-1} x_{2k}^{(i)} x_{2k+1}^{(i)}, i = 1,2$。

比较式 (6.47) 和式 (6.56) 有

$$\sigma_{w,X_i}^2(1) = \sigma_{X_i}^2(\tau_1)/2 \quad (6.58)$$

X_i 在 Haar 基下尺度为 1 时的细节部分系数的小波方差是 X_i 在 $\tau = \tau_0$ 时的 Allan 方差的一半, 通过重构可以获得测量值的真值估计。取

$$W_{h_1} = \frac{1}{\sigma_{h,X_1}^2(1) \sum_{i=1}^{2} \frac{1}{\sigma_{h,X_1}^2(1)}} = \frac{B_2}{B_1 + B_2}, \quad W_{h_2} = \frac{B_1}{B_1 + B_2} \quad (6.59)$$

$$W_{g_1} = \frac{1}{\sigma_{w,X_1}^2(1) \sum_{i=1}^{2} \frac{1}{\sigma_{w,X_1}^2(1)}} = \frac{A_2}{A_1 + A_2}, \quad W_{g_2} = \frac{A_1}{A_1 + A_2} \quad (6.60)$$

则按小波方差加权后的平滑系数和细节系数分别为

$$C_{1,k} = \sum_{i=1}^{2} W_{h_i} C_{1,k}^{(i)} = \sum_{i=1}^{2} W_{h_i} \left[\frac{1}{\sqrt{2}}(x_{2k}^{(i)} + x_{2k+1}^{(i)})\right], \quad k = 0,1,2,\cdots, \frac{N}{2}-1 \quad (6.61)$$

$$D_{1,k} = \sum_{i=1}^{2} W_{g_i} D_{1,k}^{(i)} = \sum_{i=1}^{2} W_{g_i} \left[\frac{1}{\sqrt{2}} (x_{2k}^{(i)} - x_{2k+1}^{(i)}) \right], \quad k = 0, 1, 2, \cdots, \frac{N}{2} - 1 \quad (6.62)$$

按照式 (6.53) 进行重构, 得到 $J = 1$ 时小波域加权融合后重构的序列:

$$
\begin{aligned}
\hat{X}_W^{(1)} &= \sum_{k=-\infty}^{\infty} h\,(l - 2k)\,C_{1,k} + \sum_{k=-\infty}^{\infty} g\,(l - 2k)\,D_{1,k} \\
&= \frac{1}{2} \frac{B_2}{B_1 + B_2} (X_1 + X_1') + \frac{1}{2} \frac{A_2}{A_1 + A_2} (X_1 - X_1') \\
&\quad + \frac{1}{2} \frac{B_1}{B_1 + B_2} (X_2 + X_2') + \frac{1}{2} \frac{A_1}{A_1 + A_2} (X_2 - X_2') \\
&= \frac{1}{2} \sum_{i=1}^{2} W_{h_i} (X_i + X_i') + \frac{1}{2} \sum_{i=1}^{2} W_{g_i} (X_i - X_i')
\end{aligned}
\quad (6.63)
$$

式中, $X_i' = \{x_1^{(i)}, x_0^{(i)}, x_3^{(i)}, x_2^{(i)}, \cdots, x_{N-1}^{(i)}, x_{N-2}^{(i)}\}, i = 1, 2$, 是 X_i 序列中每两项交换后得到的新序列。

下面计算 $D(\hat{X}_w^{(1)})$。易知 $X_i + X_i'$ 和 $X_i - X_i'$ 分别对应 X_i 经小波分解后的平滑和细节部分系数, 根据小波域统计特性[10,15] 可知, $X_i + X_i'$ 和 $X_i - X_i'$ 不相关。又由前面假设知 X_i, $i = 1, 2$, 它们彼此互相独立, 故对式 (6.63) 求 Allan 方差时有总的方差等于各分项方差之和, 即

$$D(\hat{X}_w^{(1)}) = \frac{1}{4} \sum_{i=1}^{2} W_{h_i}^2 D(X_i + X_i') + \frac{1}{4} \sum_{i=1}^{2} W_{g_i}^2 D(X_i - X_i') \quad (6.64)$$

计算式 (6.64) 时, 仅讨论 $M = 1$, 即 $\tau = \tau_0$ 时的情形。τ 取其他值的情况类似。

此时, 根据 Allan 方差的估算式 (6.44), 经推导可得 $X_1 + X_1'$ 和 $X_1 - X_1'$ 的 Allan 方差的估计值分别为

$$D(X_i + X_i') = \frac{A_i^{(2)}}{(N-1)} = \frac{2(N-2)\sigma_{X_i}^2(\tau_2)}{N-1} \quad (6.65)$$

$$D(X_i - X_i') = 3\sigma_{X_i}^2(\tau_0) - \frac{\delta_i}{2(N-1)} \quad (6.66)$$

式中, $A_i^{(2)} = \sum_{k=0}^{\frac{N}{4}-1} [(x_{4k+2}^{(i)} + x_{4k+3}^{(i)}) - (x_{4k}^{(i)} + x_{4k+1}^{(i)})]^2$; $\delta_i = (x_1^{(i)} - x_0^{(i)})^2 + (x_{N-1}^{(i)} - x_{N-2}^{(i)})^2$。

在推导式 (6.65) 时, 利用了 $\sum_{k=0}^{\frac{N}{2}-1} (x_{2k+2}^{(i)} - x_{2k+3}^{(i)})(x_{2k+1}^{(i)} - x_{2k}^{(i)}) = 0$, 此结论可

由小波域统计特性 [10,15] 的获得。

根据小波域统计特性 [10,15] 可知 $\Delta_i = \sum\limits_{k=0}^{\frac{N}{2}-1} x_{2k}^{(i)} x_{2k+1}^{(i)} = 0$，故比较式 (6.56) 和式 (6.57) 可知 $B_i = A_i, i = 1, 2$，结合式 (6.53) 和式 (6.54)，有

$$W_{h_i} = W_{g_i} \tag{6.67}$$

将式 (6.65)~ 式 (6.67) 代入式 (6.64)，经推导就可得在 $\tau = \tau_1$ 时，在 Haar 基下分解一层的小波域融合估计序列的方差为

$$D(\hat{X}_w^{(1)}) = \frac{1}{2} \frac{N-2}{N-1} \cdot \frac{b_1^2 a_2 + a_1^2 b_2}{(a_1 + b_1)^2} + \frac{3}{4} \frac{a_1 b_1}{a_1 + b_1} - \frac{1}{8(N-1)} \cdot \frac{b_1^2 \delta_1 + a_1^2 \delta_2}{(a_1 + b_1)^2} \tag{6.68}$$

式中，

$$a_j = \sigma_{X_1}^2(\tau_j), \quad b_j = \sigma_{X_2}^2(\tau_j), j = 1, 2 \tag{6.69}$$

对式 (6.49) 两边求在 $\tau = \tau_1$ 时的 Allan 方差，有

$$D(\hat{X}_A) = \frac{\sigma_{X_1}^2(\tau) \sigma_{X_2}^2(\tau)}{\sigma_{X_1}^2(\tau) + \sigma_{X_2}^2(\tau)} = \frac{a_1 b_1}{a_1 + b_1} \tag{6.70}$$

式中，a_1，b_1 的定义符合式 (6.69)，分别表示两个传感器在不同 τ 值时的 Allan 方差。

将式 (6.68) 和式 (6.70) 两边进行对比，有

$$\frac{D(\hat{X}_w^{(1)})}{D(\hat{X}_A)} = \frac{3}{4} + \frac{1}{2} \frac{N-2}{N-1} \cdot \frac{b_1^2 a_2 + a_1^2 b_2}{a_1 b_1 (a_1 + b_1)} - \frac{1}{8(N-1)} \cdot \frac{b_1^2 \delta_1 + a_1^2 \delta_2}{a_1 b (a_1 + b_1)} \tag{6.71}$$

式中，$\delta_i^{(1)} = (x_1^{(i)} - x_0^{(i)})^2 + (x_{N-1}^{(i)} - x_{N-2}^{(i)})^2, i = 1, 2$。

由式 (6.71) 可见，小波域融合的方差和时域融合的方差均与传感器测量噪声有关。下面对于测量噪声为 $1/f^\gamma$ 类分形噪声，讨论小波域融合的方差和时域融合的方差的大小比较。

设 $x(t)$ 为 $1/f$ 类分形信号，则 $x(t)$ 的功率谱密度与频率具有如下关系：

$$S_x(f) \sim \sigma_x^2 / f^\gamma \tag{6.72}$$

式中，σ_x^2 为谱常量；f 为频率；γ 为频谱指数。则信号 $x(t)$ 的离散小波变换系数可以表示为 $d_{j,k} = \langle x(t), \psi_{j,k}(t) \rangle = \int_{-\infty}^{\infty} x(t) \psi_{j,k}(t) \, \mathrm{d}t$，其中，$\psi_{j,k}(t) = 2^{j/2} \psi(2^j t - k)$，$\psi(t)$ 为母小波，j 为尺度参数，k 为时间平移指标。Wornell 等证明了不同尺度 $d_{j,k}$ 下的方差满足如下关系 [18]：

$$\mathrm{Var}(d_{j,k}) = \sigma^2 2^{-j\gamma} \tag{6.73}$$

式中, $\sigma^2 = \dfrac{1}{2}\displaystyle\int_{-\infty}^{\infty} \dfrac{\sigma_x^2}{|\omega|^\gamma}|\Psi(\omega)|^2\,\mathrm{d}\omega$。同理可得, 尺度 $j+1$ 下的小波系数方差为

$$\mathrm{Var}\,(d_{j+1,k}) = \sigma^2 2^{-(j+1)\gamma} \tag{6.74}$$

式 (6.67) 和式 (6.68) 相比得到:

$$\frac{\mathrm{Var}\,(d_{j+1,k})}{\mathrm{Var}\,(d_{j,k})} = 2^{-\gamma} \tag{6.75}$$

根据小波方差的定义, 易知 $d_{j,k} = D_{j,k}$, $d_{j+1,k} = D_{j+1,k}$, 有

$$\sigma_{w,X_i}^2(1) = \sum_{k=0}^{\frac{N}{2}-1} \frac{D_{1,k}^2}{N-1} = \left(\sum_{k=0}^{\frac{N}{2}-1} \frac{D_{1,k}^2}{\frac{N}{2}-1}\right)\cdot\frac{\frac{N}{2}-1}{N-1} = \mathrm{Var}\,(d_{1,k})\cdot\frac{N-2}{2(N-1)} \tag{6.76}$$

同样有

$$\sigma_{w,X_i}^2(2) = \sum_{k=0}^{\frac{N}{4}-1} \frac{D_{2,k}^2}{N-1} = \left(\sum_{k=0}^{\frac{N}{4}-1} \frac{D_{2,k}^2}{\frac{N}{4}-1}\right)\cdot\frac{\frac{N}{4}-1}{N-1} = \mathrm{Var}\,(d_{2,k})\cdot\frac{N-4}{4(N-1)} \tag{6.77}$$

式 (6.76) 和式 (6.77) 进行对比, 可得

$$\frac{\sigma_{w,X_i}^2(2)}{\sigma_{w,X_i}^2(1)} = \mathrm{Var}\,(d_{2,k})\cdot\frac{\dfrac{N-4}{4(N-1)}}{\dfrac{N-2}{2(N-1)}} = 2^{-\gamma}\frac{N-4}{2(N-2)} \tag{6.78}$$

又根据式 (6.58), 有尺度 1 下的小波方差与相应 Allan 方差间的关系 $\sigma_{w,X_i}^2(1) = \sigma_{X_i}^2(\tau_1)/2$。类似有 $\sigma_{w,X_i}^2(2) = \dfrac{N-2}{2(N-1)}\sigma_{X_i}^2(\tau_2)$, 则有不同组相关时间下 Allan 方差间的关系:

$$\frac{a_2}{a_1} = \frac{\sigma_{X_1}^2(\tau_2)}{\sigma_{X_1}^2(\tau_1)} = \frac{\sigma_{w,X_1}^2(2)}{\sigma_{w,X_1}^2(1)}\cdot\frac{N-1}{N-2} = 2^{-\gamma}\frac{(N-4)(N-1)}{2(N-2)^2} \tag{6.79}$$

同理, 有

$$\frac{b_2}{b_1} = \frac{\sigma_{X_2}^2(\tau_2)}{\sigma_{X_2}^2(\tau_1)} = 2^{-\gamma}\frac{(N-4)(N-1)}{2(N-2)^2} \tag{6.80}$$

类似地, 有

$$\frac{a_4}{a_2} = \frac{\sigma_{X_1}^2(\tau_4)}{\sigma_{X_1}^2(\tau_2)} = 2^{-\gamma}\frac{(N-8)(N-2)}{2(N-4)^2} \tag{6.81}$$

$$\frac{b_4}{b_2} = \frac{\sigma_{X_2}^2(\tau_4)}{\sigma_{X_2}^2(\tau_2)} = 2^{-\gamma}\frac{(N-8)(N-2)}{2(N-4)^2} \tag{6.82}$$

故有

$$a_2 = 2^{-\gamma}\frac{(N-4)(N-1)}{2(N-2)^2}a_1$$

$$a_4 = 2^{-\gamma}\frac{(N-8)(N-2)}{2(N-4)^2}a_2 = 2^{-2\gamma}\frac{(N-8)(N-1)}{2^2(N-4)(N-2)}a_1$$

$$a_8 = 2^{-\gamma}\frac{(N-16)(N-4)}{2(N-8)^2}a_4 = 2^{-3\gamma}\frac{(N-16)(N-1)}{2^3(N-8)(N-2)}a_1$$

$$a_{16} = 2^{-4\gamma}\frac{(N-32)(N-1)}{2^4(N-16)(N-2)}a_1 \tag{6.83}$$

将 $1/f$ 类噪声情况下, 不同 τ 值下的 Allan 方差代入式 (6.71) 并整理, 可得当 $\tau = \tau_1$ 时,

$$q = \frac{D(\hat{X}_w^{(1)})}{D(\hat{X}_A)} = \frac{3}{4} + \frac{1}{4}2^{-\gamma}\frac{N-4}{N-2} - \frac{1}{8(N-1)}\cdot\frac{b_1^2\delta_1 + a_1^2\delta_2}{a_1b_1(a_1+b_1)} \tag{6.84}$$

并有当 $N \to \infty$ 时,

$$q_{\max} = \frac{D(\hat{X}_w^{(1)})}{D(\hat{X}_A)} = \frac{3}{4} + \frac{1}{4}2^{-\gamma} \tag{6.85}$$

当 γ 为不同值时, 由式 (6.82) 有

(1) $\gamma=0$ 时,

$$q_{\max} = 1 \tag{6.86}$$

一般情况下 (N 为有限值), 由式 (6.85) 可知 $q < q_{\max} = 1$。

(2) $\gamma=1$ 时,

$$q_{\max} = \frac{7}{8} < 1 \tag{6.87}$$

(3) $\gamma=2$ 时,

$$q_{\max} = \frac{13}{16} < 1 \tag{6.88}$$

故有结论: 对 $1/f^\gamma$ $(0 \leqslant \gamma \leqslant 2)$ 类分形噪声, 在小波域选 Haar 基分解一层, 一般有 $D(\hat{X}_A) - D(\hat{X}_w^{(1)}) > 0$, 即小波域加权融合要优于时域加权融合。

以上给出了 Haar 基下, $J = 1$ 时, $D(\hat{X}_A) - D(\hat{X}_w^{(1)}) > 0$ 的证明过程, 并进行了讨论。

类似地, 当 $2 \leqslant J \leqslant \log_2 N$, 分解任意 J 层 $(J \leqslant \log_2 N)$ 时, 对 $D(\hat{X}_w^{(J)})$ 进行计算并与 $D(X_A)$ 进行比较。

列出上边推导的 $J=1$ 的加权融合后重构序列:

$$\hat{X}_w^{(1)} = \frac{1}{2}\sum_{i=1}^{2} W_{h_i}^{(1)}(X_i + X_i') + \frac{1}{2}\sum_{i=1}^{2} W_{g_i}^{(1)}(X_i - X_i') \tag{6.89}$$

类似可得 $J=2$ 的加权融合后重构序列:

$$\hat{X}_w^{(2)} = \frac{1}{2^2}\sum_{i=1}^{2} W_{h_i}^{(2)}(X_i + X_i' + X_i'' + X_i''')$$

$$+ \frac{1}{2^2}\sum_{i=1}^{2} W_{g_i}^{(2)}(X_i + X_i' - X_i'' - X_i''') + \frac{1}{2}\sum_{i=1}^{2} W_{g_i}^{(1)}(X_i - X_i') \tag{6.90}$$

同理, 类似可推导得到分解 J 层 $(J \leqslant \log_2 N)$ 时的小波域重构序列:

$$\hat{X}_w^{(J)} = \frac{1}{2^J}\sum_{i=1}^{2} W_{h_i}^{(J)}(X_i + X_i' + \cdots + X_i^{(2^J-1)})$$

$$+ \frac{1}{2^3}\sum_{i=1}^{2} W_{g_i}^{(J)}(X_i + X_i' + \cdots - X_i^{(2^J-1)})$$

$$+ \frac{1}{2^{J-1}}\sum_{i=1}^{2} W_{g_i}^{(J-1)}(X_i + X_i' + \cdots - X_i^{(2^{J-1}-1)}) + \cdots$$

$$+ \frac{1}{2}\sum_{i=1}^{2} W_{g_i}^{(1)}(X_i - X_i') \tag{6.91}$$

其中, $X_i + X_i' + \cdots + X_i^{(2^J-1)}$, $(X_i + X_i' + \cdots - X_i^{(2^J-1)})$, $\cdots$, $(X_i - X_i')$ 分别与小波分解 J 层后的第 J 层平滑 $C_{J,k}$ 和各层细节系数 $D_{J,k}$, $D_{J-1,k}$, $\cdots$, $D_{1,k}$ 重构回去的值对应。根据前面小波域相关特性的讨论, 可知它们彼此互不不相关。因此, 对其和求方差, 等于求各自方差之和。

类似可得分解任意 J 层 $(J \leqslant \log_2 N)$ 时, 小波域融合后的方差为

$$D(\hat{X}_w^{(J)})$$

$$= \frac{1}{2^J} \cdot \frac{(N-2^J)}{N-1} \frac{b_{2^{J-1}}^2 a_{2^J} + a_{2^{J-1}}^2 b_{2^J}}{(a_{2^{J-1}} + b_{2^{J-1}})^2} + \frac{3}{(2^J)^2} \frac{2^{J-1}(N-2^{J-1})}{N-1} \cdot \frac{a_{2^{J-1}} b_{2^{J-1}}}{a_{2^{J-1}} + b_{2^{J-1}}}$$

$$+ \frac{3}{(2^{J-1})^2} \frac{2^{J-2}(N-2^{J-2})}{N-1} \cdot \frac{a_{2^{J-2}} b_{2^{J-2}}}{a_{2^{J-2}} + b_{2^{J-2}}} + \cdots + \frac{3}{(2^2)^2} \frac{2(N-2)}{N-1} \frac{a_2 b_2}{a_2 + b_2}$$

$$+ \frac{3}{4} \frac{a_1 b_1}{a_1 + b_1} - \frac{1}{2^3(N-1)} \cdot \frac{b_1^2 \delta_1 + a_1^2 \delta_2}{(a_1 + b_1)^2} - \frac{1}{2^5(N-1)} \cdot \frac{b_2^2 \delta_1^{(2)} + a_2^2 \delta_2^{(2)}}{(a_2 + b_2)^2}$$

$$- \cdots - \frac{1}{2^{2J+1}(N-1)} \cdot \frac{b_{2^{J-1}}^2 \delta_1^{(J)} + a_{2^{J-1}}^2 \delta_2^{(J)}}{(a_{2^{J-1}} + b_{2^{J-1}})^2} \tag{6.92}$$

式中, $a_j = \sigma_{X_1}^2(\tau_j)$ 和 $b_j = \sigma_{X_2}^2(\tau_j)$(其中, $j = 1, 2, \cdots 2^J$) 分别表示两个传感器在不同 τ 值时的 Allan 方差; $\delta_i^{(j)} = \left[\left(\sum\limits_{l=0}^{2^{j-1}-1} x_l^{(i)}\right) - \left(\sum\limits_{l=2^{J-1}}^{2^j-1} x_l^{(i)}\right)\right]^2 + \left[\left(\sum\limits_{l=N-2^j}^{N-2^{j-1}-1} x_l^{(i)}\right) - \right.$

$\left.\left(\sum\limits_{l=N-2^{j-1}}^{N-1} x_l^{(i)}\right)\right]^2$, $i = 1, 2$, $j = 1, 2, \cdots, J$。

为比较小波域融合方差和时域融合方差的大小, 将式 (6.92) 和式 (6.70) 进行对比, 有

$$q = \frac{D(\hat{X}_w^{(J)})}{D(\hat{X}_A)} \tag{6.93}$$

若测量噪声为 $1/f^\gamma (0 \leqslant \gamma \leqslant 2)$ 类分形噪声, 将式 (6.74) 代入式 (6.82) 并整理, 可得当 $\tau = \tau_1$ 时,

$$q = \frac{D(\hat{X}_w^{(J)})}{D(\hat{X}_A)} = \left[\frac{1}{(2^J)^2} \cdot \frac{(N-2^{J+1})}{(N-2)} \cdot 2^{-J\gamma} + \frac{3}{(2^J)^2}\frac{(N-2^J)}{(N-2)} \cdot 2^{-(J-1)\gamma}\right.$$

$$\left. + \frac{3}{(2^{J-1})^2}\frac{(N-2^{J-1})}{(N-2)} \cdot 2^{-(J-2)\gamma} + \cdots + \frac{3}{(2^2)^2}\frac{(N-4)}{(N-2)}2^{-\gamma} + \frac{3}{4}\right]$$

$$- \frac{(\Delta_1 + \Delta_2 + \cdots + \Delta_J)(a_1 + b_1)}{a_1 b_1} \tag{6.94}$$

式中,

$$\Delta_J = \frac{1}{2^{2J+1}(N-1)} \cdot \frac{b_{2^{J-1}}^2 \delta_1^{(J)} + a_{2^{J-1}}^2 \delta_2^{(J)}}{(a_{2^{J-1}} + b_{2^{J-1}})^2}, J = 1, 2, \cdots, \log_2 N - 1$$

$$\delta_i^{(J)} = \left[\left(\sum\limits_{l=0}^{2^{J-1}-1} x_l^{(i)}\right) - \left(\sum\limits_{l=2^{J-1}}^{2^J-1} x_l^{(i)}\right)\right]^2 + \left[\left(\sum\limits_{l=N-2^J}^{N-2^{J-1}-1} x_l^{(i)}\right) - \left(\sum\limits_{l=N-2^{J-1}}^{N-1} x_l^{(i)}\right)\right]^2$$

由定义可知 $\delta_i^{(J)} > 0, i = 1, 2$。

式 (6.94) 在 J 和 γ 给定时, 当 $N \to \infty$ 将获得 q 最大值 $q_{\max}$, 则有 $(J \leqslant \log_2 N - 1)$

$$q_{\max} = \lim_{N \to \infty} q$$

$$= \left[\frac{1}{(2^J)^2} \cdot 2^{-J\gamma} + \frac{3}{(2^J)^2}2^{-(J-1)\gamma} + \frac{3}{(2^{J-1})^2}2^{-(J-2)\gamma} + \cdots + \frac{3}{(2^2)^2}2^{-\gamma} + \frac{3}{4}\right]$$

$$\tag{6.95}$$

由式 (6.95) 知, 当测量噪声为 $1/f^\gamma$ 类噪声 [19]$(0 \leqslant \gamma \leqslant 2)$, 且在小波域中选 Haar 基分解任意 $J(2 \leqslant J \leqslant \log_2 N - 1)$ 层时, 同样有 $D(\hat{X}_A) - D(\hat{X}_w^{(J)}) \geqslant 0$。

当 $M = 2$，即 $\tau = \tau_2 = 2\tau_0$ 或其他不同 τ 值时的情形，同样有 $D(\hat{X}_A) \geqslant D(\hat{X}_w^{(J)})$。

3. 分析与讨论

对于 $1/f^\gamma$ 类分形噪声 [19]，由式 (6.95) 有以下结论。

(1) 当 $\gamma=0$ 时 (即白噪声)，

$$q = \frac{1}{(2^J)^2} + \frac{\frac{3}{4}\left(1 - \frac{1}{4^J}\right)}{1 - \frac{1}{4}} = 1 \tag{6.96}$$

一般情况下 (即 $\delta_i^{(J)} > 0, i = 1, 2; a_{2^{J-1}} > 0, b_{2^{J-1}} > 0; J = 1, 2, \cdots, \log_2 N - 1$)，由式 (6.94) 可知 $q < 1$。

(2) 当 $\gamma=1$ 时，

$$q = \frac{1}{2^{3J}} + \frac{\frac{3}{4}\left(1 - \frac{1}{8^J}\right)}{1 - \frac{1}{8}} = \frac{1 + 6 \times 2^{3J}}{7 \times 2^{3J}} < 1 \tag{6.97}$$

由式 (6.97) 有：$J = 1$ 时，$q_{\max} = \dfrac{1 + 6 \times 2^3}{7 \times 2^3} = \dfrac{49}{56}$；$J \to \infty$ 时，$q_{\max} = \dfrac{6}{7} = \dfrac{48}{56}$。可见，$\dfrac{48}{56} < \dfrac{49}{56} < 1$。

(3) 当 $\gamma=2$ 时，

$$q = \frac{4 \times 2^{4J} + 1}{5 \times 2^{4J}} < 1 \tag{6.98}$$

由式 (6.98) 有：$J = 1$ 时，$q_{\max} = \dfrac{4 \times 2^4 + 1}{5 \times 2^4} = \dfrac{65}{80}$；$J \to \infty$ 时，$q_{\max} = \dfrac{4}{5} = \dfrac{64}{80}$。可见，$\dfrac{64}{80} < \dfrac{65}{80} < 1$。可得出如下推论。

推论 4　对于白噪声 (即 $\gamma=0$ 的 $1/f^\gamma$ 分形噪声)，一般情况下小波域加权融合优于时域加权融合，最差情况下也有多尺度融合后最小方差 $D(\hat{X}_w^{(J)})$ 等于时域融合的最小方差 $D(\hat{X}_A)$。

推论 5　对于 $\gamma=1, 2$ 的 $1/f^\gamma$ 分形噪声，最差情况下也有小波域加权融合优于时域加权融合 $[D(\hat{X}_w^{(J)}) < D(\hat{X}_A)]$，且随着小波分解层数的增加，小波域加权融合优于时域加权融合的效果更明显。

根据式 (6.70)、式 (6.93) 及式 (6.96)～式 (6.98)，考虑相同精度和不同精度的两个传感器分别采用时域融合和小波域融合 (不同分解层数时) 两种方法的效果比较，如表 6.1 和表 6.2 所示。可见在一定条件下，小波域融合方法的计算精度较原传感器中低精度传感器提高一个量级，与文献 [8] 实验结果吻合。与文献 [6] 中的结果对比，采用该算法均可明显提高精度，理论分析与实际结果比较吻合 [6,8]。类似地，还可分析 $\gamma=2$ 时两种融合算法的比较，此处不赘述。

表 6.1　$\gamma = 1$，$J = 1$ 时，两种融合算法在不同情况下 Allan 方差的比较

精度情况	传感器 1	传感器 2	$D(\hat{X}_A)$	$D(\hat{X}_w^{(1)})$	$D(\hat{X}_w^{(1)})/D(\hat{X}_A)$
相同精度	1.0×10^{-11}	1.0×10^{-11}	0.5×10^{-11}	0.4375×10^{-11}	0.875
不同精度	1.0×10^{-11}	1.0×10^{-10}	0.9091×10^{-11}	0.7955×10^{-11}	0.87504

表 6.2　$\gamma=1$，$J \to \infty$ 时，两种融合算法在不同情况下 Allan 方差的比较

精度情况	传感器 1	传感器 2	$D(\hat{X}_A)$	$D(\hat{X}_w^{(J)})$	$D(\hat{X}_w^{(J)})/D(\hat{X}_A)$
相同精度	1.0×10^{-11}	1.0×10^{-11}	0.5×10^{-11}	0.4286×10^{-11}	0.8572
不同精度	1.0×10^{-11}	1.0×10^{-10}	0.9091×10^{-11}	0.7792×10^{-11}	0.85711

依据式 (6.97) 和式 (6.98) 还可得到：当 $\gamma=1,2$ 时，$q_{\max}$ 值与 J 的变化曲线如图 6.1 和图 6.2 所示。注意：由于 $J = 1, 2, \cdots, \log_2 N - 1$，故当 J 取 100 时，$N = 2^{101} = 2.5353\mathrm{e} + 030$，此时的采样点数已足够多，可用于近似表示 $N \to \infty$ 的情况。

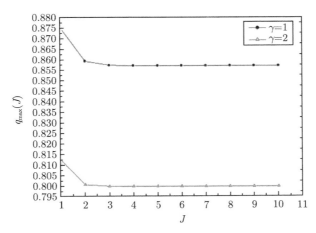

图 6.1　$\gamma=1,2$ 时，$q_{\max}$ 与 J 的关系曲线 ($J = 1 \sim 10$)

根据式 (6.97) 和式 (6.98)，可得到 $\gamma=1,2$ 的 $1/f^\gamma$ 分形噪声 [19] 在不同分解层数下的 $q_{\max}$ 值，如表 6.3 所示。

由图 6.1 和图 6.2 及表 6.3 均可见，当 $\gamma=1,2$ 时，随着分解层数 J 的增加，$q_{\max}$ 值均在下降，当 J 增加到 4 和 5 层时，$q_{\max}$ 值下降缓慢，并分别趋于稳定值 $6/7 \approx 0.85714$ 和 $4/5 = 0.8$。表明此时若再继续增加分解层数以减小 $q_{\max}$ 值 (即提

高融合精度) 已不是很明显, 这也为小波域融合时分解层数的选择提供了一个参考依据, 通常取 $J = 4$ 或 5。

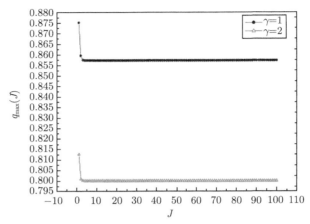

图 6.2　γ=1,2 时, $q_{\max}$ 与 J 的关系曲线 ($J = 1 \sim 100$)

表 6.3　γ=1,2 时不同分解层数下的 $q_{\max}$ 值

γ	$J = 1$	$J = 2$	$J = 3$	$J = 4$	$J = 5$
$\gamma = 1$	0.875	0.859375	0.857422	0.857178	0.857147
$\gamma = 2$	0.8125	0.800781	0.800049	0.8000031	0.800000

推论 6　对于 γ=1,2 的 $1/f^{\gamma}$ 分形噪声 [19], 采用小波域加权融合时可通过增加分解层数来提高精度, 但当分解层数增加到 4 或 5 层时, 再增加分解层数来提高精度已不是很明显。

在 Haar 基下, 当小波分解层数小于最大分解层数时, 小波域基于小波方差加权融合估计优于时域基于 Allan 方差加权融合估计, 且随着分解层数增大, 小波域加权融合估计的效果越好并趋于一个极限。类似还可以得到多个传感器 ($m = 3, 4, \cdots$) 的情况。

6.2　多模式多尺度数据融合中关键问题

6.2.1　MEMS 陀螺噪声特性与小波熵

1. MEMS 陀螺噪声特性

由于 MEMS 陀螺的信号具有某些与高稳定频率源相似的特点 [13], 对其随机噪声的估计和表征通常采用 Allan 方差法 [17,18]。MEMS 陀螺仪的零偏不稳定性是表征陀螺仪性能的重要参数。在存在该噪声情况下, 此时的标准方差也随每组的测量次数增加而增大。多尺度融合算法的研究目的就是降低 $1/f$ 噪声对 MEMS 陀螺输出精度的影响。

小波函数是由一个母小波 ψ 经平移和伸缩形成的：

$$\psi_{j,n}(t) = 2^{\frac{j}{2}} \psi\left(2^j t - n\right) \tag{6.99}$$

一方面，小波函数具有自相似性，与 $1/f$ 过程有某种相似；另一方面，正交小波变换具有较强的去相关的作用，在时域有着复杂结构的分形信号经正交小波变换后，其小波变换系数的结构就相比较简单。

2. 小波熵

设 X 为实测的随机信号序列，由帕斯瓦尔方程可知，正交小波基下的小波变换具有能量守恒的性质，基于时间序列的能量可以在尺度域上进行分解，即多分辨率分析的能量可分解为

$$\|X\|^2 = \sum_{j=1}^{J} \|W_j\|^2 + \|V_J\|^2 \tag{6.100}$$

则基于实测数据的方差为

$$\sigma_X^2 = \frac{1}{N}\sum_{n=1}^{N}(X - \bar{X})^2 \approx \frac{1}{N}\sum_{n=1}^{N}X^2 - \bar{X}^2 = \frac{1}{N}\sum_{n=1}^{N}\left(\sum_{j=1}^{J}\|W_j\|^2 + \|V_J\|^2\right) - \bar{X}^2 \tag{6.101}$$

由于 V_J 是 $\overline{X}$ 的逼近，由式 (6.101) 定义尺度 j 上的平均小波能量或小波方差[20]，并归一化：

$$p_j(E) = E_j/E = \left(\frac{1}{N}\|W_j\|^2\right)\bigg/E = \left(\frac{1}{N}\sum_{t=1}^{N}W_{j,t}^2\right)\bigg/E, \quad i = 1, 2, \cdots, J \tag{6.102}$$

其中，总能量为 $E = \sum_{j=1}^{M} E_j$，显然有 $\sum_{j=1}^{m} p_j(E) = 1$。归一化后能量序列 $\{p_j(E)\}$ 称为能量序列的经验分布，为各尺度的小波能量与总能量的比例。采用小波各尺度的能量序列的分布 $P = (p_1(E), p_2(E), \cdots, p_m(E))$ 取代信号的概率分布，这种基于能量分布得到的熵称为小波熵[23,25]，其定义为

$$H_{we} = H(P) = H(p_1(E), p_2(E), \cdots, p_J(E)) = -\sum_{j=1}^{J} p_j(E) \log_2 p_j(E) \tag{6.103}$$

小波熵计算时间序列在多个尺度上的样本熵值，体现了时间序列在尺度上无规则程度。若熵值在尺度上单调递减，则序列在尺度上的自相似性较低；若熵值在

尺度上单调递增,则序列在尺度上的自相似性较高,复杂度较大;若一个序列的熵值在绝大部分尺度上的熵值大于另一个序列的熵值,说明前者比后者复杂。用小波熵对不同信号中的噪声模型进行识别和分析,为小波域的多传感器的数据融合提供了表征信号复杂度的准确的权值,使得多尺度数据融合后的结果具有较高的精度 [17]。

6.2.2　常见的小波

小波函数 $\psi(t)$ 具有多样性,下面介绍常见的几种小波函数 [17]。

1. Haar 小波

Haar 小波是小波分析中最先使用的,是正交且有紧支撑性的小波函数,支集长度和滤波器长度分别为 1 和 2。它在小波函数中是最简单的,是一个不连续的小波函数。Haar 函数的定义为

$$\psi(t) = \begin{cases} 1, & 0 \leqslant t < 1/2 \\ -1, & 1/2 \leqslant t \leqslant 1 \\ 0, & \text{其他} \end{cases} \qquad (6.104)$$

Haar 小波的主要优点是计算简单,$\psi(t)$ 除了和 $\psi\left(2^{-j}t\right)$ 正交,还和自己的整数位移正交。图 6.3 为 Haar 小波的时域和频域波形。

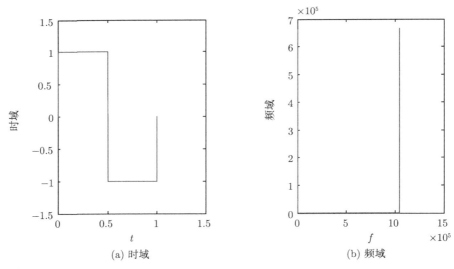

图 6.3　Haar 小波的时域和频域波形

2. Daubechies(db$N$) 系列小波

在 Daubechies 系列小波中除 db1(Haar) 以外,db$N$ 不具有对称性 (即非线

性相位),大多是正交、连续、紧支的小波。大多数的 db$N$ 是没有对称性的,不对称性在某些小波中是很容易发现的。随着序列 N 的增加,其正则性也随之增大。Daubechies 系列小波函数光滑性较差。Daubechies 小波函数通常当成滤波器来用,利用它进行分解和重构信号。图 6.4 是 db4 的时域和频域波形。

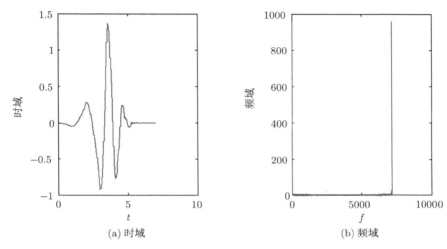

(a) 时域   (b) 频域

图 6.4 db4 的时域和频域波形

3. Symlets(sym$N$) 小波

Symlets 小波是通过 Daubechies 小波函数而改良出来的,是一种近似对称的小波函数,表达式为 sym$N$,$N = 2, 3, \cdots, 8$。图 6.5 给出 4 阶 Symlet 小波函数特性。

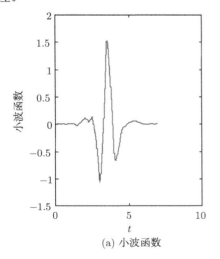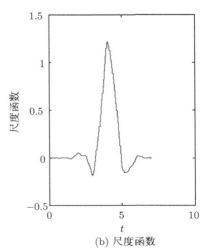

(a) 小波函数   (b) 尺度函数

图 6.5 sym4 小波

4. Coiflet 小波

Coiflet 小波简记为 coif$N$，N=1, 2, 3,4, 5。在 db$N$ 小波中，Daubechies 仅考虑了使小波函数 $\psi(t)$ 具有消失矩 (N 阶)，而没有考虑尺度函数 $\phi(t)$。Coifman 于 1989 年向 Daubechies 提出建议，希望能够使 $\phi(t)$ 也具有高阶消失矩的正交紧支撑小波。Daubechies 接受了这一建议，构造出了这一类小波。

coif$N$ 是紧支撑正交、双正交小波，支撑范围为 $6N-1$，也是接近对称性的。$\psi(t)$ 的消失矩是 $2N$，$\phi(t)$ 的消失矩是 $2N-1$。图 6.6 是 coif4 小波的小波函数和尺度函数波形。

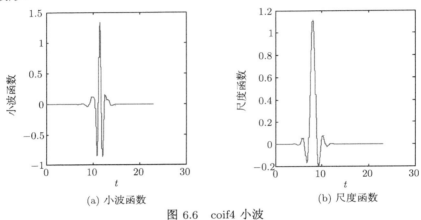

(a) 小波函数　　　　　　　　　　(b) 尺度函数

图 6.6　coif4 小波

5. Biorthogonal (biorNr. Nd) 小波

Biorthogonal 小波的主要特性体现在具有线性相位性，它主要应用于信号的重构中，通常采用一个函数进行分解，用另外一个函数进行重构。如果采用同一个滤波器进行分解和重构，对称性和重构的精确性将成为一对矛盾，而采用两个函数，则可以解决这个问题。Biorthogonal 小波通常表示成 biorNr.Nd 的形式：Nr=1，Nd=1,3,5；Nr=2，Nd=2,4,6,8；Nr=3，Nd=1,3,5,7,9；Nr=4，Nd=4；Nr=5，Nd=5;Nr=6，Nd=8。其中，r 表示重构，d 表示分解。

这一类小波是不正交的，但它们是双正交的，也是紧支撑的，更重要的是它们是对称的，因此具有线性相位。分解小波 $\psi(t)$ 的消失矩为 Nr-1。图 6.7 是 bior4.4 小波的分解小波函数、分解尺度函数及重构小波函数和重构尺度函数。

6. Morlet(morl) 小波

Morlet 小波是高斯包络下的单频率复正弦函数：

$$\psi(t) = e^{-t^2/2}\cos(5t) \tag{6.105}$$

Morlet 小波没有尺度函数，而且是非正交的，同时紧支集也不存在，可用于连续小波变换。它有较好的局部性在频域和时域，图 6.8 给出 Morlet 小波特性波形。

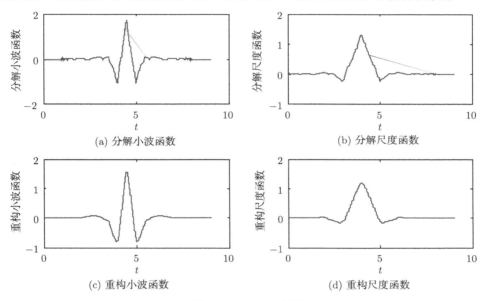

(a) 分解小波函数

(b) 分解尺度函数

(c) 重构小波函数

(d) 重构尺度函数

图 6.7 bior4.4 小波

7. Mexicanhat (mexh) 小波

对高斯函数求二阶导数就得到 Mexicanhat 小波。其局部化在时间与频率上较好，除此之外它不存在正交性，这是由于其不存在尺度函数。Mexicanhat 函数为

$$\psi(t) = c(1 - t^2)\mathrm{e}^{-t^2/2} \tag{6.106}$$

式中，$c = \dfrac{2}{\sqrt{3}}\pi^{1/4}$，其 Fourier 变换为

$$\Psi(\omega) = \sqrt{2\pi}c\omega^2\mathrm{e}^{-\omega^2/2} \tag{6.107}$$

该小波不是紧支撑，也不是正交的，但它是对称的，可用于连续小波变换。其沿着中心轴旋转一周所得到的三维图像犹如一顶草帽，故由此而得名，波形如图 6.9 所示。

8. Meyer 小波

Meyer 小波简记为 meyr，该小波无时域表达式，它的小波函数和尺度函数均是在频率上定义的，拥有正交性，它不是有限支撑的，但其有效的支撑范围为 $[-8, 8]$。该小波是对称的，且有非常好的规则性。图 6.10 给出了 Meyer 小波的小波函数波形和尺度函数。以上介绍的小波函数即为常规小波基，其性质特点如表 6.4 所示。

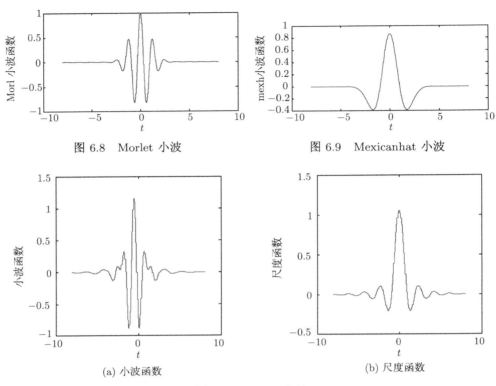

图 6.8　Morlet 小波　　　　　　　　图 6.9　Mexicanhat 小波

(a) 小波函数　　　　　　　　　　　(b) 尺度函数

图 6.10　Meyer 小波

表 6.4　常用小波基的性质特点

小波系	小波缩写	表示形式	正交性	紧支撑性	支撑长度	滤波器长度	对称性	小波函数消失矩阶数	可否离散小波变换
Haar	haar	haar	有	有	1	2	对称	1	可以
Daubechies	db	db$N$	有	有	$2N-1$	$2N$	近似对称	N	可以
Symlets	sym	sym$N$	有	有	$2N-1$	$2N$	近似对称	N	可以
Coiflet	coif	coif$N$	有	有	$6N-1$	$6N$	近似对称	$2N$	可以
Biorthogonal	bior	bior Nr.Nd	无	有	重构：2Nr+1 分解：2Nd+1	Max(2Nr, 2Nd)+2	对称	Nr−1	可以
Morlet	morl	morl	无	无	有限长度	$[-4,4]$	对称	—	不可以
Mexicanhat	mexh	mexh	无	无	有限长度	$[-5,5]$	对称	—	不可以
Meyer	meyr	meyr	有	无	有限长度	$[-8,8]$	对称	—	可以

6.2.3　小波基的选取

　　各个小波函数的正交性、正则性、对称性、滤波器长度等都存在一定的差异，对 MEMS 陀螺用各种不同小波基进行变换后，甚至是同一组 MEMS 陀螺数据，变换后小波系数的分布也不同。

1. 小波基选择的原则

选择合适的小波基，应该考虑以下内容：①具有较小的支撑集；②具有较好的正则性和对称性；③具有对称性和完善的重构能力。

根据表 6.4[21-24]，Haar、Daubechies、Biorthogonal、Coiflet、Symlets 均具有紧支撑性、双正交性，紧支撑性反映了小波基的局部化能力，正交性的作用是保证小波分解后的信号经逆小波变换后能够完全地恢复原来的状态。Haar 具有对称性，Daubechies、Coiflet、Symlets 为近似对称。对称的小波基具有线性相位，重建信号在边界处不会产生较大失真。Haar、Daubechies、Biorthogonal、Coiflet、Symlets 的函数消失矩阶数分别为 1、N、$Nr-1$、$2N$、N。消失矩越大，产生的小波变换系数越小，更有利于陀螺信号的处理。综合考虑各个性质，挑选出多 MEMS 陀螺融合的最佳小波基，需要实验来佐证。

小波理论用于实际陀螺信号降噪中，要求不能产生信号失真，这需要小波函数具有对称性或反对称性；要求尽量减小数据处理时延，这需要小波函数具有紧支撑；要求处理后的信号具有较好的光滑性，这需要小波函数具有正则性；同时还要求小波具有正交性或者双正交性，以便实现快速算法。综合以上因素，选取具有对称性的紧支撑双正交的 biorNr.Nd 小波是一个很好的选择[25]。

结合表 6-4 中各小波基的参数特征可知，适合于多 MEMS 陀螺融合的小波基为 Haar 和一定阶数的 Daubechies、Biorthogonal、Coiflet、Symlets。

对于多 MEMS 陀螺融合中最佳小波基的选取，需结合小波基的参数特性与 MEMS 陀螺噪声的特点及具体的应用需求进行选取，然后根据应用效果评判指标进行选取[24]。

2. 小波基选择的方法

通常有三种方法来选择小波基[26-30]：
①直接比较小波基的各种数学参数特性。
②选择某几个特定的小波基定性比较它们在某一方面应用中的效果差异。
③依赖传统的信息价值函数对小波基进行比较。

6.2.4 最佳小波基选取实验

分别采用不同的离散小波及不同序号下的小波基，进行小波域多尺度融合处理，并计算各小波基下融合结果的均值、标准差和小波熵等进行比较，结果如表 6.5~ 表 6.8 所示，图 6.11~ 图 6.14 给出不同小波基下这些指标的图形。

表 6.5　采用 Daubechies 小波融合结果比较

序号	阶数	均值	标准差	小波熵
1	db1	$-2.3221\mathrm{e}-06$	0.0204	7.1623
2	db2	$3.0055\mathrm{e}-07$	0.0205	7.1617
3	db3	$-1.1157\mathrm{e}-06$	0.0205	7.1603
4	db4	$-8.5693\mathrm{e}-07$	0.0205	7.1608
5	db5	$-5.3305\mathrm{e}-07$	0.0205	7.1628
6	db6	$-2.5272\mathrm{e}-07$	0.0205	7.1633
7	db7	$-4.2074\mathrm{e}-07$	0.0204	7.1608
8	db8	$-1.6109\mathrm{e}-07$	0.0205	7.1622
9	db9	$-1.6892\mathrm{e}-08$	0.0205	7.1654
10	db10	$-1.6828\mathrm{e}-07$	0.0205	7.161
11	db15	$-1.1739\mathrm{e}-07$	0.0205	7.1621
12	db20	$4.0563\mathrm{e}-09$	0.0205	7.1625
13	db25	$-1.0390\mathrm{e}-07$	0.0205	7.1614
14	db30	$-9.0100\mathrm{e}-08$	0.0205	7.1624

表 6.6　采用 Symlets 小波融合结果比较

序号	阶数	均值	标准差	小波熵
1	sym1	$-2.3221\mathrm{e}-06$	0.0204	7.1623
2	sym2	$-3.0055\mathrm{e}-07$	0.0205	7.1617
3	sym3	$-1.1157\mathrm{e}-06$	0.0205	7.1603
4	sym4	$1.3662\mathrm{e}-07$	0.0205	7.1616
5	sym5	$5.4848\mathrm{e}-07$	0.0205	7.1644
6	sym6	$3.5781\mathrm{e}-07$	0.0205	7.1612
7	sym7	$2.8683\mathrm{e}-07$	0.0205	7.163
8	sym8	$5.5761\mathrm{e}-07$	0.0205	7.1617
9	sym9	$9.0264\mathrm{e}-07$	0.0205	7.1649
10	sym10	$7.5767\mathrm{e}-07$	0.0205	7.1631
11	sym15	$3.8091\mathrm{e}-07$	0.0205	7.165
12	sym20	$2.4253\mathrm{e}-07$	0.0205	7.164
13	sym25	$4.6435\mathrm{e}-09$	0.0205	7.1637
14	sym30	$1.0875\mathrm{e}-07$	0.0205	7.1597

表 6.7　采用 Coiflet 小波融合结果比较

序号	阶数	均值	标准差	小波熵
1	coif1	−7.3158e−07	0.0204	7.1581
2	coif2	3.8099e−08	0.0205	7.161
3	coif3	1.8619e−07	0.0205	7.1619
4	coif4	4.1499e−07	0.0205	7.163
5	coif5	3.2298e−07	0.0205	7.1643

表 6.8　采用 Biorthogonal 小波融合结果比较

序号	阶数	均值	标准差	小波熵
1	bior1.1	−2.3221e−06	0.0204	7.1623
2	bior1.3	−1.3708e−08	0.0204	7.1579
3	bior1.5	1.4013e−07	0.0205	7.1526
4	bior2.2	−9.3307e−07	0.0204	6.9253
5	bior2.4	3.2301e−07	0.0205	6.9959
6	bior2.6	2.1460e−07	0.0205	6.9993
7	bior2.8	6.1098e−07	0.0205	6.9978
8	bior3.1	−1.1690e−05	0.0204	4.727
9	bior3.3	−3.0798e−07	0.0205	6.5228
10	bior3.5	−1.3011e−07	0.0205	6.7396
11	bior3.7	1.5078e−08	0.0205	6.7839
12	bior3.9	3.9973e−07	0.0205	6.7868
13	bior4.4	5.9268e−07	0.0205	7.1612
14	bior5.5	5.8023e−07	0.0205	6.9992
15	bior6.8	7.8017e−07	0.0205	7.1538

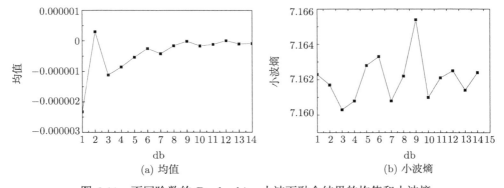

(a) 均值　　　　　　　　　　(b) 小波熵

图 6.11　不同阶数的 Daubechies 小波下融合结果的均值和小波熵

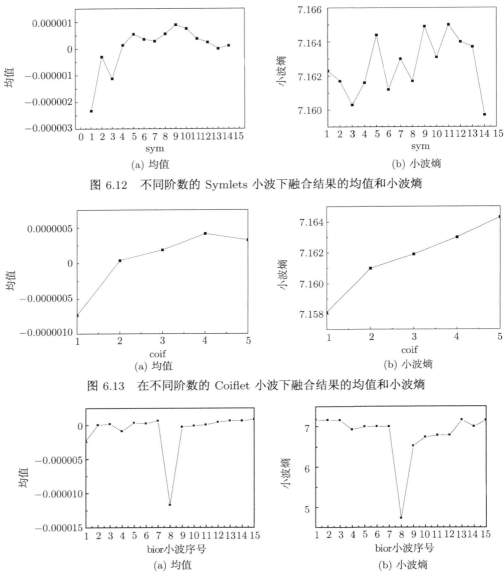

(a) 均值　　　　　　　　　　　　　　　　　(b) 小波熵

图 6.12　不同阶数的 Symlets 小波下融合结果的均值和小波熵

(a) 均值　　　　　　　　　　　　　　　　　(b) 小波熵

图 6.13　在不同阶数的 Coiflet 小波下融合结果的均值和小波熵

(a) 均值　　　　　　　　　　　　　　　　　(b) 小波熵

图 6.14　不同阶数的 Biorthogonal 小波下融合结果的均值和小波熵

　　通常, 采用融合结果的均值、标准差和小波熵衡量融合结果的优劣。标准差可以表述 MEMS 陀螺的零偏稳定性, 其值越小, 表示融合效果越好; 小波熵可以表征信号中噪声的频域特征, 其值越小, 融合效果越好。主要对融合结果的小波熵、标准差这两方面进行比较来选取最佳小波基, 同时兼顾融合结果均值。从图 6.11 及表 6.5 可以看出, 按照小波熵从小到大排序为 db3, db4, db7, db10, db25, db2, db15, db8, db1, db30, db20, db5, db6, db9。如果选择小波基为 db3,与其对应的融合结果的小波熵是最小的,但相应的标准差和均值误差并不是最小的;如果选择小波基为 db7(对应的小波熵值为 7.1608),与最小的小波熵值 7.1603(对应小波基为 db3) 相差甚微,但其标准差和 db4 小波基对应的标准差相同,均为所有小波基中最小的。同时,从图 6.11 或表 6.5 还可看出,db7 小波基对应的均值误差也比 db3 小波基的要小。因此,在主要考虑减小噪声及确保提高零偏稳定的目的下,在此可选 db7 作为不同阶数的 Daubechies 小波中的最佳小波基。从表 6.5 可看出,db4 小波基的三个统计特性指标也均比较小,可作为次优小波基。

采用类似的分析比较,从图 6.12 及表 6.6 可以看出,采用小波熵从小到大的排序为 sym30, sym3, sym6, sym4, sym2, sym8, sym1, sym7, sym10, sym 25, sym 20, sym5, sym9, sym15。从融合结果的标准差来看,只有 sym1 对应的标准差最小,其余不同阶数的 sym 系列小波对应的标准差均相同。融合结果均值误差从小到大的排序为 sym25, sym30, sym4, sym20, sym7, sym2, sym6, sym15, sym5, sym8, sym10, sym9, sym3, sym1。如果选择小波基为 sym30,虽然其对应的小波熵是最小的,且均值误差也比较小,但其标准差不是最小的,且该小波基由于阶数较大,运行时间太长。因此,通常情况下,不作为此系列小波中的最佳小波基。除此之外,若主要考虑提高零偏稳定性,可选择 sym1 作为最佳小波基,因其标准差最小,小波熵也较小,但其均值误差是最大的。除 sym1 及 sym30 外,sym4 的小波熵和均值误差均比较小,也可作为此系列的一个次优小波基。

从图 6.13 及表 6.7 可以看出,选择 coif1 为小波基,其标准差及小波熵是 Coiflet 小波系列中最小的,因此可选择 Coiflet 作为小波中的最佳小波基。

从图 6.14 及表 6.8 可以看出,如果选择 bior3.1 为小波基,其相应的小波熵和标准差很明显都是 bior 系列小波中最小的,因此可选 bior3.1 为 bior 系列小波中的最佳小波基。bior 系列小波融合结果小波熵从小到大排序为 bior3.1,bior3.3,bior3.5,bior3.7,bior3.9,bior2.2,bior2.4,bior2.8,bior5.5,bior2.6,bior1.5,bior6.8,bior1.3,bior4.4。对于 bior 系列小波融合结果,除 4 个小波基,即 bior1.1,bior1.3,bior2.2,bior3.1 的标准差相同是 0.0204 外,其余小波基对应的标准差均为 0.0205。bior 系列小波融合结果均值误差从小到大排序为 bior1.3,bior3.7,bior3.5,bior2.6,bior3.3,bior2.4,bior3.9,bior5.5,bior4.4,bior2.8,bior6.8,bior2.2,bior1.1,bior3.1。

比较表 6.5~ 表 6.8 还可发现,bior 系列小波中,融合结果的标准差和小波熵在多数情况下要比其他系列小波基对应的标准差和小波熵小。因此,还可在 bior 系列小波基中选 bior2.2 作为次优小波基,这是由于该小波基对应的标准差最小,同时其对应的小波熵也较小。此外,从表 6.5~ 表 6.8 可看出,db1,sym1 及 bior1.1 这三个小波基融合结果的均值、标准差及小波熵均相同,而 db1 就是人们常说的 haar 基,因此可以用 haar 基来表示这三种小波基中的任意一个。

在相同融合规则，相同分解层数下，选出其中性能较好的几个小波基：haar，db7，db4，sym4，coif1，bior3.1，bior2.2。对它们进行比较，结果如表 6.9 和图 6.15 所示。可看出所选的小波基均能降低原始陀螺数据中的噪声，提高陀螺的测量精度。

表 6.9　不同小波基下融合结果比较

小波	均值	标准差	小波熵
haar	$-2.3221e-06$	0.0204	7.1623
db7	$-4.2074e-07$	0.0204	7.1608
db4	$-8.5693e-07$	0.0205	7.1608
sym4	$1.3662e-07$	0.0205	7.1616
coif1	$-7.3158e-07$	0.0204	7.1581
bior3.1	$-1.1690e-05$	0.0204	4.727
bior2.2	$-9.3307e-07$	0.0204	6.9253

对表 6.9 分析可知，若主要考虑零偏稳定性的问题，希望标准差越小越好，则首先应排除掉 db4 和 sym4 小波基。可以将均值误差较小的 bior2.2 作为最优小波基。为进一步验证所选取的 bior2.2 小波基的性能，对上述几个小波基的融合进行 Allan 方差分析，结果如图 6.16 和图 6.17 及表 6.10 所示。

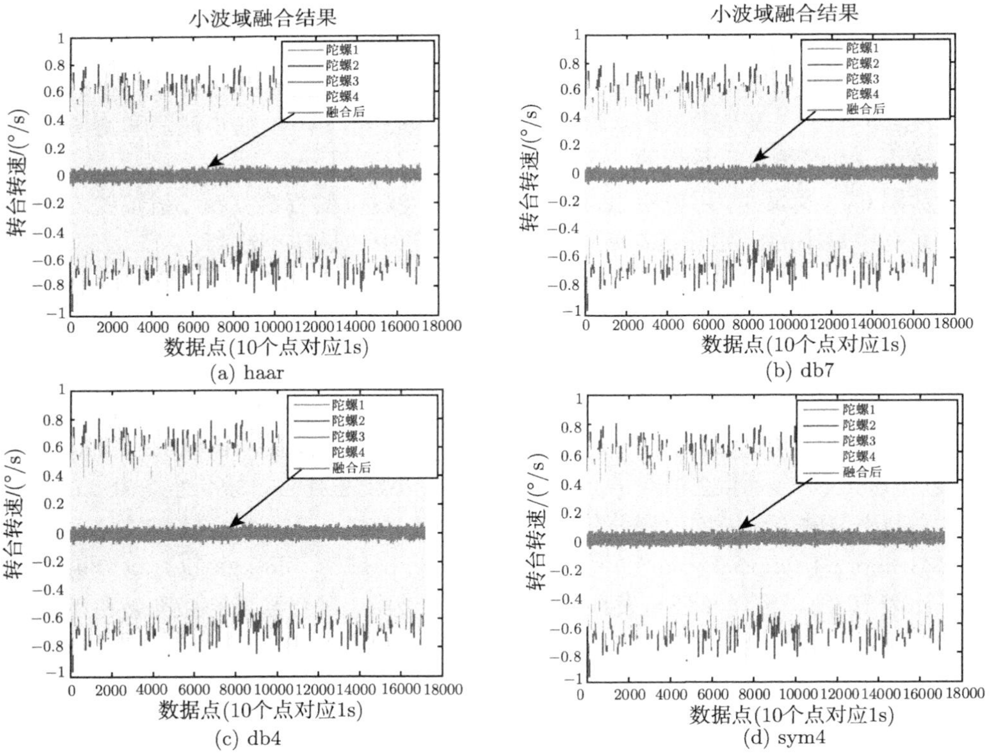

(a) haar

(b) db7

(c) db4

(d) sym4

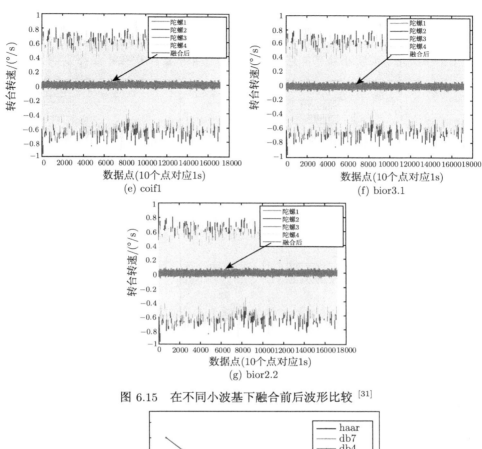

图 6.15 在不同小波基下融合前后波形比较 [31]

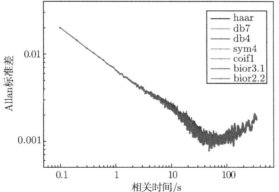

图 6.16 不同小波基下, 融合结果 Allan 方差曲线比较 [31]

图 6.16 是 7 种不同小波基函数的选择对于融合结果的比较, 可看出若选择
bior2.2 小波基, 其 Allan 方差曲线在相关时间 8~100s 范围内略低于除 bior3.1 小
波基外的其他小波基下融合结果的 Allan 方差曲线, 并且较明显低于 bior3.1 小波
基下融合结果的 Allan 方差曲线, 表明 bior2.2 小波基是这 7 种小波基中的最优小

波基。将 bior2.2 小波基和其他几个小波基下的 Allan 方差曲线单独进行比较，如图 6.17 所示，可看出 bior2.2 小波基的融合效果较为明显地优于 bior3.1，且略优于其他几个小波基。说明小波基的选择对于融合结果的影响效果不是特别明显。

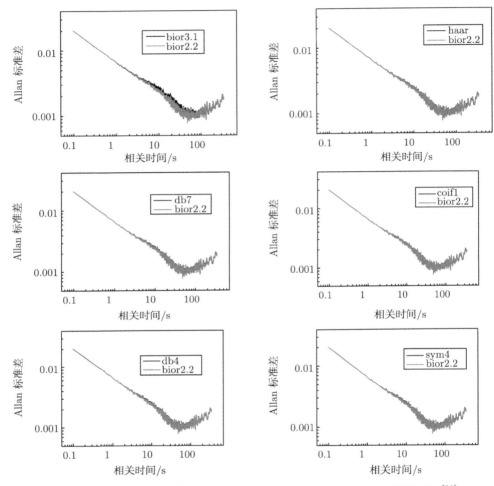

图 6.17　bior2.2 小波基与其他小波基下，融合结果 Allan 方差曲线比较[31]

依据各小波基下融合结果的 Allan 方差特性，做最小二乘拟合，得到各随机误差项系数[29,30]，如表 6.10 所示。图 6.18 给出了选择最优小波基 bior2.2 时，融合结果的 Allan 方差曲线及拟合曲线。

表 6.10 不同小波基下融合结果误差项系数分析结果

小波	量化噪声 Q	角度随机游走 N	零偏不稳定性 B	角速率随机游走 K	速率斜坡 R
haar	4.80e−04	1.09e−04	0.0011	0.0029	0.0245
db7	4.86e−04	1.10e−04	0.0011	0.0023	0.0249
db4	4.66e−04	1.10e−04	0.0011	0.0019	0.0252
sym4	4.80e−04	1.10e−04	0.0011	0.0027	0.0247
coif1	4.76e−04	1.09e−04	0.001	0.0032	0.0244
bior3.1	4.90e−04	1.09e−04	0.0015	0.0072	0.0306
bior2.2	4.84e−04	1.09e−04	9.75e−04	0.0038	0.0239

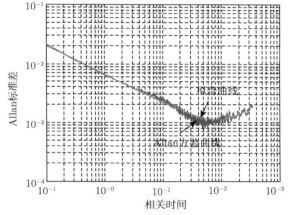

图 6.18 bior2.2 小波基下融合结果 Allan 方差曲线及拟合曲线 [31]

为便于比较原始 4 路陀螺数据与经处理后的 Allan 方差特性, 做最小二乘拟合, 得到其相应的随机误差项系数, 如表 6.11 所示。比较表 6.10 和表 6.11 发现, 无论采用哪种小波基进行尺度融合, 均能对原始陀螺仪中各种类型噪声进行较大幅度的抑制, 尤其是当采用 bior2.2 小波基进行融合后, 其对提高陀螺的零偏不稳定性及抑制角度随机游走噪声最为明显。

表 6.11 原始 4 路陀螺数据误差项系数分析结果

陀螺	量化噪声 Q	角度随机游走 N	零偏不稳定性 B	角速率随机游走 K	速率斜坡 R
1	0.0016	6.1673e−04	0.0042	0.0213	0.1366
2	0.0031	1.6e−03	0.0091	0.0600	0.1884
3	0.0025	6.2172e−04	0.0039	0.0294	0.1227
4	0.0075	1.6e−03	0.0131	0.1195	0.2459

对第一组陀螺静态数据, 经过初筛首先确定出几种不同族中的最优或次优小波基, 构成性能较优的一组小波基, 然后对这些性能较好的小波基分别进行融合实验, 最后通过比较分析并结合多个评价指标, 选出适合本组陀螺静态数据的最优小波基为 bior2.2。

6.3　最佳小波分解层数

一般认为基于小波变换的 MEMS 陀螺数据融合时，小波分解层数越多，融合结果的细节越丰富。但同时形成的近似系数与原始信号信息差也越大，信息量损失越大，太多分解层数还会带来计算量的增加。根据不同的应用，小波变换的最佳分解层数是不一样的。

从表 6.12 可以看到，随着分解层数的增加，标准差在减小，而小波熵在增大，并逐渐趋于稳定。

表 6.12　在不同分解层数下的融合结果比较

分解层数	bior2.2 小波		
	均值	标准差	小波熵
1	$-9.2439e-08$	0.1275	0
2	$5.4363e-08$	0.0625	2.6159
3	$-1.2738e-07$	0.0412	4.1544
4	$-2.1442e-07$	0.0308	5.3031
5	$-2.5390e-07$	0.0246	6.2012
6	$-9.3307e-07$	0.0204	6.9253
7	$-1.7436e-06$	0.0175	7.5596
8	$-2.0124e-06$	0.0153	8.0532
9	$-1.0338e-05$	0.0137	8.5296
10	$-1.2258e-06$	0.0118	8.52765

由表 6.12 可做出不同分解层数下的融合结果均值、标准差和小波熵的曲线，如图 6.19 所示，6~10 分解层下的融合结果如图 6.20 所示，6~10 分解层下的融合结果的 Allan 标准差曲线如图 6.21 所示。

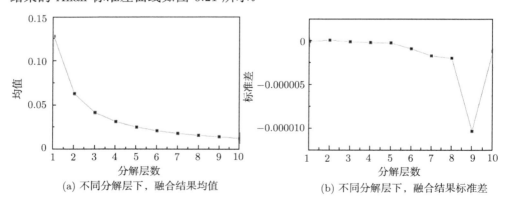

(a) 不同分解层下，融合结果均值　　　　　　(b) 不同分解层下，融合结果标准差

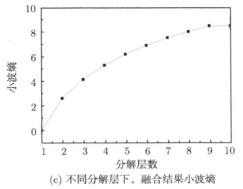

(c) 不同分解层下，融合结果小波熵

图 6.19 不同分解层数下融合结果比较

由图 6.19～ 图 6.21 可知，随着分解层数的增加，融合结果的标准差在减小，Allan 方差曲线在降低，说明增加分解层数可以减小陀螺仪中的噪声，提高陀螺仪的测量精度。

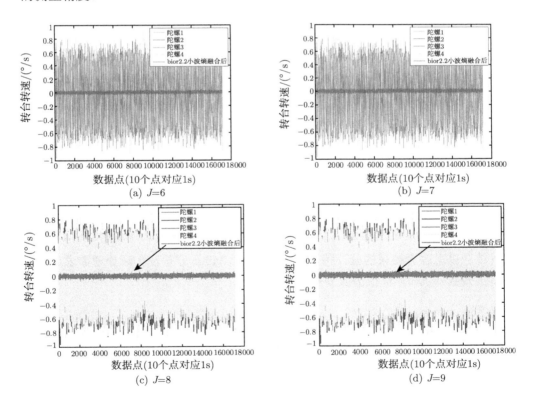

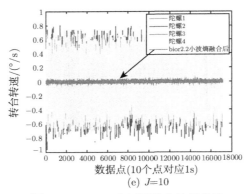

图 6.20　6~10 分解层融合结果信号

从图 6.19 可以发现，当分解层数增加至 10 层时，融合结果的标准差基本趋于稳定，且为 1~10 层中最小；还可以看出，融合结果小波熵也趋于收敛，融合结果的均值误差也较小，故如果仅从以上指标来衡量，理论上可选分解层数 $J=10$ 为最优分解层。

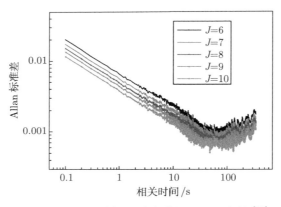

图 6.21　6~10 分解层融合结果 Allan 方差 [31]

综合以上融合结果的统计特性、时域波形、Allan 方差及实际处理需求，经过大量实验验证，选择最佳小波分解层数 $J=10$。

6.4　数据融合加权因子的选择

加权融合算法的核心问题是如何确定权重。经典加权算法属于时域融合，采用 Allan 方差来进行加权，而多尺度数据融合算法采用小波方差或小波熵来选择权值。采用某公司的 MSG101 陀螺仪实际测试的 4 路 MEMS 陀螺静态输出数据，分别采用时域融合和小波域融合方法进行融合处理 [31]，结果如图 6.22 所示。

由图 6.22 可见, 两种融合方法均可有效抑制 MEMS 陀螺的随机漂移。但相比时域融合方法, 小波域融合方法可以获得更好的 MEMS 陀螺仪零偏稳定性。

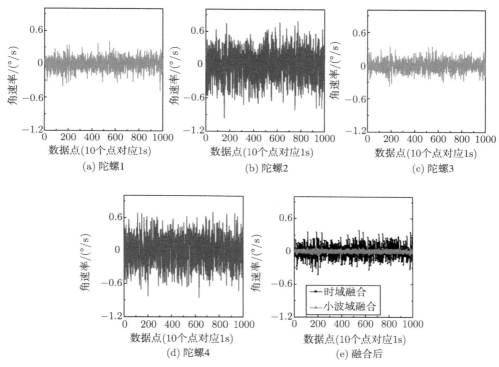

图 6.22 陀螺仪原始数据与两种方法融合后数据比较图 [31]

图 6.23 比较了两种融合方法处理前后数据的 Allan 方差值。从图 6.23 可以看

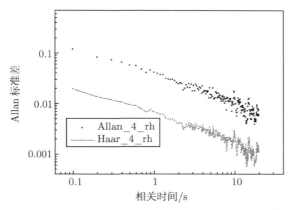

图 6.23 两种方法融合前后 Allan 方差曲线比较 [31]

出，采用小波域融合后结果的 Allan 方差在整个相关时间间隔上均明显低于时域
融合结果的 Allan 方差，说明小波域融合比时域融合更能有效地降低陀螺仪的随
机漂移。

6.5　多小波基数据融合

1. 多小波基联合思想

小波发展的另一个重要方向 —— 多小波，不仅保持了单个小波的优点，还避
免了它的缺点，使小波分析再度成为研究的热潮，乃至国际研究的热点。多小波的
研究重点在于设计具有多性质的多小波系统，使其具有对称性、逼近性和插值性。
另外，多小波和单小波一样也有多分辨率分析的特点 [32]。

在图像处理方面，多小波基都具有独特的优点。例如，短支撑小波基具有良好
的时域局部性，可以有效表示图像的突变特征，对边缘、纹理等不连续变换部分一
般能够提供有效的表示，但不利于表示图像的平滑部分 [33]。对于高正则度、高消
失矩的小波基，具有良好的频域局部性和光滑性，可以有效表示信号的光滑区域，
但是不利于表示图像的边缘、纹理等奇异部分。而一幅图像往往是由大量的光滑区
域、边缘、纹理等构成，要用单个小波基把这些特征都很好表示出来是很难的。

传统的信号处理中，大多数考虑采用单个小波基对信号进行多尺度的数据融
合，并且一般都采用高正则度、高消失矩的光滑小波基，但是这时的融合结果会存
在一定的过平滑现象 [34]。因此，需要考虑一种简单而且非常有效的基于多个小波
基的数据融合方法。在信号处理的实际应用中，小波函数和尺度函数是紧支撑的，
相应的分解和重构算法可以通过有限滤波器组来实现，且具有正交性，即分解和重
构能保持能量守恒。当小波函数和尺度函数是对称时，相应的滤波器就具有广义线
性相位，缺乏此性质会引起相位失真，对称性还易于信号在边界的处理。单小波需
要在紧支、对称、正交三者之间进行折中，多小波的成功构造可以解决这个问题。

2. 多小波基联合算法

多小波是由两个或者两个以上的函数作为分量生成的小波，是单小波的推广。
多小波的多分辨率分析是把单小波的多分辨分析推广到 r 维得到的，其保持了单
小波所具有的良好时域与频域的局部化特性，优势如下。

(1) 多小波函数能够同时具有对称性、正交性、光滑性和紧支撑性。

(2) 多小波滤波器组没有严格的低通和高通划分，通过对多小波的预滤波，能
够将高频能量转移到低频，从而提高压缩比。

基于小波多尺度分解，以两个传感器的融合为例，对于多小波基多传感器的融
合方法可由此类推，融合的基本步骤如下 [35]。

(1) 先选择 n 个具有不同性质的小波基，分别对含有噪声的传感器原始数据进行多尺度小波分解，将问题放到多尺度空间中处理。

(2) 基于各个传感器的观测信息，在不同尺度上得到目标信号分解到该尺度上的小波系数和最粗尺度上的尺度系数的估计值。将两组陀螺仪的信号进行 L 层的小波分解，多层数据融合的小波低频系数为 $C_{j,F}$，高频系数为 $D_{j,F}^{H}$，$D_{j,F}^{V}$，$D_{j,F}^{D}$。

(3) 对各分解层分别进行多传感器的融合处理时，各分解层上的不同频率分量，即每个尺度上的目标信号的小波系数和最粗尺度上的尺度系数，可采用相同或不同的融合规则进行融合处理，最终得到融合后各层上的小波系数。

下面介绍一种融合规则，信号的低频部分取为各信号分解后的低频部分的平均：

$$C_{L,F} = (cA_{L,A} + cA_{L,B})/2 \tag{6.108}$$

式中，$cA_{L,A}$ 和 $cA_{L,B}$ 分别为原始信号小波分解的近似分量。

分解后的小波高频系数，应用所定义的方向对比度计算，取比率绝对值较大的系数作为融合后图像在相应分解层上的小波系数：

$$D_{L,F}^{i}(m,n) = D_{L,A}^{i}(m,n) \tag{6.109}$$

$$\mathrm{abs}[C_{L,A}^{i}(m,n)] \geqslant \mathrm{abs}[C_{L,B}^{i}(m,n)] \tag{6.110}$$

$$D_{L,F}^{i}(m,n) = D_{L,B}^{i}(m,n) \tag{6.111}$$

$$\mathrm{abs}[C_{L,A}^{i}(m,n)] < \mathrm{abs}[C_{L,B}^{i}(m,n)] \tag{6.112}$$

式中，i 取 H, V, D；abs 表示取绝对值。

(4) 进行融合规则的选择，考虑 MEMS 的噪声情况，利用 Allan 方差作为权值进行加权融合。

(5) 对各层上融合后的小波系数进行小波逆变换，在最细尺度上所得到的重构数据，是基于不同小波基的多尺度多传感器融合结果。分别用对应的小波基进行小波重构，得到不同的融合结果。

(6) 将这些结果做简单的加权平均处理，即为融合后的目标信号。

图 6.24 中的数字 1~3 是选取的小波基的数目。一般来说，数目越多，去噪效果越好，但是计算量也随之增大，不利于工程实现。

本章从小波分析理论出发，针对非平稳随机信号，在给定测量模型和相应假设的框架下，探究了多尺度数据融合方法的数学原理，给出了数据融合定理的证明，为算法的推广应用奠定了数学基础。

多尺度理论已经广泛应用于实际中，如计算机视觉、水文学、大气科学、量子物理学和高速通信网络，并为这些物理问题给出了解决方案。小波理论的多尺度 (多分辨率) 特性可以用于多尺度数据的融合。多尺度融合是在多传感器融合的基础之上，增加了更多的先验假设条件。多尺度系统理论为研究传统意义下的信号处理理论和方法提供了全新的思想。

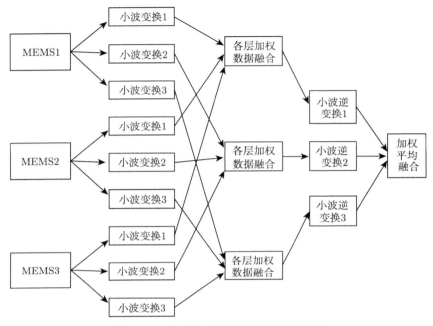

图 6.24　基于多小波基分解的融合过程

参 考 文 献

[1]　谭文才, 张秋菊. 小波包多阈值去噪的一种改进方法 [J]. 江南大学学报 (自然科学版), 2012, 11(2): 178-181.

[2]　柯熙政, 吴振森, 杨廷高, 等. 时间尺度的多分辨率综合 [J]. 电子学报, 1999, 27(7): 135-137.

[3]　柯熙政, 李孝辉, 刘志英, 等. 关于小波分解原子时算法的频率稳定度 [J]. 计量学报, 2002, 23(3): 205-210.

[4]　李孝辉. 原子时的小波算法 [D]. 西安: 中国科学院陕西天文台, 2000.

[5]　任亚飞, 柯熙政. 基于小波熵的组合定位系统数据融合 [J]. 弹箭与制导学报, 2007, 27(1): 50-53.

[6]　刘贵忠, 邸双亮. 小波分析及其应用 [M]. 西安: 西安交通大学出版社, 1992.

[7]　柯熙政, 任亚飞. 多尺度多传感器融合算法在微机电陀螺数据处理中的应用 [J]. 兵工学报, 2009, 30(7): 994-998.

[8]　周绍磊, 张文广, 史贤俊, 等. 基于最优小波包基的陀螺仪信号去噪算法研究 [J]. 弹箭与制导学报, 2006, 26(1): 454-456.

[9]　文成林, 周东华. 多尺度估计理论及其应用 [M]. 北京: 清华大学出版社, 2002.

[10]　Volkan K, Oguz K. Better wavelet packet tree structures for PAPR reduction in WOFDM systems[J]. Digital Signal Processing, 2008, 18: 885-891.

[11]　刘希强, 周惠兰, 郑治真, 等. 基于小波包变换的滤波方法 [J]. 西北地震学报, 1999, 21(3): 248-253.

[12] Laksmanan M K, Nikookar H. Review of wavelets for digital wireless communication[J]. Wireless Personal Communications, 2006, 37: 387-420.

[13] Yang J, Xu W, Dai Q. Fast adaptive wavelet packets using interscale embedding of decomposition structures[J]. Pattern Recognition Letters, 2010, 31: 1481-1486.

[14] 樊启斌. 小波分析 [M]. 武汉：武汉大学出版社，2008.

[15] 李姣军, 唐娜, 苏理云, 等. 对数能量熵的最优小波包基搜寻算法 [J]. 重庆理工大学学报自然科学版, 2011, (11): 51-55.

[16] 杨永. 小波图像压缩编码中小波基的选择技术研究 [J]. 科学技术与工程, 2010, 10(11): 2747-2750.

[17] 赵红军, 杨日杰, 崔坤林, 等. 边界扫描测试技术的原理及其应用 [J]. 现代电子技术, 2005, 5(11): 20-24.

[18] 潘辉. STM32-FSMC 机制的 NOR flash 存储器扩展技术 [J]. 单片机与嵌入式系统应用, 2009, 9(10): 31-34.

[19] 柯熙政, 郭立新. 原子钟噪声的多尺度分形特征 [J]. 电波科学学报, 1997, 4(4): 396-400, 406.

[20] Ke X Z, Wu Z S. On wavelet variance[C]. International Frequency Control Symposium, IEEE, Orlando, USA, 1997: 28-30.

[21] 任亚飞, 柯熙政. 微机电陀螺数据融合中小波基的选择 [J]. 信息与控制, 2010, 39(5): 646-650.

[22] 孙伟, 文剑, 张远, 等. MEMS 陀螺仪随机误差的辨识与降噪方法研究 [J]. 电子测量与仪器学报, 2017, 31(1): 15-20.

[23] 朱文发, 柴晓冬, 李立明, 等. 陀螺信号处理中小波参数选取规则的研究 [J]. 测控技术, 2012, 31(7): 20-22.

[24] 刘晓光, 胡静涛, 高雷, 等. 基于改进小波阈值的微机械陀螺去噪方法 [J]. 中国惯性技术学报, 2014, 22(2): 233-236.

[25] 杨松涛. 双正交小波在光纤陀螺降噪中的应用 [C]. 红外成像系统仿真测试与评价技术研讨会, 宁波, 中国, 2011.

[26] 许健雄, 赵又群, 刘英杰. 汽车方向盘转角试验数据去噪的小波基选择 [J]. 机械科学与技术, 2013, 32(6): 809-813.

[27] 谢军, 李乐, 刘文峰. 振动信号噪声消除中的小波基选择研究 [J]. 科学技术与工程, 2011(25): 5997-6000.

[28] 王强, 陈迅. 岩层破裂微震信号小波分析中小波基的选取 [J]. 电子设计工程, 2016, 24(21): 126-128.

[29] 赵思浩, 陆明泉, 冯振明. MEMS 惯性器件误差系数的 Allan 方差分析方法 [C]. 中国卫星导航学术年会, 北京, 中国, 2010: 672-675.

[30] 王维, 张英堂, 任国全. 小波阈值降噪算法中最优分解层数的自适应确定及仿真 [J]. 仪器仪表学报, 2009, 30(3): 526-530.

[31] 刘娟花. 多尺度数据融合算法相关理论及应用研究 [D]. 西安：西安理工大学, 2017.

[32] 龚昌来. 多个小波基联合的多聚焦图像融合方法 [J]. 激光与红外, 2008, 38(11): 1156-1160.

[33] 徐国荣, 刘金涛. 基于多小波基的医学图像融合 [J]. 计算机应用与技术, 2009, (8): 112-115.

[34] 李庆武, 倪雪, 石丹. 一种采用多个小波基的图像融合去噪方法 [J]. 光电工程, 2007, 34(11): 103-108.

[35] 任亚飞, 柯熙政. 多小波基多尺度多传感器数据融合 [J]. 传感器与微系统, 2010, 29(9): 77-79.